白云鄂博
稀土尾矿脱硝催化剂

侯丽敏　武文斐　焦坤灵　著

北　京
冶 金 工 业 出 版 社
2023

内 容 提 要

本书以白云鄂博稀土尾矿为原料，通过对其进行机械力、微波、硫酸、元素负载等方式的改性制备催化剂，用于 NH_3-SCR 脱硝。分析了催化剂的物相组成、微观形貌、孔结构、氧化还原性、酸性能、表面元素价态及 NH_3、$NO+O_2$ 的吸附产物，得到了催化剂的脱硝反应机理、SO_2/H_2O 的耐受机理以及稀土尾矿催化剂成型方法及条件。

本书适合催化应用、矿物材料、能源与环境等领域的科技人员及高等院校相关专业师生阅读参考。

图书在版编目(CIP)数据

白云鄂博稀土尾矿脱硝催化剂/侯丽敏，武文斐，焦坤灵著.—北京：冶金工业出版社，2023.12

ISBN 978-7-5024-9701-9

Ⅰ.①白… Ⅱ.①侯… ②武… ③焦… Ⅲ.①白云鄂博矿区—稀土元素矿床—尾矿处理—脱硝—催化剂 Ⅳ.①TD926.4

中国国家版本馆 CIP 数据核字(2023)第 254405 号

白云鄂博稀土尾矿脱硝催化剂

出版发行 冶金工业出版社 **电　话** (010)64027926
地　址 北京市东城区嵩祝院北巷 39 号 **邮　编** 100009
网　址 www.mip1953.com **电子信箱** service@mip1953.com

责任编辑 杨盈园 美术编辑 彭子赫 版式设计 郑小利
责任校对 王永欣 责任印制 禹 蕊
三河市双峰印刷装订有限公司印刷
2023 年 12 月第 1 版，2023 年 12 月第 1 次印刷
710mm×1000mm 1/16；13 印张；253 千字；198 页
定价 68.00 元

投稿电话 (010)64027932 投稿信箱 tougao@cnmip.com.cn
营销中心电话 (010)64044283
冶金工业出版社天猫旗舰店 yjgycbs.tmall.com
(本书如有印装质量问题，本社营销中心负责退换)

前　言

在我国的能源领域，煤炭是主要的能源消耗。煤炭的大量使用会产生NO_x这一危害较大并且难处理的大气污染物。NO_x的排放会带来温室效应、酸雨、光化学烟雾等环境问题，同时对人体危害极大。选择性催化还原法（selective catalytic reduction，SCR）是工业上广泛应用的控制NO_x排放比较成熟的技术。催化剂是该技术的核心内容，开发温度窗口宽、效率高、价格低廉且环境友好的催化剂一直是SCR技术的核心内容。

传统SCR催化剂的制备多为纯物质，大多的视角聚焦在贵金属、过渡金属氧化物、复合金属氧化物上。研究者的重心在价格低廉的钒、铬、铁、铜、锰等过渡金属氧化物。铁氧化物和锰氧化物在低温区间内具有较好的低温催化活性，Fe-Mn复合金属氧化物催化活性较Mn、Fe单金属氧化物催化活性更高，因为复合催化剂具有更高的还原能力、表面酸性位、吸附氧气的能力。鉴于复合金属氧化物催化剂优良的脱硝性能，结合天然矿石中含有Fe、Mn、RE、Al、Cu和Si等元素以及特有的矿物结构，越来越多的学者注意到特殊矿物在经过处理后可作为催化剂的载体或活性组分使用，并且伴随着经济优势和资源优势。

白云鄂博稀土矿是经过数十亿年的地质活动形成的，主要含有氟碳铈矿、独居石、铈磷灰石、褐帘石等矿物，而白云鄂博的尾矿仍留存大量的铁矿物、稀土矿物和锰矿物等活性矿物，活性矿物以单体和连生体的形式以不等的粒度分布。同时白云鄂博稀土尾矿堆积量巨大，不仅浪费资源而且严重污染周边生态环境。结合现在天然矿物的脱硝性能，稀土尾矿有望成为脱硝催化剂。

作者所在课题组以稀土尾矿为研究对象，通过对其进行物理化学改性制备催化剂并用于NH_3-SCR和CO-SCR脱硝。近3年，作者一直从事矿物脱硝催化剂的制备及改性研究，对稀土尾矿催化剂在NH_3-SCR脱硝过程中的反应机理有一定探索，得到了性能优良的催化剂的制备参数及成型条件。本书所介绍的内容均为研究成果。

本书第1章介绍了元素负载制备催化剂、矿物催化剂的主要形式以及稀土尾矿的工艺矿物学。第2章介绍了通过物理化学活化稀土尾矿制备催化剂，并对催化剂进行了表征分析。第3章主要介绍了以稀土尾矿为原料添加过渡金属Cu、Ni、Ce、Co、W制得衍生催化剂，并对催化剂的物相组成、表面元素价态、氨气的脱附能力和氧化还原能力进行分析。第4章主要介绍了以硫酸活化后稀土尾矿为原料添加Mn元素改性后的脱硝性能以及表征分析。第5章主要介绍了不同温度段催化剂的脱硝反应机理。第6章、第7章主要研究了经物理化学活化后的稀土尾矿催化剂的脱硝的SO_2耐受机理以及硫酸活化稀土尾矿整体式催化剂成型及性能。第8章为总结。

本书第1章、第5章、第6章、第8章由焦坤灵编写，第2章、第3章、第4章、第7章由侯丽敏编写，武文斐对全书进行修改、定稿，刘家林、高红敏、吕秉娱、栗浩博、许杰、潘鑫疆、李佳明、孙现康、刘佳铭等硕士研究生进行了校稿工作。

由于作者水平所限，本书不妥之处，敬请读者提出宝贵意见。

著　者
2023年1月

目　　录

1 概　　论

目前，我国大气污染严重，其中氮氧化物（NO_x）是大气污染的成因之一。在众多控制 NO_x 的方法中，选择性催化还原（NH_3-SCR）技术已经成为目前世界范围内应用最广泛、技术最为成熟、最具有成效的烟气脱硝技术。催化剂作为 NH_3-SCR 技术的核心，决定整个脱硝装置的 NO_x 去除效果，目前对催化剂的研究正在不断的完善和创新。

目前，催化剂研究领域内较为成熟、商业应用最为广泛的是将活性组分（VO_x）负载于 TiO_2、CeO_2 等不同载体上的钒基催化剂。虽然钒基催化剂已经商业化，但仍然存在一些不足：V_2O_5 氧化性较强，反应易生成 N_2O，能将 SO_2 氧化成 SO_3，并且高温段易挥发，通常在 450℃以上活性开始下降，此时活性组分团聚，分散性降低导致催化剂失活，造成活性温度窗口窄；同时，V_2O_5 作为一种高毒物质，如果处理不当，其本身及渗滤液极易污染土壤和地下水，给环境带来二次污染。所以为研究高效、无毒害的催化剂，研究者发现过渡金属氧化物是存在正离子或负离子缺位的非化学计量的化合物，富含多价态的反应活性中心以及晶格氧，有利于氧化还原反应的进行。目前研究较多的铁基 SCR 催化剂是以 FeO_x 为活性组分的铁基复合氧化物或负载型铁基催化剂。FeO_x 具有较高的中高温脱硝活性及 N_2 选择性，同时也具有较好的抗 SO_2 中毒的能力，研究者对其开展了一系列深入的研究及改进。FeO_x 作为催化剂应用到 SCR 系统中可追溯到 1981 年，Kato 等人以硫酸铁作为铁源，与偏钛酸［$TiO(OH)_2 \cdot nH_2O$］混合制备了 Fe_2O_3-TiO_2 催化剂，在 350~450℃区间内取得了高于 90%的 NO_x 脱除率。由此可以看出铁基催化剂具有优越的脱硝性能。但是铁基催化剂的中低温活性（小于 300℃）较低，因而还需要对铁基催化剂进行改进，以求提高其中低温的脱硝活性。在众多氧化物类 NH_3-SCR 催化剂体系中，MnO_x 由于其优良的低温活性而受到科研人员的格外关注。Mn 的化学价态越高，表面氧键（Mn—O 键）的强度越弱，还原剂 NH_3 分子则越容易在锰氧化物上吸附活化。此外，高价态的 MnO_x 中含有大量的游离 O，使得在催化反应过程中 Mn 物种可以连续快速地完成氧化还原循环，降低反应的表观活化能，因此高价态锰（如 Mn^{4+}、Mn^{3+}）具有更高的低温 SCR 活性。有研究采用浸渍法、共沉淀法和溶胶凝胶法分别制备了 MnO_x/TiO_2 催化剂，得出结果为溶胶凝胶法制备的催化剂脱硝活性最高且抗硫性能最好，在 417K 时达到最高脱硝活性为 90%，但是其温度窗口较窄。为了继续提高催化剂的低温脱硝活性，人们将不同技术加入到制备催化剂的过程中，例如超声波技术、纳米技术，等等。Zhang 等人采用了一种超声浸渍法同样制备了 MnO_x/TiO_2 催化剂，结果显示其脱硝效率比浸渍法和溶胶凝胶法得到的催化剂的脱硝效率高，且温度窗口向低温偏移，给出的原因是超声浸渍使 Mn 和 Ti 之间的相互作用加强，产生大量的金属活性位点。另外水热法由于其可控的反应过程，制备得到的催化剂具有良好的分散性以及操作简单而被广泛应用。Qi 等人将 Fe 添加到 Mn/TiO_2 催化剂后，其抗 SO_2 和 H_2O 性能明显提高，在反应气体中存在 SO_2 和 H_2O 的情况下，催化剂还能保持 80%以上的脱硝效率。证明制备方法对催化剂脱硝活性的影响体现在金属元素的化合价态、金属元素之间的相互作用、分散度等多方面。随着矿物资源的开发利用，发现矿物中含有种类丰富的金属元素，元素之间存在天然的协同催化作用，以矿物作载体既可以借助其独特、优良的表面特性，又可以发挥矿石本身良好的催化活性。其中，稀土矿物作为一种活性物质种类最多的天然矿物，含有以 Fe、Ce 为主的活性元素以及微量过渡金属元素（Mn、Co、W、Nb 等），催化助燃成分多，是做脱硝催化剂的天然原料。Gao 等人分别用三种方法制备了具有较高的活性的 CeO_x-TiO_x 催化剂，并将原因归于 Ce 可与载体 Ti 之间存在较强的相互作用且 CeO_2 在 TiO_2 载体上的高度分散。Zhu 等人采用两种不同的方法制备得到了在低温具有更好的脱硝活性、更好的氧化还原能力的 Co-TiO_2 催化剂。

随着各类新型催化剂的研发与制备，各金属元素之间的关系复杂，所以利用对构效关系、反应机理的深入研究来指导催化剂的改性优化，活性组分作为催化剂的核心，从单一元素逐渐开发利用至双元素以及多元素，提高脱硝效率的同时，减少对环境造成的污染，促进资源的有效利用，仍然是一个重要且艰巨的任务。

1.1 多元素协同催化剂

现如今由于我国的技术发展越来越先进，研究活性组分从单一的元素到 Fe-Ce、Mn-Fe、Mn-Ce、Mn-Ni、Ni-Ce 复合脱硝催化剂到多元素催化剂的深入推进，分别进行复合催化剂以及多元素催化剂的制备，脱硝效率明显提高。

1.1.1 双元素催化剂

1.1.1.1 Fe-Ce 复合脱硝催化剂

铁铈复合脱硝催化剂相比于单一铁/铈组分催化剂，脱硝效率提升明显，因为复合催化剂有更多的活性位点、更强的氧化还原性能以及更高的表面酸位强度。熊志波通过沉淀法制备铁铈复合催化剂，研究了 Ce 的掺杂量对铁铈复合氧化物催化剂脱硝性能的影响，在 Ce/(Fe+Ce) 摩尔比小于 0.1 的条件下，在 150~350℃下脱硝效率能够达到 90%以上的催化剂，它们的催化剂比表面积和孔容与 Ce 掺杂量成正相关，且随着摩尔比增加，Ce 与 Fe 相互作用增强，铁铈复合氧化物催化剂的低温脱硝效率逐渐升高，而其高温催化脱硝性能先升高后降低。熊中朴通过对一系列铈改性铁基催化剂进行研究得出 Ce 能够提高 Fe_2O_3 催化剂的中低温活性和抗砷中毒性。Han 等人通过水热法合成了多种 CeO_2 材料，而后利用浸渍法制备了不同类型的 Fe_2O_3/CeO_2 脱硝催化剂，Fe_2O_3/CeO_2 纳米棒催化剂较 Fe_2O_3/CeO_2 多面体在 250~350℃温度范围内表现出了优良的催化活性，其转化率为 90%以上。

1.1.1.2　Mn-Fe 复合脱硝催化剂

Putluru 等人以 TiO_2 为载体制备了氧化物锰催化剂（Mn/TiO_2）和锰铁复合氧化物催化剂（$Mn-Fe/TiO_2$）。研究发现 $Mn_{0.75}Fe_{0.25}Ti$-DP 催化剂有最优的低温 NH_3-SCR 脱硝活性，分析其原因发现氧化锰和氧化铁的同时作用会提高催化剂的比表面积以及表面酸性量，使得 TiO_2 表面的氧化物更容易被还原，同时锰氧化物晶相可以形成大量的化学吸附氧，更大程度上提高了催化剂的脱硝能力。Wu 等人研究了 $FeMnTiO_x$ 催化剂的脱硝性能，并采用共沉淀法进行制备催化剂的实验研究。研究发现，该催化剂在 100~350℃的温度范围内，其 NO_x 脱除能力高达 100%，而且在 70~200℃的温度下，该催化剂的氮气选择性能够达到 80%以上。

Li 等人将 Fe_2O_3 掺杂到 Mn_2O_3 制备出一种六角形微片结构的催化剂，200℃时催化剂的脱硝活性达到 98%，且具有良好的抗 SO_2 性能，归因于 Mn 进入到了 Fe_2O_3 的六角形晶格中使两种离子产生协同作用，且催化剂表面光滑，不利于硝酸盐的附着。Zhang 等人制备了一系列的 $Mn-FeO_x$ 催化剂，获得了在 100~200℃的温度下，其脱硝活性可以达到 70%以上的催化剂。Li 等人在探究不同摩尔比 Mn/Fe 脱硝性能时，获得了 Mn/Fe 摩尔比为 0.1 时，催化剂的脱硝效率最高的 $MnFeO_x$ 纳米棒催化剂。还有研究发现水热法制备的 MnO_x-FeO_y 催化剂在低温便具有较好的脱硝活性，在 80℃时脱硝活性达到 90%，证实水热法制备催化剂过程中加强了 Mn 和 Fe 的相互作用，且水热法制备的催化剂有较大的比表面积以及良好的分散度。Liu 等人考察了 Fe 负载量对 $Fe-Mn/TiO_2$ 催化剂低温脱硝活性的影响，Fe 加入过多会在催化剂表面形成 Fe_2O_3 或 Fe_3O_4 晶相，在 Fe/Ti 为 0.1 时催化剂的脱硝效率最高，120℃时达到 90%以上，Fe 在催化剂表面以无定型形式存在，增加了催化剂表面酸性位点，使催化剂的反应温度窗口向低温偏移。

1.1.1.3　Mn-Ce 复合脱硝催化剂

有研究发现在添加离子半径较小且价态较低的过渡金属离子时，CeO_2 的储放氧能力会得到增强，在 CeO_2 表面形成了更多的氧空位，从而提高氧化还原能力。Chen 等人使用钛酸盐物种制备了纳米管载体，并在纳米管载体上吸附了 Mn-

Ce 活性载体，融合生成 Mn-Ce 催化剂，并进行了催化剂的表征分析。研究发现该催化剂比 $MnCe/TiO_2$ 催化剂的 NO_x 脱除能力更强，大幅度提高了复合氧化物的脱硝活性。Yao 等人对比研究了不同制备方法对 MnO_x-CeO_2 催化剂脱硝性能的影响，其中水热法制备催化剂效果好归因于高温高压的作用条件使 MnO_x 和 CeO_2 之间的电子相互作用强化，两种金属产生固溶体，使催化剂的物化结构更加稳定，元素之间的转换加强。Liu 等人用水热法制备了 Mn-Ce-Ti 混合氧化物催化剂，发现不仅有良好的低温脱硝活性和较宽的反应温度窗口，且具有较强的抗 SO_2 和 H_2O 性能。Xu 等人用溶胶凝胶法制备锰铈催化剂，将 Ce 加入到 MnO_2/TiO_2 催化剂中进行 SCR 反应，研究发现 Ce 的掺杂有效地提高了催化剂的脱硝活性，推测的结论为 Ce 掺杂增加了催化剂表面的酸性位点，提高 NH_3 吸附量。

Qi 等人研究了不同制备方法对于 Mn-Ce 复合氧化物催化剂脱硝效率的影响，柠檬酸法制备的 Mn-Ce 复合氧化物催化剂具有最优的催化活性，并且在温度低于 150℃时，产物中只有 N_2，没有 N_2O，证明了该方法制备的 Mn-Ce 复合氧化物催化剂还同时具有较高的 N_2 选择性。制备的 MnO_x-CeO_2 复合氧化物催化剂，在 100~160℃的脱硝效率在 90%以上，通过 XRD、红外光谱等表征得到了锰铈之间形成固溶体，降低结晶度增加元素之间相互作用，有效促进了 NH_3-SCR 反应的结论。闫东杰等人选择浸渍法制备 Mn-Ce/TiO_2 粉末状催化剂，再混合一定量的拟薄水铝石作为黏结剂和活性炭作为造孔剂，挤压出整体式成型催化剂。满雪以 TiO_2 作为催化剂载体，加入质量比为 4%的 MnO_x，质量比为 10%的 CeO_2 作为活性组分进行挤条成型，获得了表面光滑无裂缝，机械强度最大为 73N/cm 的成型催化剂。郭静研究了 CeO_2 对 MnO_x/Al_2O_3 催化剂脱硝性能的影响，4%CeO_2-7%MnO_x/Al_2O_3 与 11%MnO_x/Al_2O_3 虽然具有相同负载量的活性组分，但前者脱硝效率明显优于后者，这与 Mn-Ce 之间两种物质的协同作用有关，并且 Mn-Ce 固溶体的形成更有利于脱硝活性的提高。

1.1.1.4 Mn-Ni 复合脱硝催化剂

Thirupathi 等人以 TiO_2 为载体制备了锰镍复合氧化物催化剂［Mn-$Ni_{0.4}/TiO_2$］，并做了活性测试表征。研究发现在 200℃的反应温度下，该催化剂的 NO_x 转化率可达 100%，氮气选择性高达 99%。该催化剂与 Mn/TiO_2催化剂相比，其氧化物增多提高了氧化还原能力，进而增强了脱硝能力。Wan 等人研究了低温条件下，不同镍锰比的复合金属氧化物催化剂，并制备了一系列的催化剂。脱硝性能研究发现，不同镍锰比的催化剂其对 NO_x 脱硝能力从大到小为 $Ni_{0.4}$-MnO_x > MnO_x > Ni-MnO_x > $Ni_{2.5}$-MnO_x > NiO_x。其中 $Ni_{0.4}$-MnO_x 的脱硝能力最强，在 100℃左右的温度下 NO_x 转化率为 85%，100~250℃区间内 NO_x 转化率可达 100%。研究还发现锰离子和镍离子间存在电子转移，并提出了协同催化的观点。

1.1.1.5 Ni-Ce 复合脱硝催化剂

Maitarad 等人首先通过水热法合成了 CeO_2 纳米棒，然后利用浸渍法合成了 NiO/CeO_2 催化剂，与 CeO_2 纳米棒和单一 NiO 相比，NiO/CeO_2 的催化性能优异，反应温度为 250℃时，脱硝效率在 90%以上。谢鹏对 Co-Ce 纳米复合材料进行了脱硝性能分析，较纯 Co_3O_4 和 CeO_2 来说，300℃以下最高能达到 74%的 NO_x 转化率；通过分析表明，Ce-Co 之间的协同作用使得 Co_3O_4 与 CeO_2 的紧密结合形成了异质复合结构，Co^{3+}物种是所制备催化剂的主要活性物种，随着相对含量的升高，协同作用更加强烈，对催化剂的催化活性造成直接影响。

1.1.1.6 其他复合氧化物脱硝催化剂

氧化物具有多种价态，d 轨道的电子处于未充满状态，以铁氧化物为活性组分的催化剂均具有较好的脱硝性能和抗 SO_2 中毒性能。另外众多研究表明，用 Fe 作为助剂添加到催化剂当中既可以提高催化剂的脱硝效率，使温度窗口向低温偏移，同时也可以提高催化剂整体的抗 SO_2 和 H_2O 的能力。Li 等人研究了铁钨复合氧化物催化剂的制备方法及脱硝性能，制备了一系列的 $FeW_{(x)}$ 催化剂。研究发现，在所有的催化剂中 $FeW_{(5)}$ 催化剂在 250～450℃的温度范围内，有着最优的脱硝能力，脱硝活性接近 100%，其氮气选择性也高达 100%。Shi 等人以 Cu-Fe 作为活性组分和 Beta 分子筛为载体制备出 SCR 脱硝催化剂，与金属 Cu 或 Fe 制备出的单金属催化剂相比，极大提高了脱硝活性和温度区间，在 125～500℃温度区间，NO_x 的转化率均维持在 80%以上。刘彩霞等人针对 Fe_2O_3 催化剂在高温下脱硝活性下降的问题，采用硫酸化的方法对其进行改性制备出了硫酸化的 Fe_2O_3/ZrO_2 催化剂，探究了 Fe_2O_3、SO_4^{2-} 和酸化位置对催化剂脱硝效率的影响以及催化剂的脱硝机理。结果表明，在 150～450℃的温度区间，γ-Fe_2O_3 的脱硝效率高于 α-Fe_2O_3，而在 300～450℃的温度区间，γ-Fe_2O_3 容易转化为 α-Fe_2O_3，从而导致脱硝活性急剧下降；Fe^{3+}和 SO_4^{2-} 能增强催化剂的氧化还原能力以及 NH_3 和 NO 的吸附能力，从而提高脱硝活性；酸化位置对催化剂的性能影响很大，与（FeS)/Zr 催化剂相比，Fe/(SZr) 催化剂在 300～450℃脱硝效率更高，通过 NH_3-TPD 分析可知，不同的酸化位置会导致 Fe^{3+}和 SO_4^{2-} 的存在形式不同，从而导致催化剂的氧化还原能力、L 酸和 B 酸以及吸附物种有很大的差异。

Miessner 等人通过溶胶-凝胶法合成了介孔 ZrO_2 载体上的高分散铜催化剂。通过 XRD 和 TEM 对铜的分散进行了研究，通过漫反射红外傅里叶变换光谱（DRIFS）在介孔 ZrO_2 上原位跟踪 NH_3 吸附和 SCR 反应，并合成 3%（质量分数）Cu/ZrO_2。铜的添加，提高了催化剂表面的 Lewis 酸性位。催化剂在低温、150℃下对 SCR 有很好的催化效果。在无水条件下，6%（质量分数）Cu/ZrO_2 样品达到 75%的 NO_x 转化率。在保持分散性的同时增加铜负载可提高 NO_x 转化率。

Co 掺杂的研究较少，从现有的研究内容分析，Co 作为助剂在提高催化剂脱硝活性，增强氧化还原能力等方面发挥重要作用。Qiu 等人选用不同的金属氧化物（Fe、Ce、Cr、Ni、Co、Sn）改性 Mn/TiO_2 催化剂，添加 Co 对催化剂的低温活性效果明显高于其他金属氧化物。Shang 等人制备了 $Ce_{0.2}Co_{0.2}Ti$ 催化剂，在 300℃条件下具有较高的 NO 氧化催化活性，最大转化率为 76%。Ce 和 Co 之间的强相互作用具有催化性、良好的氧化还原性有利于 NO 氧化，提高催化性能。

Geo 等人通过研究 W/Ce/Ti 催化剂发现，当形成 $Ce_2(WO_4)_3$ 化合物时，催化剂的氧化还原能力和 NH_3 的吸附量均降低，但 NO 吸附量的增加和不稳定的 NO_x 吸附物种的形成使得催化剂表现出良好的低温 SCR 反应活性。曹丽等人制备了不同 Ce/W 摩尔比的 CeO_2-WO_3/TiO_2 催化剂，结果表明最佳摩尔比为 4∶1，其在 275℃的 NO_x 转化率达到 73%，在 300℃以上则超过 95%。随着催化剂中 Ce/W 比增大，催化剂表面的 CeO_2 含量增加，比表面积增大，并证明了表面活性氧的含量是决定该催化剂低温脱硝活性的主导因素。

目前商业上最常用的催化剂为钒基催化剂，火力发电厂最常用的钒基催化剂主要有 V_2O_5-WO_3/TiO_2、V_2O_5-MoO_3/TiO_2、V_2O_5/TiO_2 等。V_2O_5 作为催化剂的活性组分，表面呈酸性可以与还原气体 NH_3 反应，所以需要负载在 TiO_2 载体表面，TiO_2 作为载体具有很大的比表面积，可以让催化剂的活性组分与反应气体充分反应，WO_3 和 MoO_3 对催化剂的活性物质 V_2O_5 起到了修饰作用，可以提高催化剂的活性和热稳定性。

1.1.2 多元素协同催化剂

近年来，稀土氧化物在催化剂领域受到了极大关注，有研究者发现稀土元素（Ce、Tb 和 Er）能够大大增加 V_2O_5-WO_3/TiO_2 催化剂脱除 NO_x 时的热稳定性，阻止催化剂相态向金红石相态的转化，并且抑制催化剂比表面积的减少。

Fe 元素不仅与 Ce 元素之间存在协同作用，还与大量其他的过渡金属元素间存在强烈的相互作用关系。赵海等人掺杂铈元素于铁锰金属氧化物中，非晶态物质和比表面积增加，低温还原能力有所增强，但添加量过大会导致孔容略微减少，200~400℃脱硝效率能够达 90%以上。黄秀兵等人对 Mn-Fe-O 催化剂用 CeO_2 进行修饰，脱硝活性在 80℃时可达 95%以上，并具有较高的 N_2 选择性，同时 Mn-Fe-O 复合氧化物表面的酸性位点数量明显增加，Fe、Mn、Ce 三元素电子对之间的相互作用使得 Fe-Mn 固溶体出现，使得催化剂的氧化还原能力及其稳定性得到提升。Xiong 等人研究了铁铈钨复合氧化物催化剂的制备方法和脱硝活性。其研究主要采用了柠檬酸溶胶-凝胶的催化剂制备方法，制备了一系列的铁铈钨复合催化剂样品。而且研究发现当铁铈钨三种金属的总摩尔质量与制备过程中添加的柠檬酸的摩尔质量之比从 1 变化到 4 时，复合催化剂对 NO_x 的脱除能力会出现先升高后降低的变化规律，在众多的催化剂样品中发现 FeCeW-0.5 催化

剂对 NO_x 的脱除能力最高。

Zhu 等人在 Mn-Ce/TiO_2 催化剂中掺杂 Fe 和 Co 发现，它们能有效提高催化剂的比表面积和孔隙率，降低 SO_4^{2-} 和 H_2O 在催化剂表面的富集，提高了抗硫抗水性能。有人制备了纳米锰钴催化剂，100～300℃的温度区间内 NO_x 转化率在98%左右，该催化剂具有优秀的脱硝效率的原因归结于催化剂良好的介孔结构和Mn、Co 物种之间存在的强相互作用。吴尚等人制备了 Mn-Ce-Fe-Co-O_x 催化剂，其活性组分呈现出高度分散的无序丝绒状弱晶相，增加了表面弱酸性位，推动了脱硝活性向高温偏移，在 170℃脱硝效率达到 83.7%。有报道表明，催化剂酸化后可以增加表面酸性位和表面氧化物种，提高了催化剂 NH_3 吸附能力、高温脱硝活性、抗 SO_2 和 H_2O 性能。

任冬冬对 γ-Fe_2O_3 进行了 Ce、Mn 元素的掺杂，发现 Ce 掺杂在 180～270℃范围内，其脱硝效率可以稳定在 90%以上，而 Mn 的掺杂可以使温度窗口拓宽到180～330℃。二者的掺杂会对表面酸性位、晶体结构以及氧化还原性能产生影响，利于反应物的吸附，同时可以降低 γ-Fe_2O_3 催化剂上 NH_3 脱氢反应所需的能垒，利于 NH_3-SCR 反应的进行。

1.2 矿物脱硝催化剂

矿物脱硝催化剂有铁矿物催化剂、锰矿物催化剂和稀土矿物催化剂。其中铁矿物催化剂中的菱铁矿热处理以及用稀土元素 Ce 改性后的脱硝催化剂脱硝效率明显提高；由于锰矿物中的含量成分不均匀，脱硝效果不稳定；稀土矿物催化剂本身活性不高，需加入活性元素使其提高效率。

1.2.1 铁矿物脱硝催化剂

李骞等人将含 Mn 的天然菱铁矿进行了热处理，制备出 Fe-Mn 复合型金属氧化物催化剂。经过热处理后的天然菱铁矿催化剂孔结构发达、比表面积增大、酸性位点增多、吸附氧含量增加，并且催化剂在 200～400℃内的脱硝效率可达100%，在反应温度范围内 N_2 选择性可达 69%以上。卢慧霞用稀土元素 Ce 改性菱铁矿制备脱硝催化剂，改性后的菱铁矿不仅脱硝活性有显著的提高，其抗 SO_2 性和稳定性也有较大提升；Ce 与菱铁矿中的 Fe、Mn 等活性元素产生相互作用，使改性后的菱铁矿具有较大的比表面积，改善了晶型结构，同时表面酸性也有所提高，大幅提升了催化剂的脱硝活性。梁辉研究了赤铁矿、菱铁矿以及褐铁矿分别在不同煅烧温度下的脱硝性能，研究发现，经 450℃煅烧的菱铁矿活性最好，在中低温的脱硝效率均大于 90%；进一步对三者活性组分进行了分析：煅烧温度在 450℃的褐铁矿和 400℃的赤铁矿中，活性组分的种类均为 α-Fe_2O_3，而经

450℃煅烧的菱铁矿还存在 $\gamma\text{-}Fe_2O_3$ 以及少量的 Mn 元素，丰富的活性物种是其脱硝效率最高的原因。

刘祥祥制备压片成型改性的菱铁矿 SCR 脱硝催化剂，其载体为菱铁矿粉末，掺杂 Mn、Ce 元素进行改性。发现 Mn 掺杂量会影响压片成型催化剂比表面积、结晶度进而影响脱硝效率。当掺杂 3% Mn 和 1% Ce 时催化剂具有最好的低温脱硝效率。在焙烧过程中会带来一个有利影响：水和有机物会挥发和分解产生孔隙结构，但也会带来一个不利影响：活性组分结晶。对催化剂进行 BET 测试发现，Mn 掺杂催化剂在 450℃焙烧成型时有利影响大于不利影响；Mn/Ce 掺杂的催化剂在 550℃时有利影响大于不利影响。通过 XRD 图对比 550℃和 450℃焙烧的催化剂衍射峰强度和角度，发现 550℃焙烧的催化剂 $\alpha\text{-}Fe_2O_3$ 的晶格没有受到破坏，但是已经发生变形，以无定型形式存在的 $\alpha\text{-}Fe_2O_3$ 含量略有下降，更多的 $\alpha\text{-}Fe_2O_3$ 负载在载体 TiO_2 表面上。王瑞等人将 $LaMnO_3$ 负载在菱铁矿上制备成催化剂，当 $LaMnO_3$ 的负载量为 40%，焙烧温度为 500℃时制得的催化剂脱硝效果最好，在 180~250℃的低温区间脱硝效率均维持在 90%以上，且当反应温度为 210℃时脱硝效率最高为 96%。

1.2.2 锰矿物脱硝催化剂

王涛以青阳锰矿作为前驱体，制备了 CeO_2/NMO 复合催化剂，Ce-Mn 之间的相互作用改变了 Mn 元素的化学环境与存在形式，提升了低温氧化还原性能和 B 酸位点吸附能力，在 250℃时的脱硝效率达到了 95.7%，进一步添加 $\gamma\text{-}Fe_2O_3$，使得天然锰矿催化剂在拥有较高脱硝效率的同时拥有良好的抗硫抗水以及抗碱金属中毒性能。同时，王涛等人采用浸渍法制备的天然锰矿负载 CeO 复合催化剂具有较大的比表面积和表面酸性位点，在 250℃时的脱硝率达到了 95.7%。天然锰矿中锰氧化物（MnO_x）和其他金属氧化物具有协同作用表现出较大的催化活性，且其中的 SiO_2 可以增强催化剂在流化床中的耐磨性，具有非常广阔的应用前景。章贤臻等人采用三种不同品位锰矿作为脱硝反应催化剂进行活性测试，分别考察温度、NH_3/NO 配比和 SO_2 对反应的影响，结果发现低品位锰矿在 150~250℃范围内效果最好，提高 NH_3/NO 的配比会提高脱硝率，通入 SO_2 会降低脱硝率。分析发现低品位锰矿表面粗糙，MnO_x 分散度很好。徐永鹏等人以一定浓度硫酸浸渍之后的青阳锰矿作为催化剂进行活性测试，发现 3mol/L 硫酸浸渍天然锰矿后，在低温段（100℃、3% O_2）的模拟烟气环境下，NO 的转化率能够达到 90%，且产物均为 NO_2，10h 后催化剂活性有下降趋势。

有研究对比不同种类的天然锰铁矿石催化剂低温脱硝性能，在此基础上，以性能最优的天然锰铁矿石催化剂进行后续相关研究。主要内容包括锰铁矿石种类、煅烧温度及粒径对脱硝效率的影响。四种天然锰铁矿石低温脱硝性能差别较大，其中最优的低温脱硝性能的一组锰矿石，在120℃，其脱硝效率可达到94%，在160~240℃温度区间内，其低温脱硝效率始终保持在98%左右。由此可见，由于矿物分布不均匀，同一锰矿可能物质含量不同，脱硝催化的效果也不同。Zhang等人以天然的锰矿作为催化剂，检测其低温NH_3-SCR反应的脱硝活性，实验结果发现，低品位的锰矿在250℃就能达到98%的NO_x脱除效率，经过表征分析得出该天然锰矿有较好的内部结构和稳定的晶型形态，活性物质分布较为均匀，促进NH_3-SCR反应的循环发生。卢慧霞以菱/锰铁矿石为研究对象，经过焙烧、微波改性、掺杂Ce元素等手段制备出SCR脱硝催化剂，发现微波烘干可以增大催化剂的比表面积，改善催化剂的结晶程度，增大催化剂的表面酸性位点；而空速的大小取决于催化剂的用量，随着空速的增大，脱硝效率逐渐降低，氨氮比的最佳比值为1~1.2。

1.2.3 稀土矿物脱硝催化剂

1.2.3.1 稀土精矿脱硝催化剂

白云鄂博稀土矿产资源十分丰富，是中国最大的铁-氟-稀土综合矿床，稀土矿和铌矿资源居全国之首，蕴藏着占世界已探明总储量41%以上的稀土矿物及铁、铌、锰、磷、萤石等175种矿产资源。孟昭磊等人考察了不同制备流程的白云鄂博稀土精矿的脱硝性能实验，首先考察了稀土精矿经过微波焙烧与不焙烧的对比，结果发现经过350℃微波焙烧的精矿脱硝性能明显提升；又考察了不同浸渍浓度的影响，结果发现0.5mol/L稀土精矿负载Fe_2O_3制备的催化剂效果最好；最后考察了高能球磨与普通球磨的影响，结果发现高能球磨处理之后的稀土精矿具有很高的活性。结合表征发现不同浓度的硝酸铁溶液浸渍经过高能球磨和微波焙烧处理之后，出现了Ce_7O_{12}和Fe_2O_3衍射峰聚集，并出现新的$FeCe_2O_4$特征峰，说明稀土精矿载体与Fe_2O_3发生了联合协同作用，微波焙烧后可使矿物颗粒表面产生大量裂纹，增大比表面积，更易吸附NH_3。付金艳等人考察了添加Al_2O_3球磨处理后对稀土尾矿脱硝性能的影响，结果发现在添加50% Al_2O_3、球磨2h、空速8000h^{-1}的条件下，脱硝率达到67.1%，比原稀土尾矿的7.7%提升了将近60%。

朱超等人将稀土尾矿和稀土精矿为原料进行改性，制备出了高效的NH_3-SCR脱硝催化剂，发现当尾矿和精矿的比例为1∶1、$NaCO_3$添加量为0.15g、$Ca(OH)_2$添加量为0.23g、盐酸浓度为0.1mol/L、柠檬酸浓度为0.01mol/L、温度为350℃时脱硝效率最高为82%。通过表征分析发现酸洗后的尾矿颗粒不再出现团聚现象，增大了比表面积和表面酸性位点，稀土精矿和稀土尾矿经微波后产生裂纹，且分布更加均匀，加碱后微波的作用更加明显，三者之间的相互作用改变了尾矿表面物理结构和化学性质，增加脱硝活性。

1.2.3.2 稀土尾矿脱硝催化剂

白云鄂博矿是世界上稀有的多金属复合矿床，含有铁、铌、锰、钛、稀土等70多种元素，赤铁矿、石英、萤石、氟碳铈矿等170多种矿物。白云鄂博稀土矿经选铁和稀土的选矿工艺后，仍然会有大量的铁矿物和稀土矿物排放至尾矿坝中，随着时间的推移，尾矿被大量的堆积，不仅是对矿产资源的浪费，同时也对周围的环境造成了污染。白云鄂博稀土尾矿虽然品位较低，不过仍然含有丰富的矿产资源，萤石和石英等矿物稳定性好、机械强度高，这些特性决定了它们可以作为脱硝催化剂的天然载体，铁矿物、锰矿物、稀土矿物等具有脱硝活性，可以作为催化剂的活性组分，在稀土尾矿中各种矿物相互嵌布、包裹，能起到联合脱硝的作用。所以结合稀土尾矿的脱硝特性以及矿产资源的二次综合利用，对于稀土尾矿制备脱硝催化剂的研究意义重大，为此以白云鄂博稀土尾矿为研究对象进行了SCR脱硝实验研究。

前期通过改变稀土尾矿的物理化学性质提升了稀土尾矿作为SCR催化剂的可能性。付金艳通过球磨的方式在稀土尾矿中添加不同比例的拟薄水铝石，改变球磨时间制备不同粒径的催化剂，并测试空速、氧含量对脱硝效率的影响。发现：13μm的γ-Al_2O_3通过球磨方式修饰74μm的稀土尾矿，γ-Al_2O_3的最佳添加量为50%，最佳球磨时间为2h，最佳的催化剂粒径为0.83mm，最佳的空速为$8000h^{-1}$，最优的氧含量为4%（体积分数），经过稀土尾矿催化剂进行优化后最终脱硝效率从7.7%提高至67.1%。

王建发现对白云鄂博稀土尾矿进行强磁选可富集尾矿中的活性组分，进而发生协调催化作用。实验结果表明：磁选尾矿在反应温度为500℃时，催化脱硝效率可达82.2%，且在500~900℃区间内保持较好的脱硝性能。张建使用模具将白云鄂博稀土尾矿粉末制备成蜂窝状，测试成型助剂对稀土尾矿成型过程的影响，确定了最佳的助剂添加配比：稀土尾矿粉末：拟薄水铝石粉末：黏土=2：4：3，制备出的蜂窝状脱硝催化剂脱硝效率可达88.6%。侯丽敏等人利用机械力微波活化稀土尾矿，发现稀土尾矿对球料比这一活化参数最为敏感，稀土尾矿经过球磨2h，转子转速300r/min，再经过250℃微波焙烧20min，微波焙烧功率为1100W，得到活化的稀土尾矿，其脱硝效率最高可提升40%。

有研究对白云鄂博稀土尾矿进行矿物学分析，结果显示稀土尾矿具有“贫、细、杂”的天然属性，含有铁矿物、稀土矿物和锰矿物等活性矿物，活性矿物以单体和连生体的形式以不等的粒度分布。结合现在天然矿物的脱硝性能，稀土尾矿有希望成为脱硝催化剂。选取不同稀土尾矿进行微波焙烧处理。实验结果显示，经过400℃焙烧后的稀土尾矿催化脱硝率最高。当反应温度为900℃时，脱硝率可达96.1%。矿物作催化剂与分析纯催化剂相比较比表面积较小，有研究通过物理球磨方式在白云鄂博稀土尾矿中添加γ-Al_2O_3，制得NH_3-SCR催化剂，脱硝温度为100~400℃。原尾矿脱硝活性为7.6%，γ-Al_2O_3 的脱硝活性为9.4%，稀土尾矿添加50% γ-Al_2O_3 脱硝活性达到了64.8%，添50% γ-Al_2O_3 后极大程度上提高了尾矿的脱硝活性。天然矿物结构紧密，孔隙结构较不发达。Hou等人采用机械力和硫酸酸化处理的方式将白云鄂博稀土尾矿进行活化处理，采用机械力和硫酸混合活化后的催化剂脱硝活性得到大幅提升，在350~450℃脱硝效率达到96%，且具有良好的氮气选择性和热稳定性，活化使稀土尾矿中剩余的稀土元素即活性组分充分暴露且均匀分散，硫酸的加入使表面L酸活性位点中心数量增加，增强吸附 NH_3 能力。

付金艳等人将稀土尾矿作为活性主体，通过机械球磨的方式添加 γ-Al_2O_3，制得脱硝催化剂，结果表明，稀土尾矿添加50%的 γ-Al_2O_3 并球磨2h后，在8000h^{-1}空速条件下的脱硝活性较稀土尾矿提升约60%，比表面积明显增加。黄雅楠将研磨后的稀土尾矿用不同温度焙烧，400℃焙烧的稀土尾矿样品在反应温度为800℃时具有90%以上的催化脱硝性能，该温度煅烧的稀土尾矿样品性能最佳。

白芯蕊通过多种方法（球磨、磁选和浮选）对稀土尾矿进行了处理，并对磁浮选后的稀土尾矿进一步做酸处理。经过磁浮选以后，稀土尾矿中杂质减少，矿物颗粒分散更加均匀，使得活性金属元素之间的协同作用增强，同时提高了表面酸量和氧化活性，脱硝效率在350℃达到66.4%。用8mol/L硫酸进一步处理后，Brønsted酸位点明显增加，促进 NH_3 的吸附，在反应温度为350℃时脱硝效果优良，可以达到93%。王建等人对白云鄂博稀土尾矿催化CO还原脱硝进行了研究，研究表明稀土尾矿作为SCR脱硝催化剂，不仅脱硝效率高，而且具有抗硫性和稳定性。随着反应温度的增加，脱硝效率逐渐增加，当反应温度为800℃脱硝效率达到最大值98%并趋于稳定；添加 SO_2 后，稀土尾矿的脱硝效率略有下降，在800~900℃脱硝效率由98%降为95%；随着反应时间的增加，稀土尾矿的脱硝效率先降低然后趋于平稳。

付金艳等人用 γ-Al_2O_3 球磨修饰稀土尾矿进行了 NH_3-SCR脱硝性能研究，发现当 γ-Al_2O_3 的添加量为50%、球磨时间为2h、催化剂粒径为0.83mm时脱硝效率最高，达到67.1%。γ-Al_2O_3 的添加量需要选取一个合适的比例，当 γ-Al_2O_3 的添加量过高（65%、80%）时，γ-Al_2O_3 在矿物表面会发生团聚现象，从而覆盖了尾矿表面的活性组分，影响了脱硝效率；球磨会导致矿物解离使细小颗粒附着在尾矿表面，随着球磨时间的增加，尾矿表面解离的细小颗粒逐渐增加，活性物质和酸性位点的分散性更好，当球磨时间过长（3h、4h）时，导致生成的细小颗粒重新聚集，活性物质的分散性变差，催化剂的比表面积、孔隙结构变小，从而对脱硝活性造成影响。

综上所述，稀土尾矿是一种活性物质种类最多的天然矿物，含有以Fe、Ce

为主的活性元素以及微量过渡金属元素（Mn、Co、W、Nb 等），催化助燃成分多，有用矿物品位高，是做脱硝催化剂的天然原料。但其自身做催化剂时脱硝效率较低，温度窗口窄，原因在于活性矿物暴露度不够，所以对其进行了不同方式的改性修饰、活化和预处理，以提高 Fe_2O_3 等活性组分在催化剂表面的暴露程度，利于后来加入的活性元素（Ce 等金属元素）与 Fe 发生相互作用，为下一步的改性提供了基础。

1.3 稀土尾矿活化方式

稀土尾矿的活化方式有多种，根据不同活化方式区分包括磁选、浮选、改性酸处理、机械力活化。在不同条件下，做出不同的调整，使其脱硝效率到达最高。

1.3.1 磁选

磁选是在不均匀的磁场条件下，用矿物之间不同的磁导率将矿物分离的一种方法。矿物会受到磁力和其他机械力的共同作用。矿物颗粒所受磁力的作用大小取决于矿物本身的磁性；其中非磁性矿物颗粒所受作用主要来自于机械力。磁场强度主要分为两类，弱磁场的磁场强度为（0.6～4.8）×10^5A/m，用来选别磁铁矿这类的强磁性矿物；强磁场的磁场强度为（4.8～20.8）×10^5A/m，用来选别赤铁矿等弱磁性矿物，而稀土矿物是没有磁性的。

姬俊梅等人采用多次磨矿和磁选的方式，对铁含量为26%～33%的浮选尾矿进行磁选实验，得到的铁精矿品位在64%以上，回收率在56%以上。赵瑞超提出了在稀土浮选尾矿中用高梯度磁选回收铁的实验，结论得出在-0.074mm 矿物粒度，矿浆中质量含量占20%，矿浆流速为4.198cm/s 的情况时，采用0.8T 场强进行粗磁选，再在0.3T 场强下对所得磁选尾矿进行精选，得到了品位为46%的铁精矿。贺宇龙先采用永磁磁选机对白云鄂博尾矿进行弱磁选，将磁铁矿、假象赤铁矿等强磁性矿物选出，使赤铁矿、稀土、萤石等弱磁和无磁性矿物留在磁选尾矿中，然后用0.2T 的高梯度磁选设备将弱磁选尾矿中的赤铁矿、钠闪石等弱磁性矿物分离出来，最终用场强为0.8T 的低温超导磁选机进行试验，得到稀土品位为11.91%的超导精矿。

朱德庆等人对铁品位为42.32%、锰含量9.24%的高锰铁矿进行先还原再磁选的实验，高锰铁矿中的铁与锰矿物粒度细且呈互相包裹形式存在，在碳铁质量比为1 的条件下先进行还原，再磨至-0.074mm 进行75kA/m 的磁选，实验获得品位为87.49%的铁精矿。

1.3.2 浮选

目前，常用手选、重选和浮选法进行萤石选矿。手选法是当萤石矿与脉石具有明显界限时，进行辅助鉴别萤石的方法。重选法是对重介质预选工艺的研究。资料显示，南非、意大利等国家为了降低磨矿损耗，利用重选法对萤石进行预选，将大部分 SiO_2 除去。萤石与脉石矿物呈连生、嵌布和包裹关系，为了分离萤石与脉石矿物，必须磨至萤石单体解离，再对球磨尾矿进行浮选。就目前而言，将萤石与脉石矿物分离得到高品位萤石的主要方法是采用浮选，常用的浮选药剂分为捕收剂、抑制剂和 pH 值调整剂。对于常见的石英型萤石矿，通常使用油酸、油酸钠或氧化石蜡皂作为萤石的捕收剂，水玻璃、可溶性淀粉等作为石英、硅酸盐矿物和方解石的抑制剂，碳酸钠通常作为 pH 值调整剂，在调整矿浆 pH 值的同时，还可以对方解石产生抑制作用。但是对于方解石含量较高的碳酸盐型萤石矿，由于方解石和萤石同属于 Ca 的盐类矿物，化学性质相似导致较难分选。所以抑制剂的选择是分离萤石与硅酸盐矿物、赤铁矿、重晶石碳酸盐矿物等的重点，常用的抑制剂主要为水玻璃、六偏磷酸钠、淀粉及其改性产品等。在 pH 值为 8~9.5 的范围内，油酸对方解石和萤石捕收能力都比较强，为了实现二者的分选，应采用不同的针对性抑制剂。

杨开陆等人通过对白云鄂博尾矿做的一系列试验，得到结论为：将尾矿磨至 -0.074mm，用水玻璃、苛性淀粉和单宁酸为抑制剂，FX-6Y 为捕收剂，进行“1 粗 2 扫 5 精”的工艺流程，得到品位为 97.66%、回收率为 68.37%的 CaF_2。

陈超等人采用以石英为主脉石矿物，萤石为有用矿物的湖南某尾矿进行浮选实验，确定了先将矿物粒度磨至-0.074mm 占比 42.52%，采用油酸钠作为萤石的捕收剂，抑制剂为糊精和水玻璃联合使用，经过“1 粗 7 精”浮选工艺，最终获得 CaF_2 品位 96.45%，回收率 79.71%的萤石精矿。

刘磊等人对河南的一个低品位萤石矿进行浮选实验，其以方解石作为主要脉石矿物，结论得出矿物粒度磨至-0.074mm，且占比 58%的情况时，在碱性条件下先进行一次粗浮选，再在酸性条件下进行精选，形成闭合回路，最终可以获得品位为 97.6%的 CaF_2。

1.3.3 改性酸处理

白云鄂博尾矿经过磁选、浮选后的主要活性矿物组分为：赤铁矿（Fe_2O_3）、黄铁矿（FeS_2）、氟碳铈矿 {$(Ce,La)[CO_3]F$} 和独居石 [$(Ce,La)PO_4$]，杂质矿物为：萤石（CaF_2）、白云石 [$CaMg(CO_3)_2$]、方解石（$CaCO_3$）、石英（SiO_2），添加硫酸球磨混合后，在一定温度下发生分解反应，其中 FeS_2 在水存在的情况下很容易发生氧化反应，SiO_2 属于酸性氧化物，不与硫酸发生反应。具体反应如下：

$$2REFCO_3 + 3H_2SO_4 \longrightarrow RE_2(SO_4)_3 + 2CO_2\uparrow + 2HF\uparrow + 2H_2O\uparrow$$

$$2CePO_4 + 3H_2SO_4 \longrightarrow Ce_2(SO_4)_3 + 2H_3PO_4$$

$$Fe_2O_3 + 3H_2SO_4 \longrightarrow Fe_2(SO_4)_3 + 3H_2O\uparrow$$

$$4FeSO_4 + O_2 + 2H_2SO_4 \longrightarrow 2Fe_2(SO_4)_3 + 2H_2O$$

$$CaF_2 + H_2SO_4 \longrightarrow CaSO_4 + 2HF\uparrow \quad \text{(弱反应)}$$

$$SiO_2 + 4HF \longrightarrow SiF_4\uparrow + 2H_2O\uparrow$$

$$CaCO_3 + H_2SO_4 \longrightarrow CaSO_4 + CO_2\uparrow + H_2O\uparrow \quad \text{(弱反应)}$$

$$CaMg(CO_3)_2 + 2H_2SO_4 \longrightarrow CaSO_4 + MgSO_4 + 2H_2O + 2CO_2\uparrow$$

$$FeS_2 + 4O_2 + H_2 \longrightarrow FeSO_4 + H_2SO_4$$

稀土尾矿中的 CaF_2、$REFCO_3$、Fe_2O_3、$CaCO_3$ 均能与浓硫酸发生反应，其中 $CaCO_3$ 与硫酸反应生成的 $CaSO_4$ 微溶于水，会附着在 $CaCO_3$ 的表面，阻碍反应的进行。混合硫酸制备催化剂操作简单，但对设备具有腐蚀作用，会带来氟、硫等废气。

张秋林等人采用共沉淀法制备了 Ce、Pr、O 不同组合的几种金属氧化物催化剂，但脱硝效果差，对其进行了硫酸处理后，催化剂脱硝窗口拓宽，且 NO_x 转化率在低温和高温均有明显提高，对铈基催化剂，Ce^{4+} 和 Ce^{3+} 的转化速率更高，提升了催化剂的氧化还原能力，对 Ti 基催化剂，表面会生成新的硫酸盐，酸位点增多，说明 SO_4^{2-} 改性后催化剂优越的 SCR 脱硝性能得到提升。

王兰英等人采用共沉淀法制备了以 CeO_2 含量为变量的负载在 ZrO_2-SO_4^{2-} 的 CeO_2/ZrO_2-SO_4^{2-} 催化剂，可以得出 CeO_2 负载量的增加会增加催化剂的氧化还原能力，且在低温时使反应向 L-H 机理进行，提高表面酸性后会增加 NH_3 的吸附量。该催化剂处于中低温的时候有 98%的 NO_x 转化率，N_2 选择性好。

刘珊珊等人通过硫酸酸化处理，制备了 SO_4^{2-}/MnO_x 和 SO_4^{2-}/Fe_2O_3 两种催化剂，研究发现，经硫酸酸化后，其脱硝活性都得到提高，SO_4^{2-} 可以和 Fe_2O_3 发生作用，提高 Fe_2O_3 的酸性。同时，MnO_x 经酸化后，氧化性受到一定程度的抑制，有利于减少高温下氨氧化副反应的发生，从而改善 MnO_x 和 Fe_2O_3 的脱硝效果。

张杰通过构建新型规整形貌 α-Fe_2O_3 基催化剂，研究晶面对催化剂的影响并对其用硫酸进行改性，结果可得 5%质量分数的硫酸对催化剂改性效果最好，酸化后的表面生成了 $Fe_2(SO_4)_3$ 薄层，形成大量的 Brønsted 酸位点，300~400℃ 的 NO_x 脱除率高达 90%，且抗硫抗水性能得到提升。

近年来有报道称将催化剂酸化后，可显著提高催化剂的表面氧物种以及酸性，提高了催化剂的氨吸附能力，促进了催化剂的高温活性以及抗 H_2O、抗 SO_2

中毒性能。Gu 等人将 CeO_2 与酸化后的 CeO_2 进行了对比研究，发现酸化后的 CeO_2 的催化活性显著提高，而且在 200~570℃范围内具有非常好的 N_2 选择性。通过 XPS 和 TPD 表征，结果表明经过硫酸酸化后，催化剂的活性氧吸附物种和氨的化学吸附物种都有很大提高，从而促进了 SCR 反应。何永等人采用共沉淀法制备了载体 TiO_2-SiO_2(TS)，用浸渍法制备了 $CuSO_4$-CeO_2/TS 催化剂，在反应温度 220℃、空速 5000h^{-1}条件下，NO 转化率接近 98%，在持续通入 33h 的 H_2O 和 SO_2 过程中，其活性保持在约 95%的高水平，没有中毒迹象，说明将 CuO 硫酸化，提高了催化剂的抗水抗 SO_2 中毒的能力。刘珊珊等人用硫酸化处理的 MnO_x 和 Fe_2O_3 金属氧化物制备了 SO_4^{2-}/MnO_x 和 SO_4^{2-}/Fe_2O_3 两种催化剂，并考察了其脱硝活性，结果发现，经硫酸酸化后样品脱硝活性大大提高，SO_4^{2-} 可以和 Fe_2O_3 形成固体超强酸，提高了催化剂表面酸性，有利于吸附和稳定碱性还原剂 NH_3；同时，MnO_x 经酸化后，氧化性受到一定程度的抑制，有利于减少高温下氨氧化副反应的发生。张秋林等人用硫酸改性制备了几种不同金属氧化物催化剂（Ce-Pr-O_x、Ce-Y-O_x、Ti-Pr-O_x、Ti-Y-O_x、Ti-Al-O_x），结果发现改性后的催化剂在低温和高温均有较高的 NO_x 转化率，其中活性最好的 Ce-Pr-O_x 在 350~500℃温度范围内脱硝活性接近 100%，催化剂经硫酸改性后酸性位点增加，表面出现了结晶态硫酸盐，且存在 M—SO_4^{2-}（M=Al，Pr 和 Y）键，表明了金属氧化物与硫酸盐发生了相互作用。张强等人用硫酸改性氧化铝载体，用浸渍法制备了锰铈催化剂，结果发现硫酸改性后降低了金属的分散性和氧化性，增加了 B 酸量；催化剂活性温度窗口变宽，且具备良好的抗硫抗水性。李俊杰等人用硫酸酸化 TiO_2 载体制备了 V_2O_5-WO_3/TiO_2-SO_4^{2-} 催化剂，结果发现硫酸酸化增强了催化剂表面的酸性位，对脱硝活性有促进作用；随着酸量的增加，催化剂比表面积降低但提高了硫酸根与钨之间的电子交互作用。

1.3.4 机械力活化

机械力处理常见的就是高能球磨，高能球磨借助于球磨介质的重力势能不仅对球磨物料进行碾压粉碎，还会使球磨物料产生塑性形变和固相相变，触发球磨物料的化学活性，在物理形变的同时也会引发化学反应，改变球磨物料的性能。机械力对固体物质的作用可归结为图 1-1 中的内容。

球磨过程大致分 3 个阶段：

（1）受力阶段，颗粒受击破裂、细化、比表面积增大，相应的晶体结晶程度衰退，晶体结构中晶格产生缺陷并引起晶格位移，系统温度升高。

（2）聚集阶段，比表面积与时间呈指数关系。体系中已存在粒子间作用，虽然分散度在一直增大，但新增加的表面积并不正比于输入的功。

（3）团聚阶段，自由能减少，体系化学势能减少，产生团聚作用，比表面

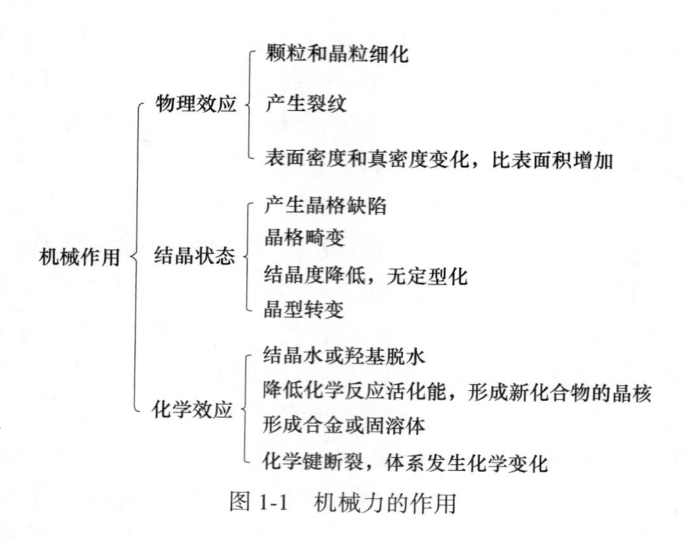

图 1-1 机械力的作用

积减少，表面能释放，物质可能再结晶。

雷鹰等人取 400g 钛铁矿与石墨质量比 4 : 1 比例进行混合，用球磨机进行活化，每次实验固定钢球质量与配比、磨矿质量和矿浆浓度，时间分别为 1h、2h、4h、8h。结果表明，球磨使钛铁矿平均粒径从 76μm 降到了 6μm，比表面积从未磨的 0. 67m²/g 分别增加到 2. 8m²/g 和 3. 5m²/g，且随着时间的延长，钛铁矿颗粒粒径不断细化，出现越来越多的 1μm 以下的钛铁矿颗粒。通过红外光谱分析球磨处理提高了钛铁矿分子能，因此增加了钛铁矿的活性。王猛刚等人探究了球磨介质对材料的影响，取 200g 原料氩气保护预热 2h，200g 原料与 4g 表面活性剂硬脂酸钙、适量无水乙醇一起放入球磨机，球料比 1 : 8，大球(直径 20mm) : 中球 （10mm) : 小球 （6mm) = 10 : 40 : 50，大圆柱 20mm×20mm : 中圆柱 10mm ×10mm : 小圆柱 6mm×6mm = 10 : 40 : 50，转速 500r/min，时间分别为 5h、10h、15h。结果表明，柱形介质比球形介质球磨后物料尺寸更小，更分散。无水乙醇阻止了新生界面被氧化，加快了球磨物料片状化进程。

1.4 稀土尾矿工艺矿物学

白云鄂博尾矿位于内蒙古包头市，是世界上最大的稀土矿床，其高品位稀土可达到 4800t 的储存量，稀土氧化物品位大约为 6%，在白云石中分布较多。品位较低的稀土也有 7. 5 亿吨的储量，稀土氧化物品位达到 4. 1%，在大型磁铁矿以及赤铁矿中分布较为广泛。稀土矿物包含较多种类，但氟碳铈矿和独居石的含量高，约为 87. 07%，且与萤石、铁矿物等形成连生、嵌布等关系，嵌布粒度细，约为 0. 01~0. 04mm。REO 在原矿中的含量为 6%，但以小颗粒嵌布在其他矿物中的含量和以类质同象存在的稀土含量为 12.38%。白云鄂博矿主要分选铁矿物，已经开采的铁储量为 15 亿吨，铁的平均品位为 35%，赤铁矿、磁铁矿和假象赤铁矿是铁矿物的主要成分，除此之外还有稀有金属矿物。同样，铌也是白云鄂博矿中的一个重要矿物，其储量约有 220 万吨，品位为 0.13%。尾矿中除了品位约为 23%的萤石外还含有大量的钍、钪资源。目前，白云鄂博尾矿已经有 71 种元素和 114 种矿物被发现，其中有用矿物含量占总矿物的 60%~75%，但有价组分嵌布粒度细，有价组分相互之间以及与脉石矿物的嵌布样貌复杂。白云鄂博尾矿自 1958 年开采铁矿以来，被携带出来的稀土矿物已经达到 1250 万吨，但是在采矿、冶炼、存放的过程中将近损失掉 200 万吨，约占总量的 15%，实际只有 120 万吨的稀土被利用，剩余的稀土都被排入尾矿坝中。

白云鄂博稀土矿是世界上罕见的大型多金属共生矿床，尾矿堆积量大，成本低。主要含有以赤铁矿、磁铁矿和黄铁矿为主的铁矿物（36.74%）和以氟碳铈矿和独居石为主的稀土矿物（14.80%），说明 Fe 元素和 Ce 元素是稀土尾矿中含量最多的两种活性元素。铁矿物和氟碳铈矿之间复杂的连生关系为 Fe、Ce 元素的空间邻近性和协同作用提供了基础。

稀土元素是重要的生产资料和战略资源，而且我国的白云鄂博稀土矿是目前全球发现的储量最大的稀土矿，地处包头市的包头钢铁厂有着每年超过 1000 万吨稀土矿物处理量能力，稀土矿物处理量越多产生的尾矿也越多。据不完全统计，其产生的尾矿已超过了 15 亿吨并伴随大量的工业废水。自 20 世纪白云鄂博稀土矿投入使用以来，生产的矿石主要被当作单一的铁矿石处理，稀土的回收率极低，大约为 10%。多数的稀土矿物被当作尾矿处理，因而尾矿中的稀土元素（REO）的品位达到 7%左右，甚至达到入选矿石的 REO 品位。不仅如此，尾矿中含有大量的赤铁矿、铌矿物、磁铁矿等矿物，因此综合利用白云鄂博稀土尾矿对治理环境污染和带动当地经济发展具有重要意义。

随着社会的进步，对环境的重视程度越来越高。现有的催化剂虽然效率较高，但成本较高，且与烟气的反应摩擦过程中会有重金属脱落，危害人们的身体健康，所以工业生产者和环保部门致力寻找经济耐用、污染较小的新型脱硝催化剂，稀土尾矿凭借拥有较多的稀土金属和过渡金属且成本较低成为催化剂研究的新宠。稀土尾矿中的铈、铼、钕、铁、锰等金属元素可以为其作为 NH_3-SCR 反应催化剂的研究提供大量的物质条件。稀土尾矿矿物组成极其繁多复杂，主要由磁铁矿（Fe_3O_4）、赤铁矿（Fe_2O_3）、黄铁矿（FeS_2）、氟碳铈矿（$CeCO_3F$）、独居石（$CePO_4$）、方解石（$CaCO_3$）、氟磷灰石［$Ca_5(PO_4)_3F$］和重晶石（$BaSO_4$）组成。

表 1-1 为稀土尾矿的矿物组成及其含量。由表 1-1 知，稀土尾矿主要有铁矿物、稀土矿物、硅酸盐矿物、碳酸盐矿物、硫酸盐矿物和氟化物矿物，含量分别

为 36.74%、14.80%、9.29%、7.46%、8.63%和 17.58%；还有少量的钛氧化物矿、锰氧化物矿和铌氧化物矿。铁矿物主要为赤铁矿/磁铁矿和硫铁矿，稀土矿物主要为氟碳铈矿和独居石，硅酸盐矿物主要为闪石、辉石、云母和石英，碳酸盐矿物主要为白云石，硫酸盐矿物主要为重晶石，氟化物矿主要为萤石。从矿物组成及含量可知，赤铁矿/磁铁矿、硫铁矿和氟碳铈矿均可以作为脱硝催化剂的活性组分，少量的钛矿物和锰矿物也可以作为脱硝催化剂的活性矿物，而其他无活性的矿物可以做活性矿物的载体。

表 1-1　矿物组成及其含量　（%）

种类	矿物	含量(质量分数≥1%)	含量(质量分数<1%)	总含量
铁矿物	赤铁矿/磁铁矿	30.01		36.74
	硫铁矿	6.09		
	菱铁矿		0.16	
	磁黄铁矿		0.48	
稀土矿物	氟碳铈矿	9.83		14.80
	独居石	3.72		
	氟碳钙铈矿	0.94		
	黄河矿		0.26	
	褐连石		0.05	
硅酸盐矿物	石英	1.23		9.29
	长石	0.61		
	闪石	3.51		
	辉石	1.76		
	云母	1.94		
	钡铁金红石		0.07	
	绿泥石		0.06	
	蛇纹石		0.06	
	榍石		0.05	
碳酸盐矿物	白云石	6.51		7.46
	方解石	0.95		
钛氧化物矿	铌铁金红石		0.34	0.85
	褐连石		0.05	
	钛铁矿		0.46	

续表 1-1

种类	矿物	含量(质量分数≥1%)	含量(质量分数<1%)	总含量
铌氧化物矿	易解石		0.17	0.32
	黄绿石		0.02	
	铌铁矿		0.13	
锰氧化物矿	红钛锰矿		0.11	0.4
	菱锰矿		0.27	
	软锰矿		0.02	
氟化物矿物	萤石	17.58		17.58
磷矿物	磷灰石	2.79		2.79
硫酸盐矿物	重晶石	8.63		8.63
锌氧化物矿	锌尖晶石		0.04	0.04
硫化锌矿物	闪锌矿		0.08	0.08
硫化铅矿物	方铅矿		0.14	0.14
其他矿物			0.88	0.88

根据矿物组成及含量，分析磁铁矿、氟碳铈矿、萤石和石英的解离度和连生关系，并将其列于表 1-2。磁铁矿、氟碳铈矿、萤石和石英的单体解离度分别为 71.62%、53.79%、70.85%和 43.82%，磁铁矿和萤石的单体解离度高于氟碳铈矿和石英。磁铁矿与稀土矿物、碳酸盐矿物、硅酸盐矿物、萤石及其他矿物连生，与萤石连生度最高达 9.19%。氟碳铈矿与铁矿物、碳酸盐矿物、硅酸盐矿物、萤石及其他矿物连生，与铁矿物的连生度最高达 16.85%。萤石与铁矿物、稀土矿物、碳酸盐矿物、硅酸盐矿物及其他矿物连生，与铁矿物的连生度最高达 12.69%。石英与铁矿物、稀土矿物、碳酸盐矿物、硅酸盐矿物、萤石及其他矿物连生，与铁矿物的连生度最高达 19.83%。铁矿物与稀土矿物、石英和萤石均有很好的连生关系，其中与稀土矿物的连生度高达 16.85%，可以很好地实现 Fe、Ce 元素的协同联合催化脱硝作用。

表 1-2 矿物解离度及连生关系 (%)

矿物	单体	连生体					
		Ft	Ct	St	RE	Ir	其他
磁铁矿	71.62	9.19	3.00	3.81	6.94		5.44
氟碳铈矿	53.79	11.26	3.02	3.99		16.85	11.09
萤石	70.85		2.12	2.54	6.96	12.69	4.84
石英	43.82	9.63	3.49	5.85	8.57	19.83	8.88

注：Ct—碳酸盐矿物；St—硅酸盐矿物；RE—稀土矿物；Ir—铁矿物。

图 1-2 为稀土尾矿中主要矿物的连生关系，氟碳铈矿和萤石毗邻或沿边缘交代连生，氟碳铈矿毗邻和包裹磷灰石；氟碳铈矿毗邻赤铁矿；如图 1-2（a）（b）和（e）所示。赤铁矿和萤石毗邻且沿边缘交代连生，赤铁矿和锰云石毗邻连生，金云母沿黄铁矿边缘和空隙交代黄铁矿；赤铁矿毗邻独居石连生且沿钠镁闪石边缘和空隙交代钠镁闪石；赤铁矿包裹独居石；独居石沿黄铁矿边缘交代黄铁矿，

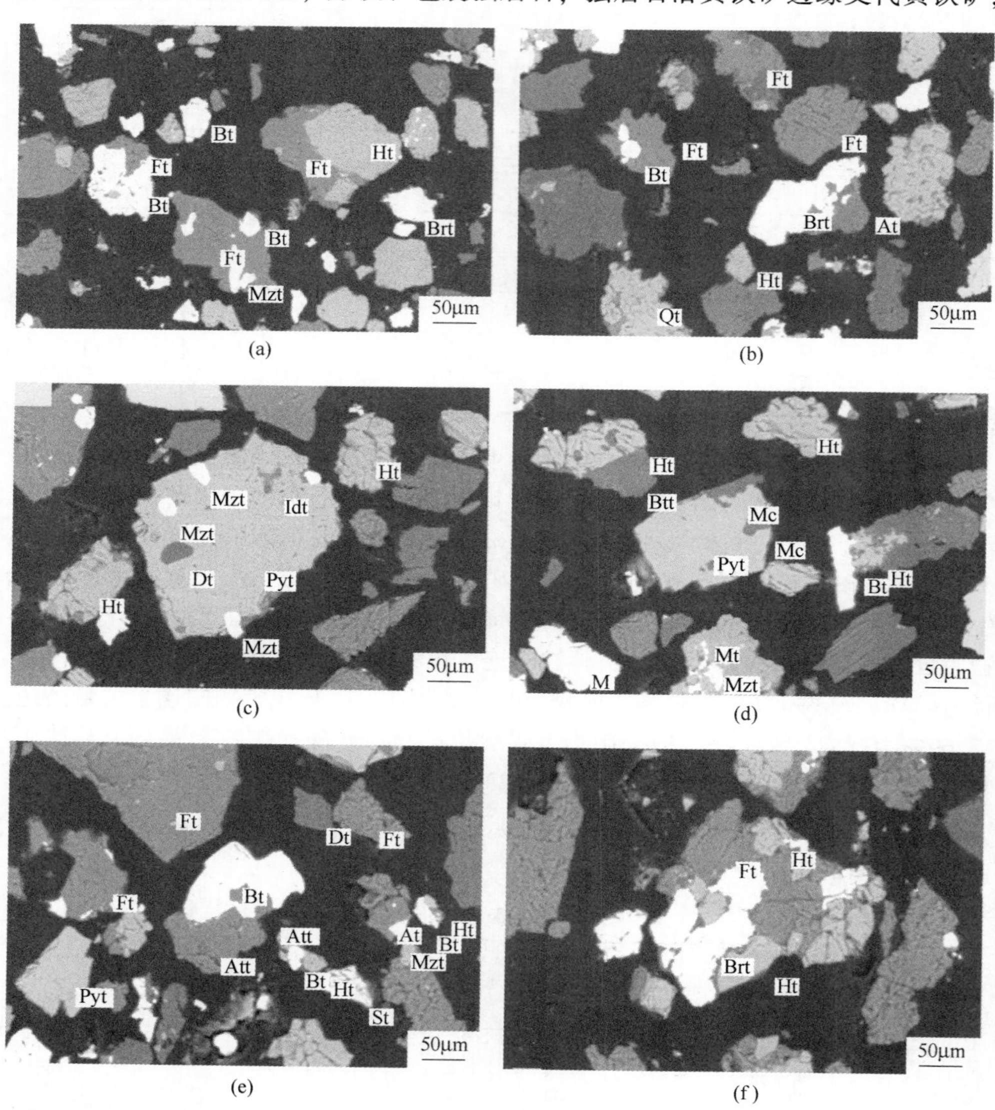

图 1-2 稀土尾矿中主要矿物间的连生关系

Mt—磁铁矿；Bt—氟碳铈矿；Ft—萤石；Qt—石英；Ht—赤铁矿；Brt—重晶石；Mzt—独居石；Idt—铁白云石；Dt—白云石；Mc—云母；Pyt—黄铁矿；Btt—金云母；Att—磷灰石；St—闪锌矿；At—霓石

且黄铁矿包裹白云石、铁白云石和独居石；赤铁矿同时毗邻连生重晶石和萤石，如图 1-2（a）（b）（c）（d）和（f）所示。霓石沿重晶石边缘和空隙交代重晶石，如图 1-2（b）所示。赤铁矿、磁铁矿和氟碳铈矿的各种连生关系为 Fe 和 Ce 元素的联合协同作用提供更多的可能，赤铁矿、磁铁矿、氟碳铈矿和独居石、石英等的连生关系为 Fe 和 Ce 活性元素的分散提供基础。

图 1-3 和表 1-3 是磁铁矿、氟碳铈矿、萤石和石英在尾矿中的粒度分布，由图和表可知，磁铁矿、氟碳铈矿、萤石和石英的粒度由 0.99μm 到 212.13μm 不等，其中，磁铁矿、氟碳铈矿、萤石和石英的最大粒度分别为 150.00μm、106.0μm、212.13μm 和 126.13μm。矿物主要分布在 18.75～89.19μm，累计占比到 92.07%、99.07%、85.61%和 88.34%。所有粒度中，磁铁矿、氟碳铈矿、萤石和石英占比最大的分别是 44.60μm、63.07μm、75.00μm 和 75.00μm，占比分别为 10.57%、10.72%、12.18%和 20.83%。含有 Fe 和 Ce 元素的活性矿物在 18.75～89.19μm 的粒度占比高于非活性矿物的萤石和石英在此粒度范围内的占比，整体上，可能的活性矿物小颗粒数目要多于非活性矿物的小颗粒数目，这样有利于单体活性矿物分散于非活性矿物上。磁铁矿和氟碳铈矿的大小不等的粒度分布特点有利于其分散在粒度不等的非活性矿物上。

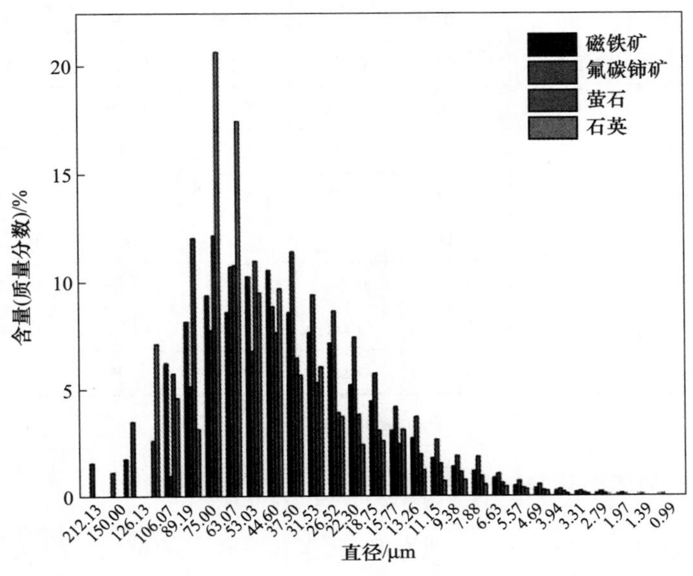

图 1-3 主要矿物粒度分布

扫一扫看更清楚

表 1-3　矿物粒度分布　（%）

尺寸/μm	矿物含量				累计含量			
	Mt	Bt	Ft	Qt	Mt	Bt	Ft	Qt
212.13			0.95				100.00	
150.00	1.72		3.46		100.00		97.37	
126.13	0.00		2.58	7.08	98.28		93.91	100.00
106.07	6.21	0.93	5.72	4.58	98.28	100.00	91.32	92.92
89.19	8.15	5.15	12.06	3.12	92.07	99.07	85.61	88.34
75.00	9.39	7.74	12.18	20.83	83.93	93.92	73.55	85.21
63.07	8.60	10.72	10.80	17.54	74.53	86.18	61.36	64.38
53.03	10.28	6.77	11.00	9.52	65.93	75.46	50.56	46.84
44.60	10.57	8.85	7.63	9.71	55.65	68.68	39.56	37.33
37.50	8.57	11.42	6.45	5.65	45.08	59.84	31.93	27.62
31.53	7.63	9.42	5.30	6.03	36.51	48.42	25.47	21.97
26.52	7.14	8.64	3.89	3.71	28.87	39.00	20.17	15.94
22.30	5.21	7.40	3.81	2.38	21.73	30.36	16.28	12.23
18.75	4.43	5.72	3.05	1.19	16.53	22.96	12.48	4.20
13.26	2.66	3.69	1.93	0.72	9.04	13.08	7.03	2.33
9.38	1.34	1.85	1.10	0.42	4.64	6.79	3.61	1.11
6.63	0.82	1.02	0.59	0.21	2.15	3.14	1.61	0.39
4.69	0.33	0.52	0.24	0.05	0.87	1.43	0.67	0.12
3.31	0.14	0.20	0.11	0.01	0.33	0.60	0.26	0.04
2.34	0.04	0.09	0.04	0.01	0.10	0.23	0.09	0.02
1.66	0.02	0.04	0.01	0.02	0.04	0.10	0.04	0.02
1.17	0.03	0.06	0.03	0.00	0.03	0.06	0.03	0.00

注：Mt—磁铁矿；Bt—氟碳铈矿；Ft—萤石；Qt—石英。

1.4.1 铁元素和稀土元素的分布特征

图 1-4（a）（b）和（c）分别为 Fe 元素含量较大的矿物、Fe 元素含量较小的矿物和含有 Ce 元素的矿物分布情况。由图 1-4（a）可知，Fe 元素主要分布在赤铁矿和磁铁矿中，其含量达到 80%。其次，Fe 元素在硫铁矿和闪石中的含量分别达到 6.5%和 1.5%。微量的 Fe 元素存在于辉石、云母、磁黄铁矿、钛铁矿、铌铁金红石、菱锰矿、蛇纹石、铌铁金红石、硅灰石、易解石、闪锌矿和褐帘石

中。稀土元素分布在氟碳铈矿、独居石、黄河矿、氟碳钙铈矿和褐连石中，其中，氟碳铈矿、独居石和氟碳钙铈矿中的 Ce 元素分别占所有 Ce 元素总量的71.7%、20.6%和 5.1%。磁铁矿、赤铁矿、硫铁矿、菱锰矿、钛铁矿、氟碳铈矿和氟碳钙铈矿是活性矿物，而独居石可以作为载体。

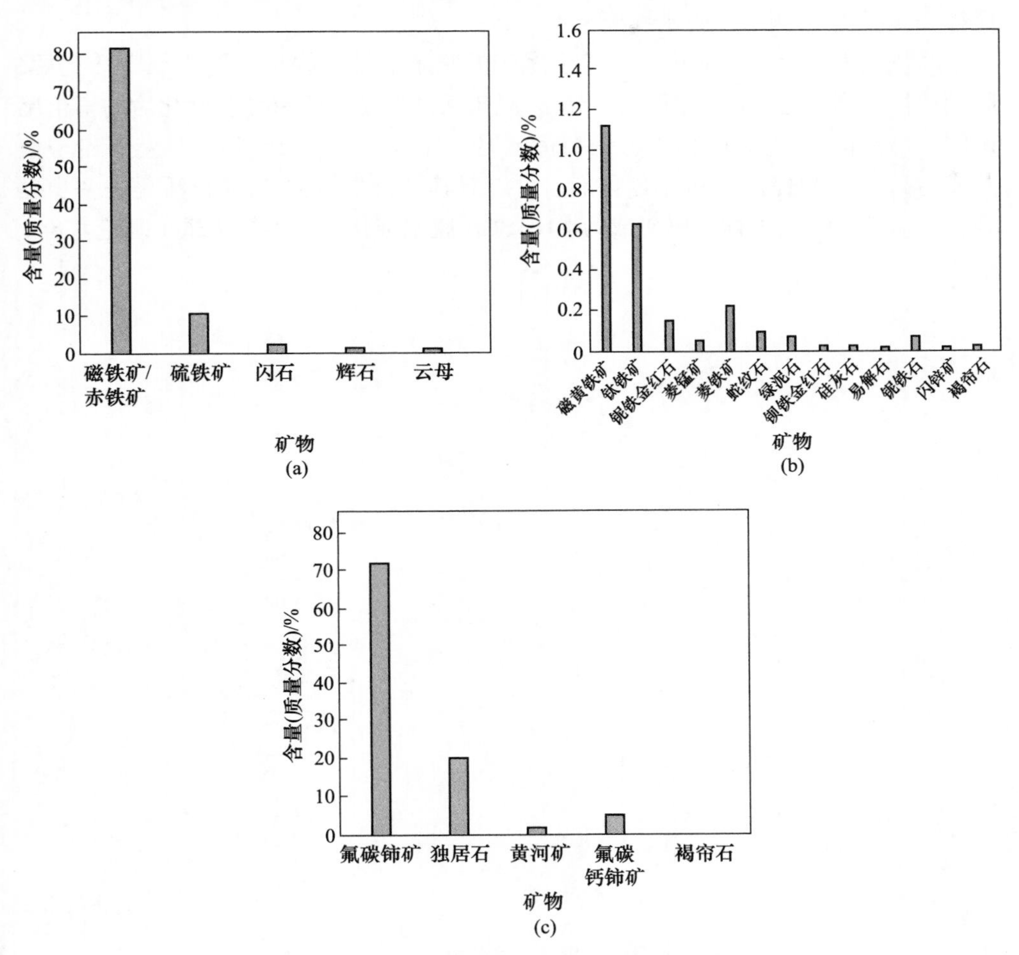

图 1-4 铁元素和稀土元素在尾矿中的分布

(a)(b)Fe 元素分布；(c)Ce 元素分布

1.4.2 稀土尾矿 NH_3-SCR 脱硝活性

课题组对稀土尾矿作脱硝性能分析发现，其脱硝活性较低，原因是稀土尾矿催化剂表面的酸活性中心数量较少，自身的 NH_3 吸收和活性能力较弱。而稀土尾矿自身的 Fe 和 Ce 元素的活性成分并不少，其不能充分发挥作用的原因是因为矿物自身形成条件及矿物状态使活性位不能充分暴露。针对此问题，本书分别采取机械力活化和酸进行活化，提升 Fe 和 Ce 元素暴露度以及其酸活性中心数量，在转子转速 300r/min、球料比 1∶1 下机械力活化 8h 后测量其脱硝性能。采用硫酸进行酸活化，活化流程为：将 10g 稀土尾矿浸入 2mL 浓度为 8mol/L 的硫酸中搅拌 2h，干燥后测量其脱硝性能。

经机械力活化和酸活化后，稀土尾矿的脱硝活性大幅提升，机械力活化后，脱硝活性最高可达 46%；而酸活化后，脱硝活性最高可达 86%，活化后的稀土尾矿的 N_2 选择性均在 90%以上，说明稀土尾矿经过一定的改性活化后，有希望使其成为高性能 NH_3-SCR 脱硝催化剂。可以对其进行机械力-酸联合活化进一步提升脱硝活性。研究为稀土尾矿成为 NH_3-SCR 脱硝催化剂的可能提供了理论基础。

2 物理化学活化稀土尾矿制备催化剂

研究发现，微波活化、机械力活化可以破坏矿物间的包裹关系和嵌套关系暴露更多的活性位点，酸活化使催化剂获得更多的活性位点提升脱硝性能。本章以稀土尾矿为原料通过球磨、微波、酸改性等手段制得衍生催化剂，并对催化剂的物相组成、表面元素价态、氨气的脱附能力和氧化还原能力进行分析。

2.1 微波活化稀土尾矿

微波活化稀土尾矿中，通过对微波焙烧条件的改变，研究微波焙烧温度、焙烧时间和焙烧功率对催化剂脱硝活性的影响。

2.1.1 活化催化剂脱硝性能

2.1.1.1 微波焙烧温度对脱硝性能的影响

微波焙烧是一个选择性加热过程，微波焙烧温度的不同使不同矿物分解或活化。因此，考察了微波焙烧温度对脱硝性能的影响，考察了 100℃、200℃、300℃、400℃四个水平。图 2-1 为微波焙烧温度对催化剂脱硝效率的影响和稀土尾矿的脱硝效率。由图 2-1 可知，稀土尾矿的脱硝效率最高为 15%，微波焙烧提升了稀土尾矿的脱硝活性。催化剂的脱硝效率随着温度的升高先增大后减小；在 350℃以前，催化剂的脱硝效率基本相同；在 400~450℃时，焙烧温度为 200℃的催化剂脱硝效率提升较大，NO_x 转化率最佳为 42%。说明最佳微波焙烧温度为 200℃。催化剂表现出的脱硝效率规律形成原因可能是微波焙烧使稀土尾矿活性位点暴露，提高催化剂的脱硝活性；较高的焙烧温度使稀土尾矿的孔道坍塌，减少了气体与活性组分的接触，导致脱硝活性下降。

图 2-2 所示为微波焙烧温度对催化剂 N_2 选择性的影响和稀土尾矿的 N_2 选择性。由图 2-2 可知，稀土尾矿的氮气选择性较好，在整个测试温度范围内 N_2 选择性达 90%；稀土尾矿焙烧后，其 N_2 选择性有所下降。催化剂的 N_2 选择性随着焙烧温度的升高而减弱，焙烧温度为 100℃和 200℃时，催化剂的 N_2 选择性保持在 80%以上；焙烧温度为 300℃和 400℃时，催化剂在 250~400℃时的 N_2 选择性在 80%以下。

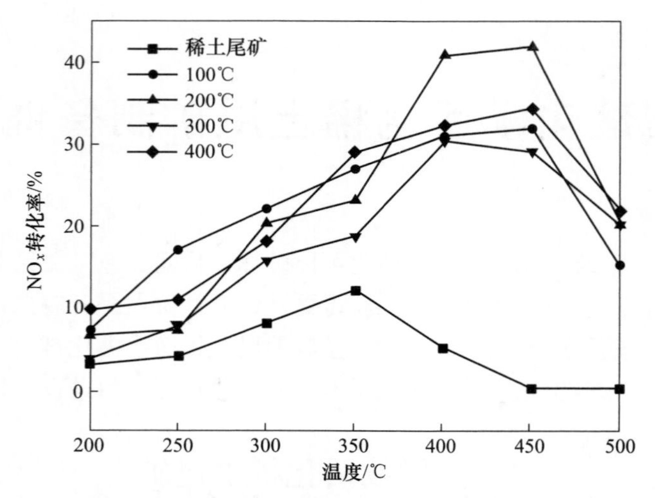

图 2-1 稀土尾矿及不同微波焙烧温度下催化剂的脱硝效率

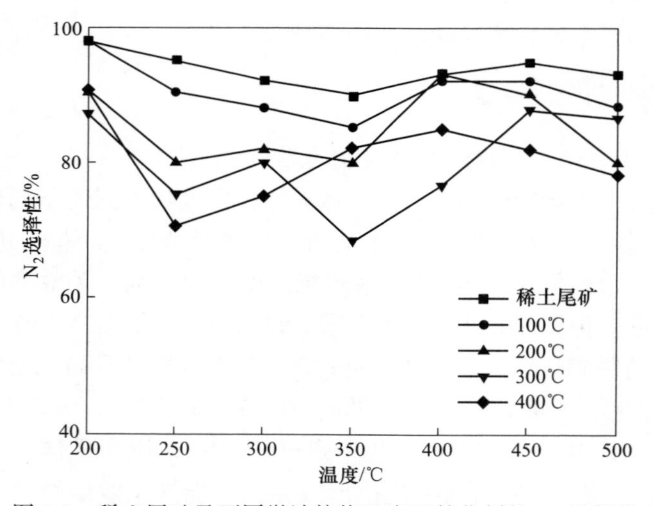

图 2-2 稀土尾矿及不同微波焙烧温度下催化剂的 N_2 选择性

2.1.1.2 微波焙烧时间对脱硝性能的影响

对于尾矿中吸波性能较好的矿物组分，微波焙烧是迅速的、高能的。过长时间的焙烧可能会导致矿物的烧结、孔道坍塌，严重影响矿物表面结构。因此考察了微波焙烧时间对脱硝率的影响，考察了 10min、20min 和 30min 三个水平。图 2-3 为微波焙烧时间对脱硝效率的影响。由图 2-3 可知，催化剂的脱硝效率随着温度的升高先增大后减小，在 400~450℃处于稳定；在 350℃以前，焙烧时间为 30min 的催化剂的脱硝效率整体有较小的降低；在 400~450℃时，焙烧时间为

20min 的催化剂在 400℃ 的脱硝效率有一定提升，450℃ 得到最佳 NO_x 转化率为 42%。所以得到最佳微波焙烧时间为 20min。催化剂表现出的脱硝效率的规律形成原因可能是微波焙烧产生的热应力使得尾矿中相互嵌套、包裹的矿物得到一定程度的破坏，因此暴露更多的活性位点，但是焙烧时间过长会导致矿物的孔道坍塌，降低催化活性。

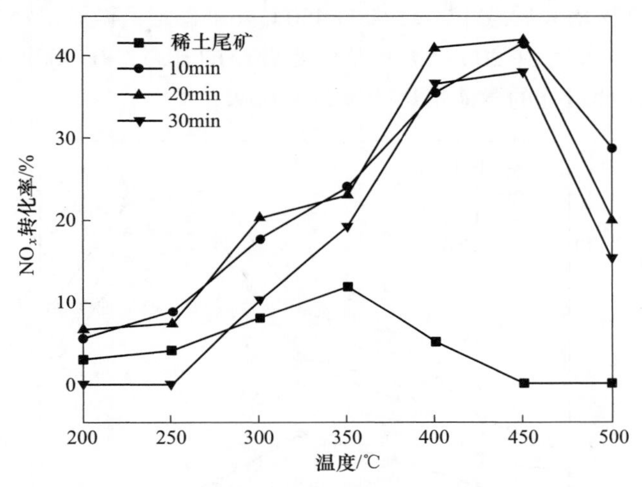

图 2-3 不同微波焙烧时间下催化剂的脱硝效率

图 2-4 所示为微波焙烧时间对催化剂 N_2 选择性的影响。由图 2-4 可知，催化剂的 N_2 选择性随着焙烧时间的延长而减弱，焙烧时间为 10min 和 20min 时，催化剂的 N_2 选择性大致相同保持在 75%以上；焙烧时间为 30min 时，催化剂在 300℃ 的 N_2 选择性突然下降为 65%。

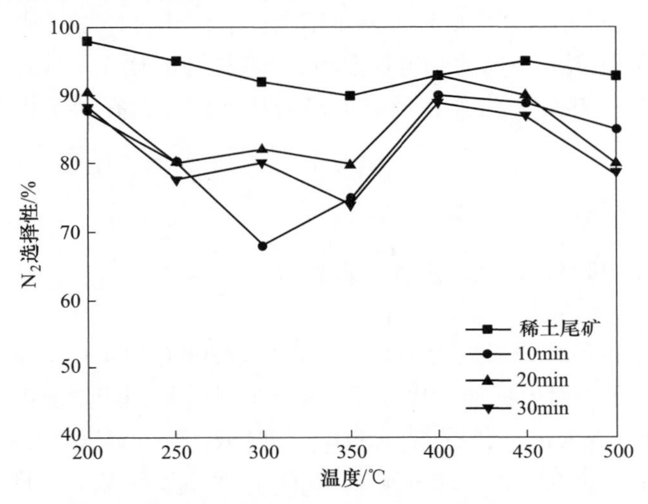

图 2-4 不同微波焙烧时间下催化剂的 N_2 选择性

2.1.1.3　微波焙烧功率对脱硝性能的影响

微波焙烧功率的不同会导致加热过程中同矿物的加热速度不同，其热应力不同，活化状态不同。微波焙烧功率是一个重要因素，因此考察了微波焙烧功率对脱硝效率的影响，考察了 300W、700W、1100W 三个水平。图 2-5 所示为不同微波焙烧功率下催化剂脱硝效率随温度的变化规律，由图可知，催化剂的脱硝效率随着温度的升高先增大后减小，在 400~450℃处于稳定；微波焙烧功率为 1100W 时，催化剂的脱硝效率在 200~500℃整体有较小的升高，在 400℃时脱硝效率达到最大 47%。说明最佳的微波焙烧功率为 1100W。

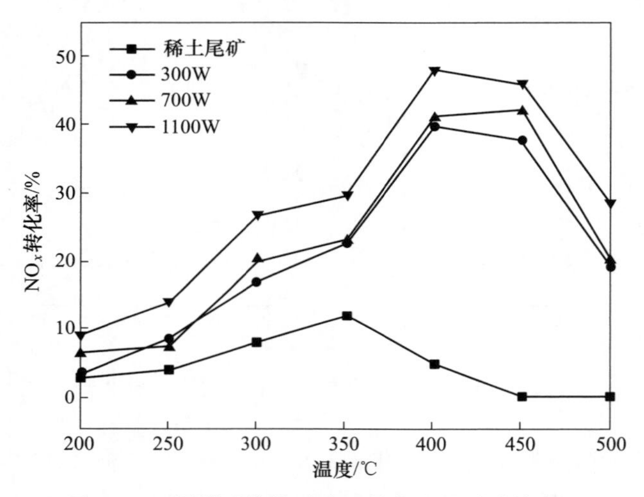

图 2-5　不同微波焙烧功率下催化剂的脱硝效率图

图 2-6 所示为微波焙烧功率对催化剂 N_2 选择性的影响。由图 2-6 可知，催化剂的 N_2 选择性随着焙烧功率的增大基本不变，催化剂的 N_2 选择性大致相同保持在 75%以上。催化剂表现出的脱硝效率和 N_2 选择性的规律形成原因可能是，微波功率增大产生的热应力增强，暴露更多的活性位点，有利于提升催化剂脱硝活性。

2.1.2　活化催化剂表征

2.1.2.1　不同微波焙烧温度催化剂表征

A　催化剂物相组成结果与分析

稀土尾矿及微波焙烧温度为 100℃、200℃、300℃和 400℃的催化剂的 XRD 谱图如图 2-7 所示。对照标准卡片可知，稀土尾矿及不同焙烧温度下催化剂的主要物相均由萤石（CaF_2）、石英（SiO_2）、白云石［$CaMg(CO_3)_2$］、赤铁矿（Fe_2O_3）、重晶石（$BaSO_4$）、磁铁矿（Fe_3O_4）等矿物组成。由图 2-7 可知，稀

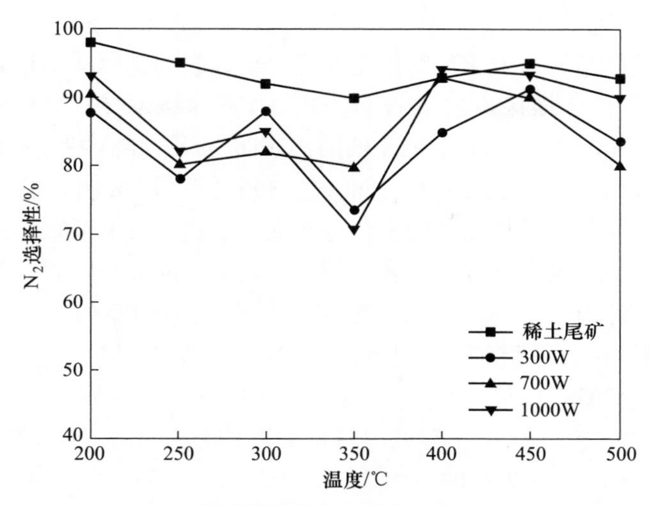

图 2-6 不同微波焙烧功率下催化剂的 N_2 选择性图

土尾矿焙烧后各物质的衍射峰强度减弱，说明微波焙烧能够降低稀土尾矿中部分矿物的结晶度；萤石、石英、白云石的衍射峰尖锐且强度高，说明这几种矿物结晶度高、含量高且分散度较差；赤铁矿和磁铁矿的衍射峰较宽且强度较小，说明这两种矿物结晶度较差、含量低且分散度较好；没有与稀土元素相关的衍射峰，可能是稀土元素含量较小没有检测到的原因。随着焙烧温度的升高铁的氧化物的衍射峰强度减弱。白云石的衍射峰强度明显减弱的原因可能是微波热应力作用提高了结构松散的白云石的分散度。

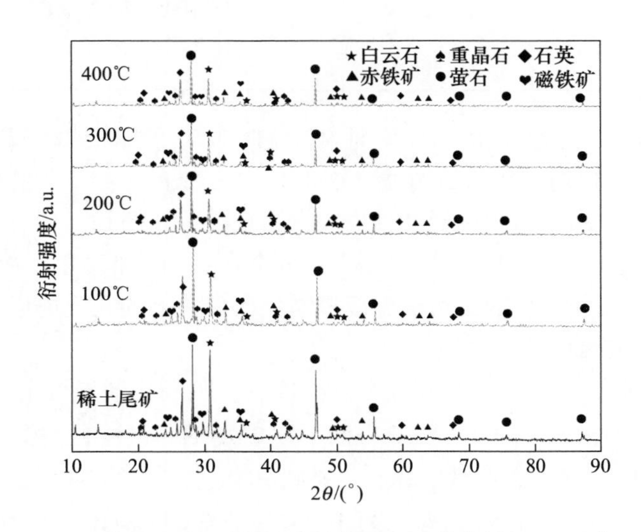

图 2-7 稀土尾矿及不同微波焙烧温度下催化剂的 XRD 谱图

B 催化剂孔结构结果与分析

催化剂的孔隙结构对催化剂的催化性能有较大影响，较大的比表面积、适当的孔容和孔径有利于催化反应的进行。表 2-1 为稀土尾矿及微波焙烧温度为100℃、200℃、300℃和400℃下催化剂的比表面积及孔结构特性。图 2-8 所示为稀土尾矿及微波焙烧温度为 100℃、200℃、300℃和 400℃制备的催化剂的氮气吸脱附等温曲线，插图是催化剂的孔径分布曲线。由表 2-1 可知稀土尾矿具有一定的孔径，但是几乎没有孔容和比表面积；比表面积的大小随着微波焙烧温度的升高先增大再减小然后增大，微波焙烧温度为 400℃ 时比表面积最大为4. 5462m^2/g；孔容大小随着微波焙烧温度的升高先增大后减小，微波焙烧温度为100℃时孔容为 0. 0058mL/g、200℃时孔容为 0. 0139mL/g、300℃时为 0. 0013mL/g、400℃时为 0mL/g；孔径大小随着微波焙烧温度的升高先减小后增大，且变化较大（微波焙烧温度为 100℃ 时孔径为 15. 452nm、200℃ 时孔径为 15. 2454nm、300℃时为 2. 1565nm、400℃时为 643. 99nm）。说明焙烧温度为 200℃时，催化剂有较好的孔隙结构。

表 2-1 稀土尾矿及不同微波焙烧温度下催化剂的比表面积及孔结构特性

催化剂	比表面积/$m^2 \cdot g^{-1}$	孔容 /$m^3 \cdot g^{-1}$	孔径/nm
稀土尾矿	0. 04	0. 0020	15. 6
100℃焙烧	1. 124	0. 0058	15. 452
200℃焙烧	3. 647	0. 0139	15. 2454
300℃焙烧	2. 4113	0. 0013	2. 1565
400℃焙烧	4. 5462	0	643. 99

由图 2-8 可知，稀土尾矿和催化剂的氮气吸脱附等温曲线均属于Ⅳ型、迟滞回线均属于 H_3 型迟滞回线，说明催化剂中含有大量介孔，介孔的形成主要来自于尾矿形成过程及焙烧过程中的各种作用。由孔径分布图知，稀土尾矿的介孔数量较少；200℃焙烧制备的催化剂存在大量的介孔，而 300℃和 400℃焙烧制备的催化剂大量介孔消失，原因是焙烧温度较高使得催化剂的孔道坍塌。

C 催化剂酸性能结果与分析

为了明晰催化剂对 NH_3 吸附的能力和特点，对催化剂进行了 NH_3 程序升温脱附实验（NH_3-TPD）。图 2-9 所示为稀土尾矿及不同微波焙烧温度下催化剂吸附 NH_3 后的程序升温脱附曲线。由图 2-9 可知稀土尾矿的 NH_3 吸附峰较小，说明其吸附 NH_3 能力较差；焙烧温度为 100℃和 200℃时催化剂具有 4 个脱附峰、300℃时催化剂具有 3 个脱附峰、400℃时催化剂具有 5 个脱附峰；在低温段

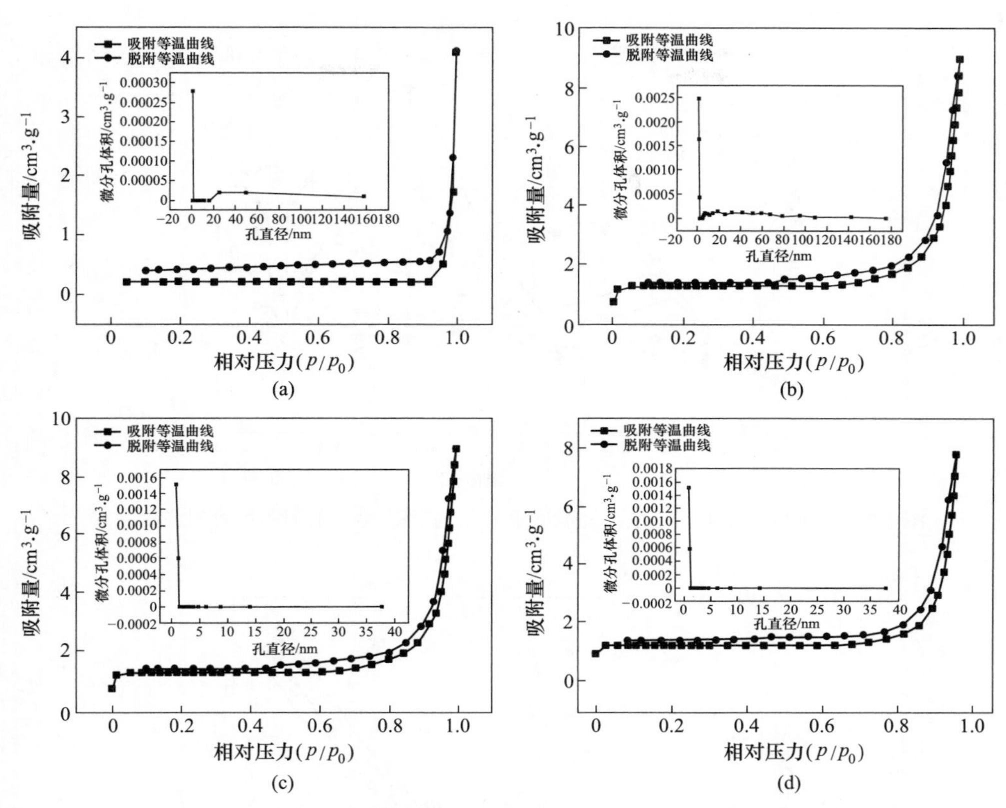

图 2-8　稀土尾矿及不同微波焙烧温度下催化剂的氮气吸脱附等温曲线和孔径分布

（a）100℃焙烧；（b）200℃焙烧；（c）300℃焙烧；（d）400℃焙烧

(100~250℃内)，随着焙烧温度的升高脱附峰向高温偏移；在中温段（250~400℃）内，焙烧温度超过200℃的催化剂的脱附峰消失；在高温段（400℃以上)，焙烧温度为400℃的催化剂多出现了一个脱附峰，而且相对于其他样品脱附峰向低温偏移；整个脱附峰的面积，随焙烧温度的增大先增大后减小，焙烧温度为400℃时脱附峰的面积明显增大。脱附峰的面积表示催化剂吸附氨气量的大小，脱附峰的个数表示酸性位点的种类个数。焙烧温度为400℃时，尾矿焙烧后矿物分解生成新的酸性位点，提升了催化剂的氨气吸附能力。结合BET结果分析可知，焙烧温度为400℃时，催化剂虽然具有较好的氨气吸附能力，但此时催化剂孔道坍塌，导致催化剂脱硝效率下降。

D　催化剂氧化还原性能结果与分析

催化剂的氧化还原性质对于催化活性起到了至关重要的作用，为研究催化剂的氧化还原性能，对催化剂进行 H_2-TPR 表征。图 2-10 所示为稀土尾矿及不同微波焙烧温度下催化剂在300~800℃的 H_2-TPR 图谱。由图 2-10 可知，稀土尾矿和

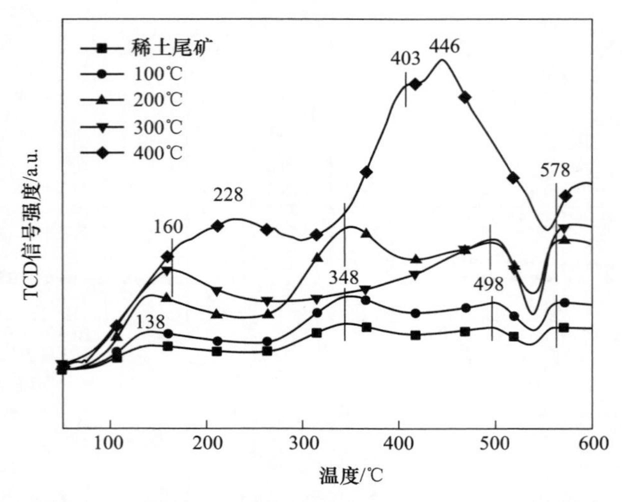

图 2-9　稀土尾矿及不同微波焙烧温度下催化剂吸附 NH_3 后的程序升温脱附曲线

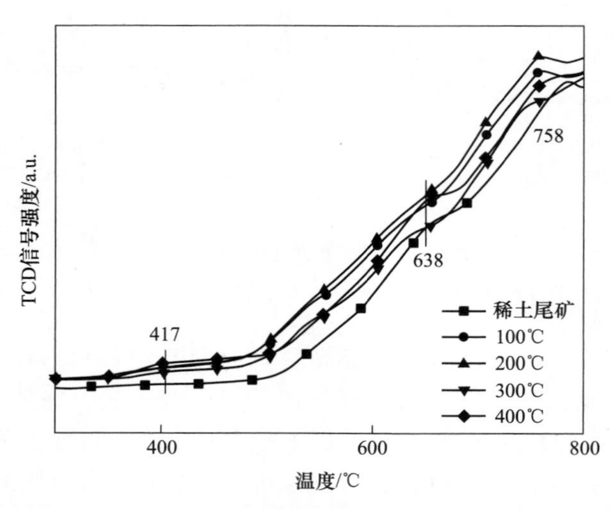

图 2-10　稀土尾矿及不同微波焙烧温度下催化剂的 H_2 程序升温还原曲线

不同焙烧温度下的催化剂均在 400℃、641℃和 760℃附近出现了还原峰。根据文献资料可知在 400℃的还原峰归因于 Fe_2O_3-Fe_3O_4 的还原；641℃的还原峰归因于 Fe_3O_4-FeO 的还原；760℃以上的还原峰对应于进一步将 Fe^{2+}还原为 Fe。400℃左右，焙烧温度为 400℃和 300℃的样品相对 200℃的样品，其还原峰向高温偏移；在 641℃左右，还原峰出现的温度随着焙烧温度的增大而增大；在 760℃左右，焙烧温度为 200℃和 400℃的催化剂相对其他催化剂，其还原峰向高温偏移。还原峰的面积表示催化剂氧化还原能力的大小，整个还原峰的面积随焙烧温度的增大先增大后减小。催化剂的氧化还原能力大小为200℃>100℃>400℃>300℃。微波焙烧温度为200℃的催化剂的氧化还原能力不仅较大，而且氧化还原峰出现的温度相对较低，这是微波焙烧温度为200℃时脱硝活性最佳的原因之一。

2.1.2.2 不同微波焙烧时间催化剂表征

A 催化剂物相组成结果与分析

微波焙烧时间为10min、20min和30min的催化剂XRD谱图如图2-11所示。由图2-11可知，随着微波焙烧时间的延长各矿物的衍射峰强度先减弱后增强。这是因为微波焙烧是一个选择加热过程，不同物质的吸波能力不同因此加热速率不同，同时尾矿中各矿物间还存在嵌套关系和包裹关系。不同矿物其吸波性能不同导致加热速率不同，具有包裹关系、嵌套关系的矿物间会产生热应力，热应力会破坏原有的晶型结构同时暴露更多的活性组分。因此，一段时间的微波焙烧可以破坏原来生长较完善的晶体，但是长时间的微波焙烧会导致矿物晶体重新生长完善。

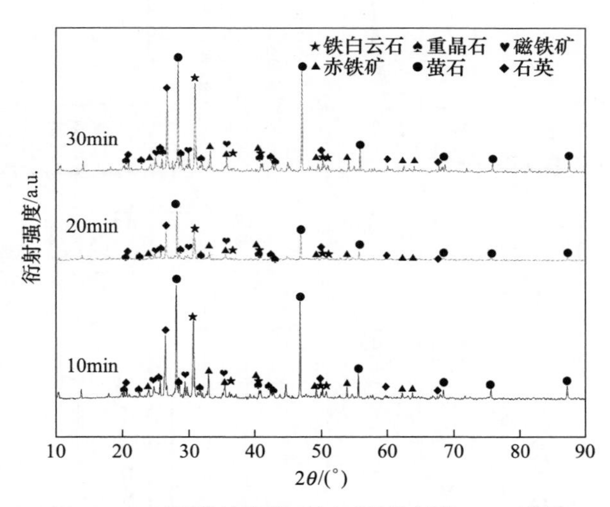

图2-11 不同微波焙烧时间下催化剂的XRD谱图

B 催化剂孔结构结果与分析

表2-2为不同微波焙烧时间下催化剂的比表面积及孔结构特性。图2-12为微波焙烧时间为10min、20min和30min制备的催化剂的氮气吸脱附等温曲线，插图是催化剂的孔径分布曲线。由表2-2可知比表面积、孔容和孔径的大小均随着微波焙烧时间的增长先增大后减小，微波焙烧时间为20min时比表面积最大为3.647m^2/g、孔容最大为0.0139mL/g、孔径最大为15.2454nm。结合XRD表征可知原因是：随着微波焙烧时间的增加，尾矿中部分矿物逐渐分解产生气体，使得催化剂的比表面积、孔容和孔径增大，但是长时间的微波焙烧会破坏原有的孔

隙结构。

由图 2-12 可知，三种催化剂的氮气吸脱附等温曲线均属于Ⅳ型、迟滞回线均属于 H_3 型迟滞回线，说明催化剂含有大量介孔。由孔径分布图可知，随着焙烧时间的延长，介孔数量减少，说明长时间的微波焙烧导致催化剂的孔道坍塌。

表 2-2　不同微波焙烧时间下催化剂的比表面积及孔结构特性

样品	比表面积/$m^2 \cdot g^{-1}$	孔容/$mL \cdot g^{-1}$	孔径/nm
10min 焙烧	3.5699	0.0104	11.653
20min 焙烧	3.647	0.0139	15.2454
30min 焙烧	3.4105	0.0121	14.1915

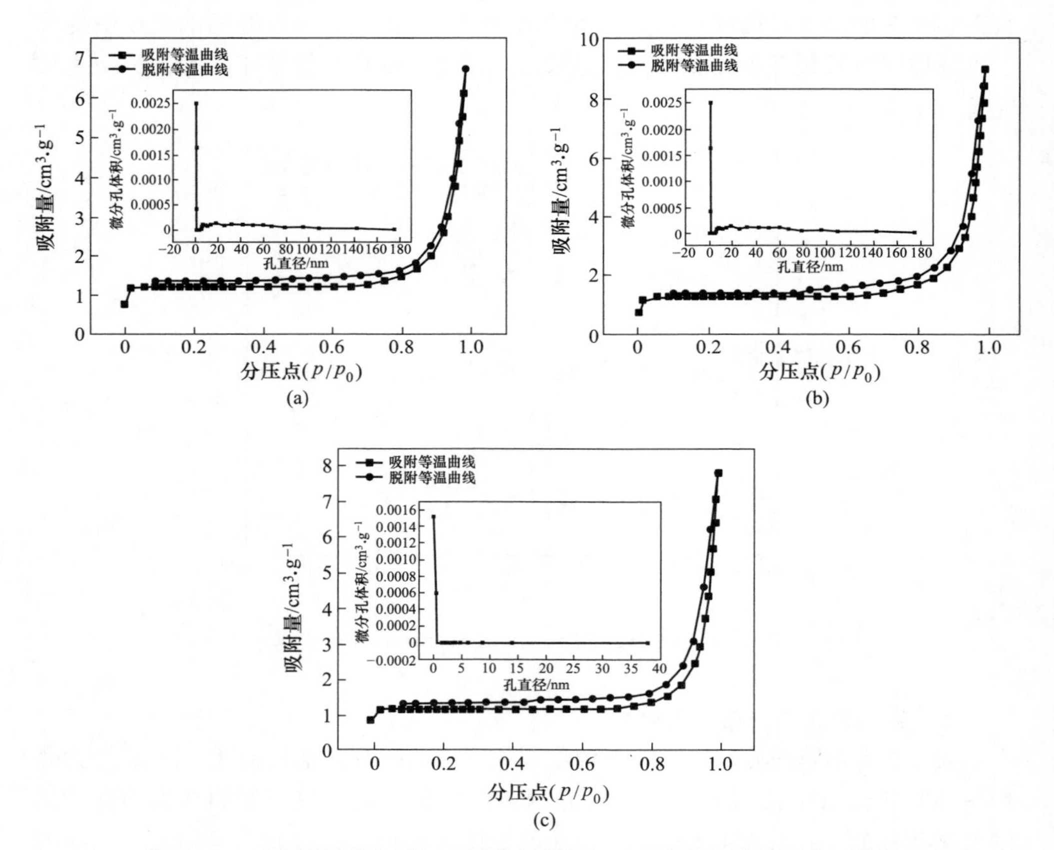

图 2-12　不同微波焙烧时间下催化剂的氮气吸脱附等温曲线和孔径分布
（a）微波焙烧时间 10min；（b）微波焙烧时间 20min；（c）微波焙烧时间 30min

C　催化剂酸性能结果与分析

图 2-13 所示为不同微波焙烧时间下催化剂吸附 NH_3 后的程序升温脱附曲线。

由图 2-13 可知，催化剂均出现 4 个脱附峰。在低温段（100~250℃）和在中温段（250~400℃）内均有一个脱附峰，脱附峰的位置分别在 141℃ 和 353℃ 左右，且随着微波焙烧时间的增加脱附峰的位置向高温偏移；在高温段（400℃ 以上）内具有两个脱附峰，脱附峰的位置分别在 495℃ 和 569℃ 左右，两个脱附峰位置均随着微波焙烧时间的增加向高温偏移。整个脱附峰的面积，随焙烧时间的增加并无明显变化。微波焙烧短时间内不会对催化剂的氨气吸附能力有较大改变。

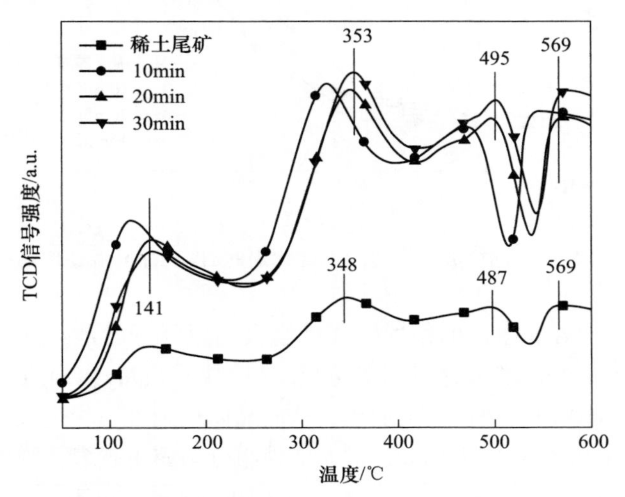

图 2-13 不同微波焙烧时间下催化剂吸附 NH_3 后的程序升温脱附曲线

D 催化剂氧化还原性能结果与分析

图 2-14 所示为不同微波焙烧时间下催化剂在 300~800℃ 的 H_2-TPR 图谱。由图 2-14 可知，三个焙烧时间下均在 400℃、638℃ 和 760℃ 附近出现了还原峰；在 400℃ 的还原峰归因于 Fe_2O_3-Fe_3O_4 的还原；638℃ 的还原峰归因于 Fe_3O_4-FeO 的还原；760℃ 以上的还原峰对应于进一步将 FeO 还原为 Fe。在 400℃ 左右还原峰的位置没有较大变化；在 638℃ 左右和 760℃ 左右的还原峰出现的温度随着焙烧时间的延长先增大后减小。整个还原峰的面积随焙烧时间的增大先增大后减小，焙烧时间为 20min 时具有最大的还原峰面积。虽然微波焙烧时间对氨气吸附能力没有较大改变，但是对氧化还原能力有一定改变，焙烧时间为 20min 时催化剂的氧化还原能力有了较大提升。

2.1.2.3 不同微波焙烧功率催化剂表征

A 催化剂物相组成结果与分析

微波焙烧功率为 300W、700W 和 1100W 的催化剂的 XRD 谱图如图 2-15 所示。由图 2-15 可知，微波焙烧功率为 1100W 时，萤石（CaF_2）、石英（SiO_2）、白云石［$CaMg(CO_3)_2$］、赤铁矿（α-Fe_2O_3）等矿物的衍射峰强度有较大的增

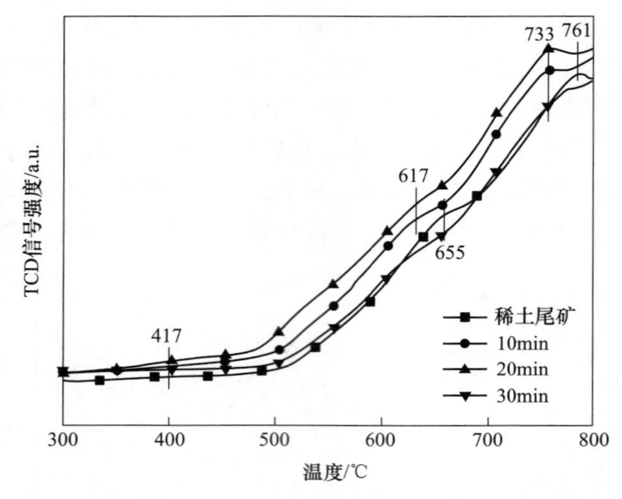

图 2-14　不同微波焙烧时间下催化剂的 H_2 程序升温还原曲线

大。CaF_2、SiO_2 和 α-Fe_2O_3 的衍射峰强度增大的原因可能是：其具有较好的吸波能力，随着焙烧功率的增大这几种矿物升温较快。$CaMg(CO_3)_2$ 的吸波能力较差，主要是通过焙烧时的热传导被加热，从而晶体得到进一步生长。微波功率越大加热速率越大，产生的热应力越大，进而活性组分暴露得越多，脱硝活性更优异。

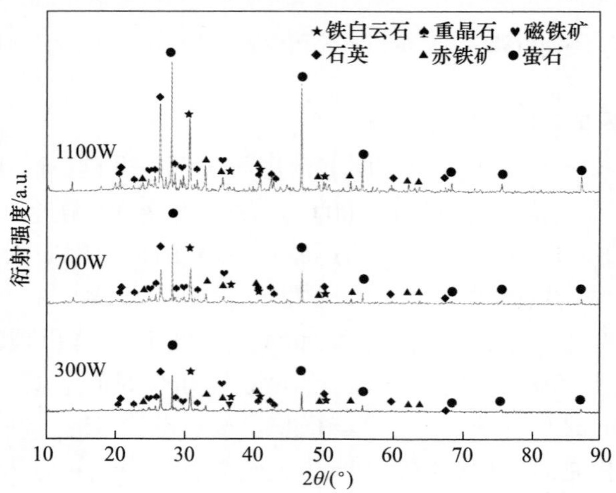

图 2-15　不同微波焙烧功率下催化剂的 XRD 谱图

B　催化剂孔结构结果与分析

表 2-3 为不同微波焙烧功率下催化剂的比表面积及孔结构特性。图 2-16 为不同微波焙烧功率下的催化剂的氮气吸脱附等温曲线，插图是催化剂的孔径分布曲线。由表 2-3 可知，催化剂的比表面积随着微波焙烧功率的升高先增大后减小，

微波焙烧功率为 700W 时比表面积最大为 3.647m^2/g；孔容大小随着微波焙烧功率的升高基本不变，孔容最大为 0.0158m^3/g；孔径大小随着微波焙烧温度的升高先减小后增大，300W 时最大为 21.2995m^2/g。由图 2-16 可知，三种催化剂的氮气吸脱附等温曲线均属于Ⅳ型、迟滞回线均属于 H_3 型迟滞回线，说明催化剂含有大量介孔。由孔径分布图可知，随着微波焙烧功率的增大介孔数量逐渐增加。微波功率越大，产生的热应力越大，对矿物的破坏越大，产生更多的介孔同时暴露更多的活性组分。

表 2-3 不同微波焙烧功率下稀土尾矿催化剂的比表面积及孔结构特性

催化剂	比表面积/$m^2 \cdot g^{-1}$	孔容/$m^3 \cdot g^{-1}$	孔径/nm
300W 焙烧	2.9672	0.0158	21.2995
700W 焙烧	3.647	0.0139	15.2454
1100W 焙烧	3.3214	0.0141	16.9808

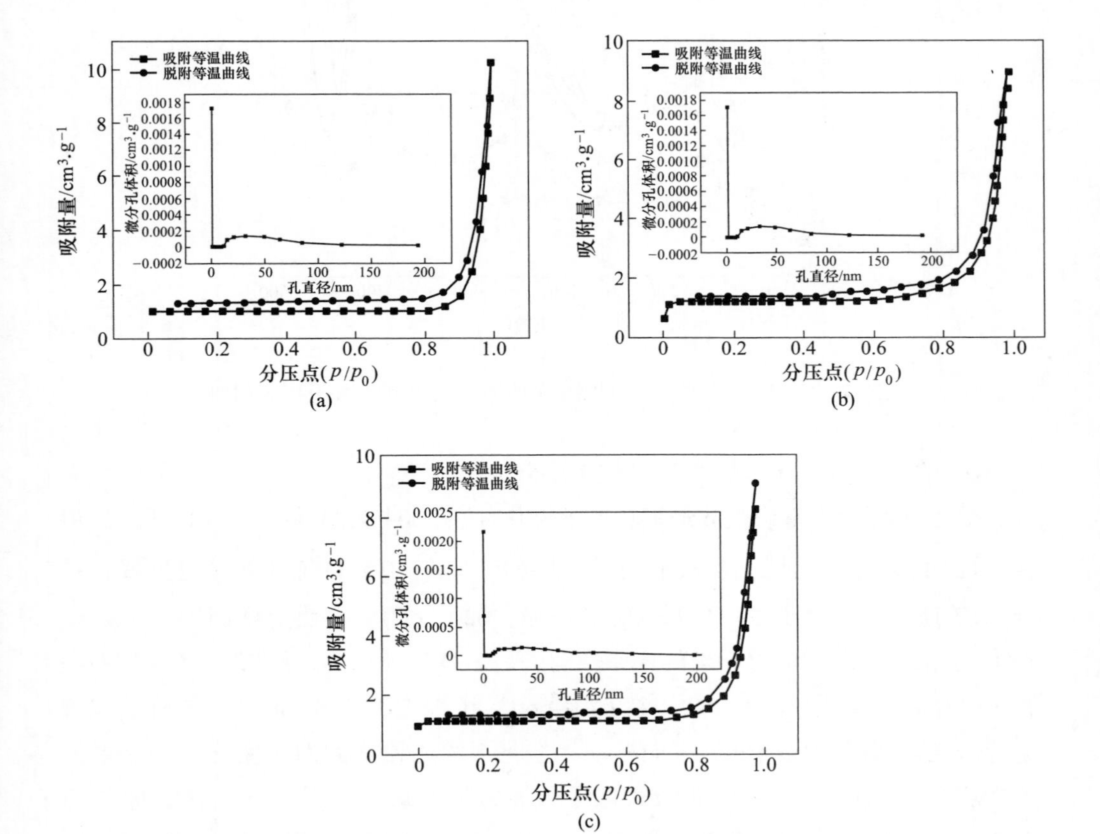

图 2-16 不同微波焙烧功率下催化剂的氮气吸脱附等温曲线和孔径分布图

（a）微波焙烧功率 300W；（b）微波焙烧功率 700W；（c）微波焙烧功率 1100W

C　催化剂酸性能结果与分析

图 2-17 所示为不同微波焙烧功率下催化剂吸附 NH_3 后的程序升温脱附曲线。由图 2-17 可知，催化剂均具有 4 个脱附峰。在低温段（100~250℃）和在中温段（250~400℃）内均有一个脱附峰，且随着微波焙烧功率的升高脱附峰的位置先向低温偏移后向高温偏移，700W 时表现出较好的 NH_3 脱附能力；在高温段（400℃以上）内具有两个脱附峰，两个脱附峰位置均随着微波焙烧功率的升高向低温偏移，1100W 时表现出较好的 NH_3 脱附能力。催化材 NH_3 吸附能力大小顺序为 700W>1100W>300W。

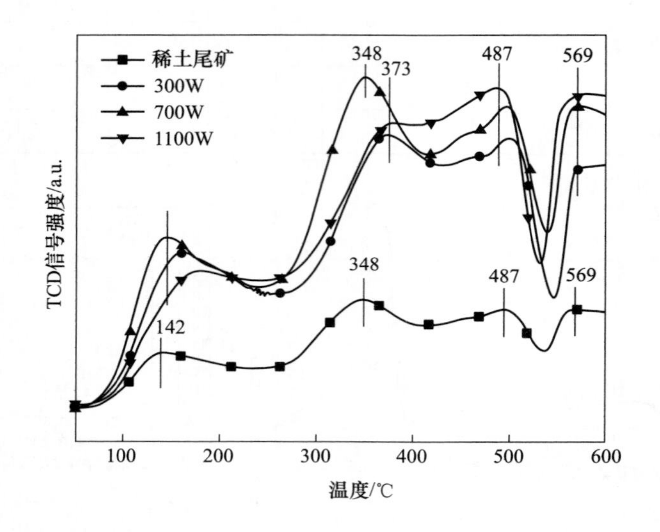

图 2-17　不同微波焙烧功率下催化剂吸附 NH_3 后的程序升温脱附曲线

D　催化剂氧化还原性能结果与分析

图 2-18 所示为不同微波焙烧功率下催化剂在 300~800℃的 H_2-TPR 图谱。由图 2-18 可知，催化剂在 417℃附近、620~660℃和 730~760℃出现了还原峰；在 417℃的还原峰归因于 Fe_2O_3-Fe_3O_4 的还原，620~660℃的还原峰归因于 Fe_3O_4-FeO 的还原，高于 700℃出现的还原峰应该是 FeO 还原成 Fe 导致的。在 417℃左右还原峰的位置没有较大变化；在 620~660℃间和 730~760℃间的还原峰的位置随着焙烧功率的增大向低温方向移动；催化剂的还原峰的面积变化较小。微波焙烧功率为 1100W 的催化剂的氧化还原能力虽然最小，但是其氧化还原峰出现的温度相对较低，这是微波焙烧功率为 1100W 时催化剂脱硝活性较好的原因之一。

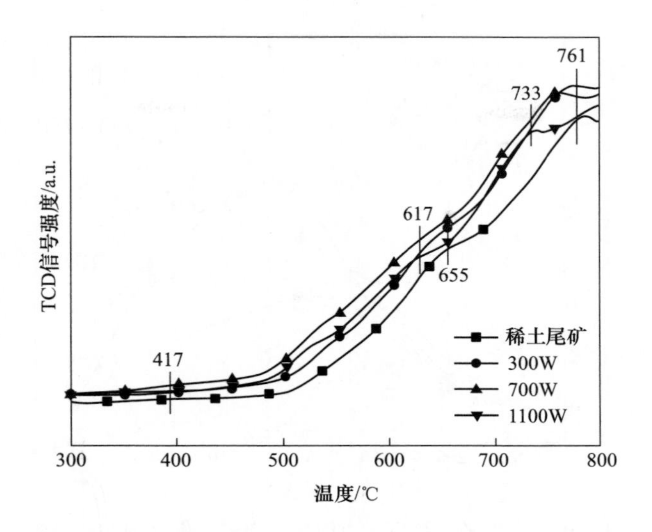

图 2-18 不同微波焙烧功率下稀土尾矿催化剂的 H_2 程序升温还原曲线

2.2 机械力活化稀土尾矿

机械力活化可以提升稀土尾矿脱硝催化剂的活性，本节探究不同机械力活化参数对催化剂脱硝效率的影响规律。

2.2.1 活化催化剂脱硝性能

由图 2-19 可知，在 250~400℃温度窗口内，机械力活化稀土尾矿催化剂的脱硝效率维持较高水平，在 300℃或者 350℃催化剂脱硝效率达到最高值，稀土尾矿脱硝效率在 350℃时达到 33%；300r/min 机械力活化稀土尾矿催化剂的脱硝效率在 350℃达到 46%；600r/min 机械力活化稀土尾矿催化剂的稀土尾矿脱硝效率在 300℃时为 36%，虽然最佳活性温度比稀土尾矿向低温移动了 50℃，但低温脱硝活性提升效果不明显；900r/min 机械力活化稀土尾矿催化剂的脱硝效率从 46%降低至 18%。经过机械力活化后，稀土尾矿的脱硝效率可以由 33%提升至 46%，也可以由 33%降低至 18%，说明机械力活化在适宜的参数下可以一定程度地提升稀土尾矿催化剂脱硝效率，但是如果参数不适宜反而会降低稀土尾矿催化剂的脱硝效率。

由图 2-20 可知，机械力活化前后稀土尾矿催化剂均具有较好的 N_2 选择性，在整个反应温度区间内，N_2 选择性在 80%以上。

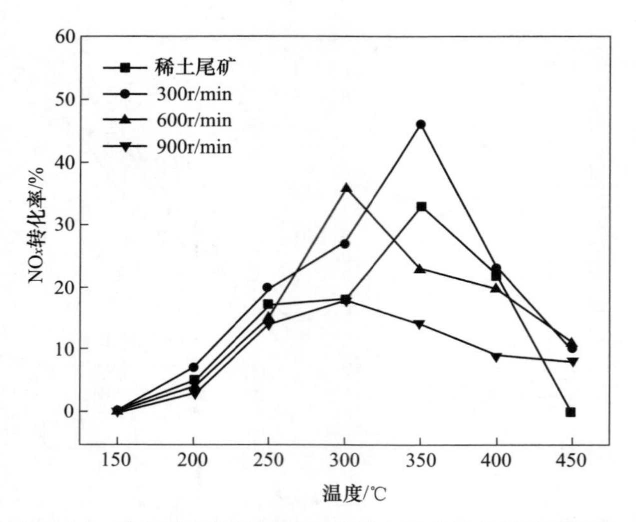

图 2-19 稀土尾矿及机械力活化稀土尾矿催化剂脱硝性能

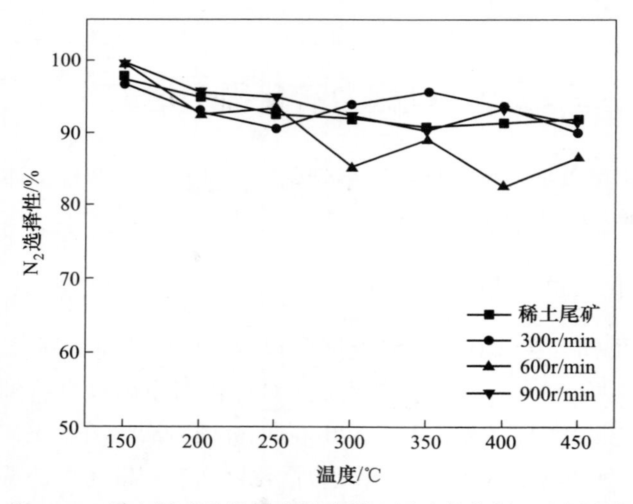

图 2-20 稀土尾矿及机械力活化稀土尾矿催化剂 N_2 选择性

2.2.2 活化催化剂表征

2.2.2.1 催化剂物相组成结果与分析

图 2-21 所示为稀土尾矿和机械力活化稀土尾矿催化剂的物相组成图。由图 2-21 可知，机械力活化未改变稀土尾矿催化剂的物相组成，活化稀土尾矿催化剂主要由萤石（CaF_2）、赤铁矿（Fe_2O_3）、石英（SiO_2）、氟碳铈矿[$Ce(CO_3)F$]、磁铁矿（Fe_3O_4）、重晶石（$BaSO_4$）、铁白云石、白云母、钠长

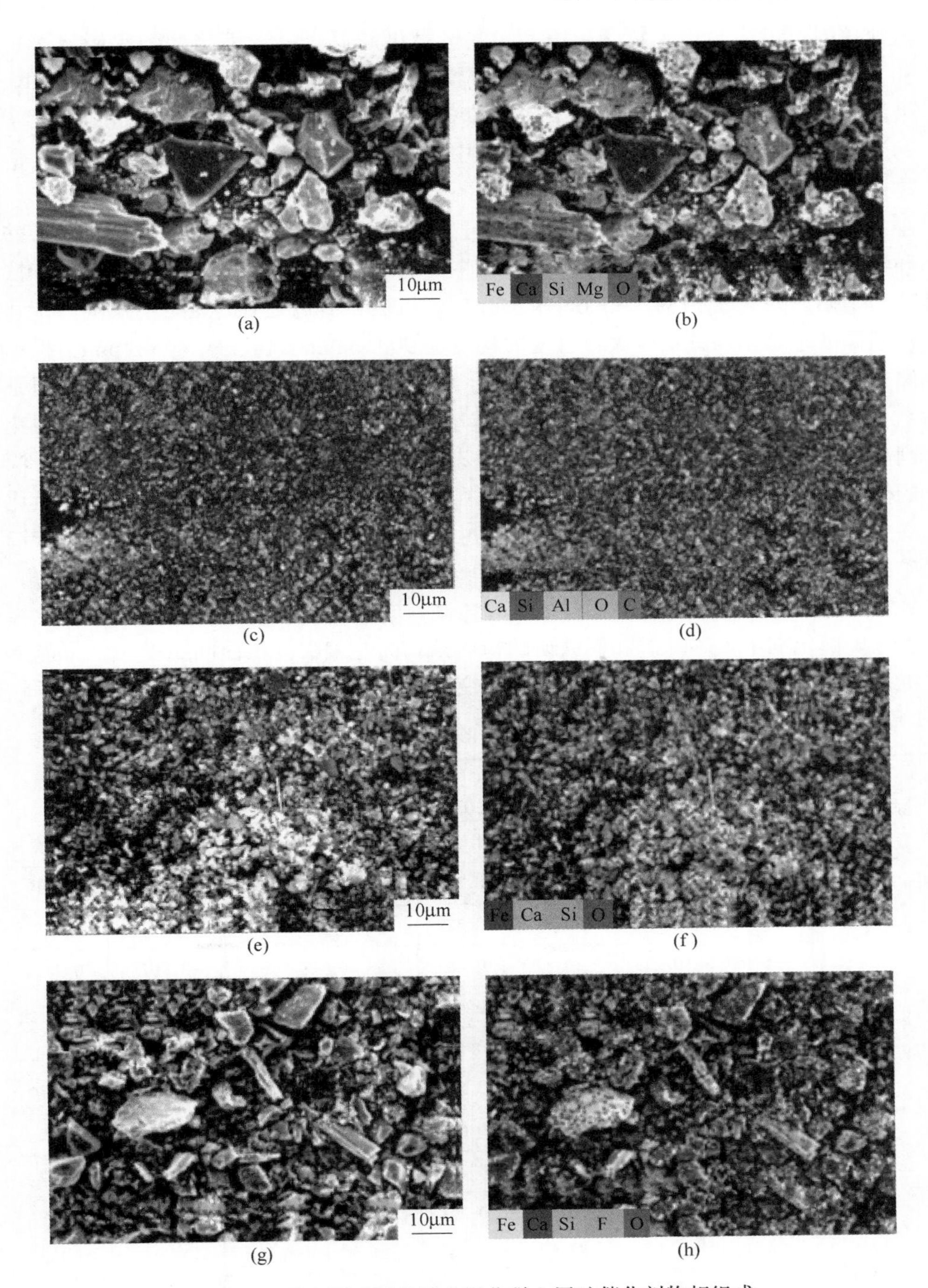

图 2-21 稀土尾矿及机械力活化稀土尾矿催化剂物相组成

(a)(b)稀土尾矿；(c)(d)900r/min 活化；(e)(f)600r/min 活化；(g)(h)300r/min 活化

岩和角闪石组成。转子转速越高，矿物分散度越高。结合催化剂的脱硝效率可知，矿物分散度影响稀土尾矿催化剂的脱硝效率，矿物分散度越高，活性越低，可能的原因是稀土尾矿中 Si、Ca 等元素的非活性矿物的含量高于 Fe 和 Ce 元素的活性矿物的含量，在机械力活化过程中，所有矿物的粒度同时减小，非活性矿物可能会覆盖活性矿物，导致活性矿物不能充分暴露，降低催化剂脱硝活性。

表 2-4 为稀土尾矿和机械力活化稀土尾矿中氟碳铈矿和赤铁矿的衍射角度 2θ 和半峰宽数据，稀土尾矿中氟碳铈矿的主衍射峰为 24. 92、30. 88 和 44. 88，赤铁矿的主衍射峰为 33. 139、35. 62 和 54. 057，机械力活化之后的尾矿中氟碳铈矿和赤铁矿的主峰半峰宽均变大，且变大程度为 900r/min>600r/min>300r/min，根据谢乐公式，晶粒尺寸 $D = K\gamma/(B\cos\theta)$，半峰宽 B 越大，晶粒尺寸 D 越小，但是结合脱硝效率来看，晶粒尺寸并不是越小越好，转子转速 300r/min 活化的催化剂晶粒尺寸脱硝效率最高。稀土尾矿中赤铁矿 40. 84 的衍射峰和氟碳铈矿 54. 84 的衍射峰半峰宽比活化之后催化剂的半峰宽更小，但是占整体的比例很小，活化稀土尾矿中赤铁矿和氟碳铈矿的晶粒尺寸小于未活化稀土尾矿中赤铁矿和氟碳铈矿的晶粒尺寸。根据布拉格定律 $2d\sin\theta = n\lambda$，其中，d 为晶面间距，θ 为衍射角，λ 为入射光波长。晶面间距 d 与衍射峰角度 θ 成反比，转子转速 300r/min 活化稀土尾矿催化剂中氟碳铈矿和赤铁矿的衍射角均向左偏移，晶面间距变大，可能是机械力活化过程中应力引起矿物晶格畸变所导致的。

表 2-4　稀土尾矿及机械力活化稀土尾矿催化剂赤铁矿和氟碳铈矿的衍射峰角度及半峰宽

活性组分	稀土尾矿		900r/min 活化稀土尾矿		600r/min 活化稀土尾矿		300r/min 活化稀土尾矿	
	2θ/(°)	半峰宽	2θ/(°)	半峰宽	2θ/(°)	半峰宽	2θ/(°)	半峰宽
Fe_2O_3	24. 16	0. 207	24. 14	0. 229	24. 12	0. 223	24. 12	0. 221
	33. 14	0. 234	33. 14	0. 329	33. 12	0. 303	33. 12	0. 235
	35. 62	0. 258	35. 62	0. 483	35. 60	0. 339	35. 62	0. 285
	40. 84	0. 576	40. 88	0. 455	40. 92	0. 440	41. 02	0. 337
	49. 46	0. 245	49. 44	0. 347	49. 48	0. 324	49. 44	0. 218
	54. 06	0. 163	54. 16	0. 505	54. 06	0. 445	54. 04	0. 180
	62. 42	0. 283	62. 40	0. 501	62. 46	0. 485	62. 54	0. 412
	64. 28	0. 611	64. 00	0. 286	64. 00	0. 454	63. 98	0. 232
$Ce(CO_3)F$	18. 10	0. 268	18. 14	0. 301	18. 10	0. 270	18. 12	0. 209
	24. 92	0. 169	24. 99	0. 197	24. 94	0. 201	24. 92	0. 173
	30. 88	0. 167	31. 02	0. 429	30. 88	0. 319	30. 84	0. 210
	43. 98	0. 234	43. 98	0. 209	43. 96	0. 259	43. 94	0. 220

续表 2-4

活性组分	稀土尾矿		900r/min 活化稀土尾矿		600r/min 活化稀土尾矿		300r/min 活化稀土尾矿	
	2θ/(°)	半峰宽	2θ/(°)	半峰宽	2θ/(°)	半峰宽	2θ/(°)	半峰宽
$Ce(CO_3)F$	44.88	0.307	44.94	0.318	44.90	0.308	44.90	0.327
	47.88	0.168	47.94	0.220	47.88	0.186	47.86	0.176
	54.84	0.293			54.74	0.172	54.82	0.260
	72.64	0.520					72.70	0.625

2.2.2.2 催化剂表面形貌结果与分析

图 2-22（a）（c）（e）和（g）所示分别为稀土尾矿、转子转速 900r/min、转子转速 600r/min 和转子转速 300r/min 活化稀土尾矿催化剂的微观形貌，图 2-22（b）（d）（f）和（h）分别为图 2-22（a）（c）（e）和（g）催化剂微观形貌的 EDS 能谱。由图 2-22（a）和（b）可知，稀土尾矿催化剂形貌呈现不规则的多面体型，颗粒大部分在 10~40μm，颗粒主要由铁矿物、萤石矿物和石英矿物组成，其中石英矿物分散度最高。由图 2-22（c）和（d）可知，经过 900r/min 机械力活化后，稀土尾矿催化剂颗粒明显减小，大部分颗粒为 2~3μm；但是表面只有 Ca、Si、Al 等元素，而没有 Fe、Ce 等活性元素，原因是含有 Ca、Si、Al 等元素的非活性矿物占比较大，覆盖了含有 Fe、Ce 等元素的活性矿物。尽管矿物的分散度很好，但是活性矿物的暴露度太低，导致其脱硝效率只有 18%。

经过 600r/min 机械力活化后，稀土尾矿颗粒明显减小，大部分颗粒为 4~5μm；催化剂表面有 Fe、Ca、Si、O 元素，没有 Ce 活性元素，尽管矿物的分散度很好，但是 Fe、Ce 活性元素的暴露度仍然较低，导致其脱硝效率只有 36%。对比 900r/min 和 600r/min 机械力活化稀土尾矿，活性矿物组分的颗粒尺寸并不是越小越好。

经过 300r/min 机械力活化后，稀土尾矿颗粒减小，大部分颗粒为 5~15μm；催化剂表面有 Fe、Ca、Si 等元素，含有 Fe 元素的活性矿物具有一定的暴露度，但其分散度并不是很好，样品的脱硝效率可以达到 46%，说明活性矿物的暴露程度是影响脱硝效率很重要的因素。

2.2.2.3 催化剂粒径分布结果与分析

图 2-23 为稀土尾矿及机械力活化稀土尾矿催化剂粒径分布图。从图 2-23 中可以看出稀土尾矿及活化稀土尾矿催化剂的粒径分布范围较宽，在 0.1~200μm 的粒径范围内均有分布，但大多分布在 20~100μm 的粒径范围内；稀土尾矿催化剂在 0.3~200μm 的粒径范围内均有分布，但大多分布在 20~100μm 的粒径范围内，经过 300r/min 的转速活化后，催化剂在 20~100μm 的粒径范围内占比降低，在 0.3~20μm 的粒径范围内占比上升，经过 600r/min 的转速活化后，催化剂的

图 2-22　稀土尾矿及机械力活化稀土尾矿催化剂表面形貌及 EDS 能谱

（a）（b）稀土尾矿；（c）（d）900r/min 活化；（e）（f）600r/min 活化；（g）（h）300r/min 活化

粒径主要分布在 25~50μm 的范围内，经过 900r/min 的转速活化后，催化剂出现了 0.1μm 的颗粒，粒径主要分布在 15~25μm 的范围内，这一现象说明了机械力的破碎作用使得催化剂的粒径变小，且随着转速的增加，机械力活化稀土尾矿催化剂粒径分布区间有降低的趋势，逐渐向小粒径方向偏移。

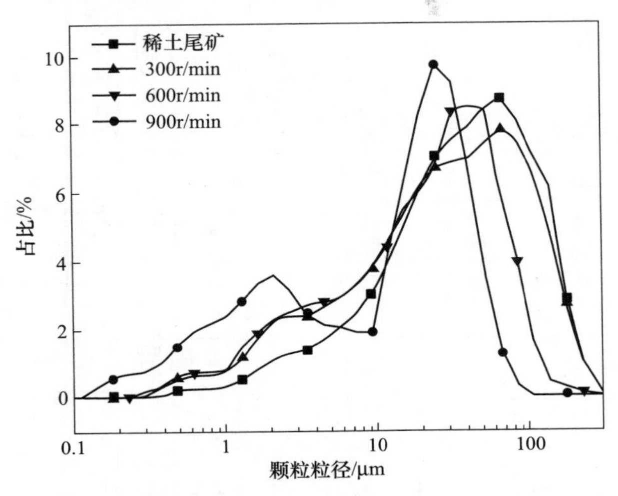

图 2-23 稀土尾矿及机械力活化稀土尾矿催化剂粒径分布

2.2.2.4 催化剂孔结构性能结果与分析

表 2-5 为稀土尾矿、转子转速 300r/min、600r/min 和 900r/min 活化稀土尾矿催化剂的比表面积及孔结构，由表可知，机械力活化后，稀土尾矿的比表面积、孔体积和平均孔径均提高，转子转速越高，催化剂的比表面积越大，但是其比表面积较传统催化剂的比表面积仍较小。结合脱硝性能实验结果，比表面积和孔结构对脱硝活性的影响小于活性矿物暴露度的影响。图 2-24 中（a）（b）（c）和（d）分别为稀土尾矿、900r/min、600r/min 和 300r/min 机械力活化稀土尾矿催化剂的氮气吸脱附等温曲线，插图是催化剂 BJH 孔径分布，由图可知，催化剂的氮气吸脱附等温曲线形状属于Ⅳ型，说明催化剂属于介孔结构，主要是稀土尾矿自身形成及活化过程中形成的固体内的孔、通道或团聚颗粒的空间。氮气吸脱

表 2-5 机械球磨活化矿物比表面积及孔结构特性

催化剂	比表面积/$m^2 \cdot g^{-1}$	孔容/$m^3 \cdot g^{-1}$	平均孔径/nm
稀土尾矿	0.04	0.0020	15.6
900r/min 机械力活化稀土尾矿	12.10	0.0671	22.2
600r/min 机械力活化稀土尾矿	5.70	0.0347	24.4
300r/min 机械力活化稀土尾矿	1.80	0.0053	11.8

附等温曲线的迟滞回线属于 H_3 型迟滞回线，说明催化剂是具有裂隙型孔形的介孔材料。由孔径分布图可知，催化剂均存在大量的介孔和部分的大孔。

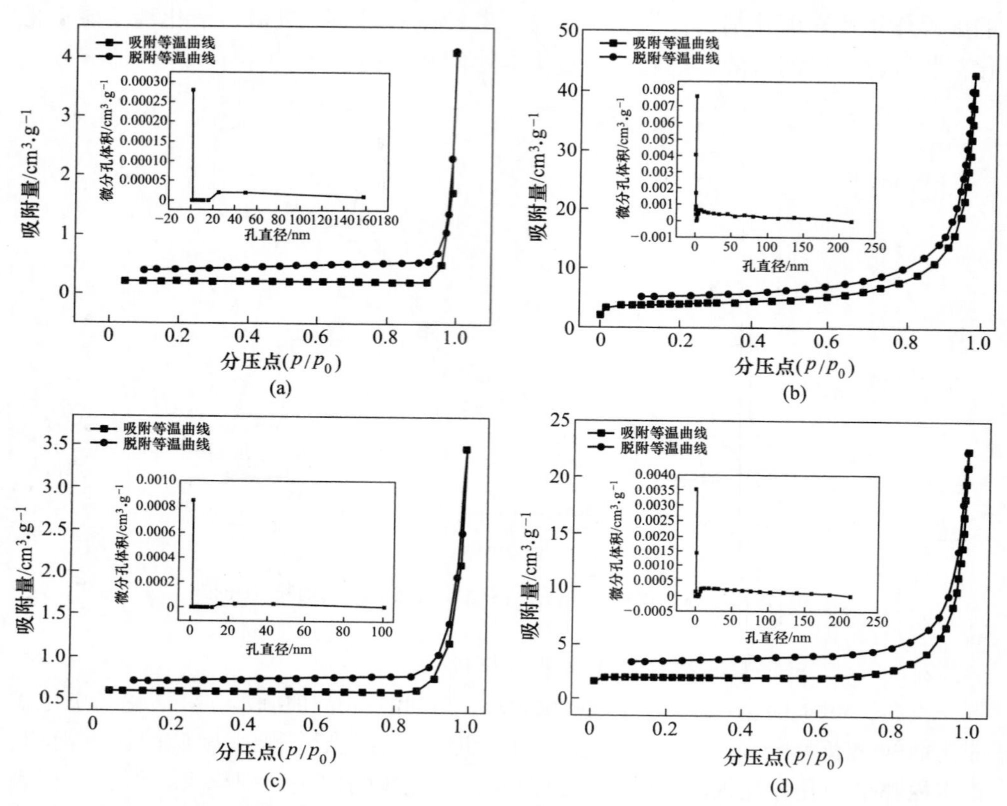

图 2-24 稀土尾矿及机械力活化稀土尾矿催化剂 N_2 吸脱附等温线和孔径分布图

(a) 稀土尾矿；(b) 900r/min 活化；(c) 600r/min 活化；(d) 300r/min 活化

2.2.2.5 催化剂氧化还原性能结果与分析

图 2-25 为稀土尾矿、300r/min、600r/min 和 900r/min 机械力活化稀土尾矿催化剂的氧化还原性能图。据文献报道，Fe_2O_3 在程序升温还原过程中出现 3 个还原峰，分别对应于 Fe_2O_3 的表面氧还原峰、Fe_2O_3 向 Fe_3O_4 转化的还原峰和 Fe_3O_4 向 FeO 转化的还原峰。CeO_2 向 Ce_2O_3 转化的还原峰出现在 300～550℃ 温度范围内。由图 2-25 可知，稀土尾矿催化剂出现两个还原峰，655℃ 的还原峰对应 Fe_2O_3 向 Fe_3O_4 转化，785℃ 的还原峰对应 Fe_3O_4 向 FeO 的转化。600r/min 和 900r/min 活化稀土尾矿催化剂出现赤铁矿 Fe_2O_3 的表面氧的还原峰或者是 CeO_2 向 Ce_2O_3 转化的还原峰和 Fe_3O_4 向 FeO 转化的还原峰，但是没有出现 Fe_2O_3 向 Fe_3O_4 转化的还原峰。600r/min 和 900r/min 活化稀土尾矿催化剂的还原峰面积比

300r/min 活化后催化剂的峰面积高，可能原因是高强度的机械力活化后，活性矿物组分的晶格畸变较严重，阳离子与氧离子间相互作用力变弱，氧化还原能力增强。300r/min 活化稀土尾矿催化剂在整个程序升温还原过程中出现 3 个还原峰，510℃的还原峰对应赤铁矿 Fe_2O_3 的表面氧的还原或者是 CeO_2 向 Ce_2O_3 的转化，590℃的还原峰对应 Fe_2O_3 向 Fe_3O_4 的转化，770℃的还原峰对应 Fe_3O_4 向 FeO 的转化，但是因稀土尾矿催化剂含有的矿物种类较多，某一位置的还原峰有可能是多种物质同时作用的结果。300r/min 活化稀土尾矿催化剂比其他稀土尾矿催化剂多表现出一个 Fe_2O_3 向 Fe_3O_4 转化的还原峰，且其脱硝效率最高，说明 Fe_2O_3 与 Fe_3O_4 之间的循环对催化脱硝反应过程起重要作用，Fe_2O_3 与 Fe_3O_4 之间的循环需要 Fe_2O_3 具有很好的暴露度，这也是 300r/min 活化稀土尾矿脱硝性能优于其他催化剂的原因。

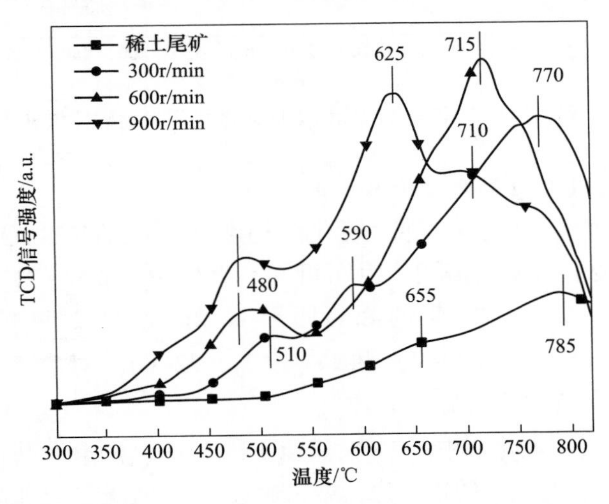

图 2-25 稀土尾矿及机械力活化稀土尾矿催化剂氧化还原性能

2.2.2.6 催化剂表面酸性能结果与分析

图 2-26 所示为稀土尾矿、300r/min、600r/min 和 900r/min 机械力活化稀土尾矿催化剂表面酸性位种类及分布图。由图 2-26 可知，NH_3 脱附峰峰值温度分别位于 140~160℃、320~350℃和 410~460℃温度范围内，可分别归属于 B 酸位的弱酸中心、L 酸位的中强酸中心和 L 酸位的强酸中心。表面酸性位数量大小顺序为 900r/min 活化稀土尾矿催化剂大于 600r/min 活化稀土尾矿催化剂大于 300r/min 活化稀土尾矿催化剂大于稀土尾矿催化剂，根据脱硝活性实验结果，300r/min 活化稀土尾矿催化剂脱硝效率高于稀土尾矿催化剂、600r/min 和 900r/min 活化稀土尾矿催化剂的脱硝效率，结合物相组成、比表面积、微观形貌和氧化还原性能结果分析，在酸性位具有一定数量的情况下，Fe_2O_3 与 Fe_3O_4 之间的循环是影响脱硝性能的重要因素。

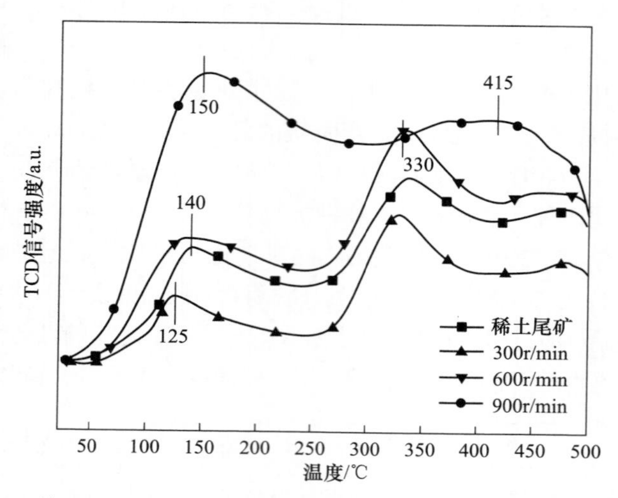

图 2-26　稀土尾矿及机械力活化稀土尾矿催化剂表面酸性位种类与数量

2.2.2.7　催化剂表面元素价态分析

图 2-27 所示为稀土尾矿及机械力活化稀土尾矿催化剂的 XPS 光谱图。图 2-27(a) 为催化剂的 Fe 2p XPS 光谱图，由图可知，出现在 710.4～713eV 的峰归属于 Fe $2p_{3/2}$，出现在 721～725eV 的峰归属于 Fe $2p_{1/2}$。通过分峰拟合，对应于 Fe $2p_{3/2}$的峰为 Fe^{2+}（710.87eV）和 Fe^{3+}（713.22eV），对应于 Fe $2p_{1/2}$的峰为 Fe^{2+}（722.21eV）和 Fe^{3+}（725.05eV）。

其分峰结果表明催化剂中的 Fe 元素以 Fe^{2+}和 Fe^{3+}的形态共存。通过面积比计算催化剂表面 Fe^{3+}/Fe^{2+}的浓度比，结果通过表 2-6 给出，结果发现，经机械力活化后 Fe^{3+}的占比发生明显变化，300r/min 和 600r/min 机械力活化的催化剂表面 Fe^{3+}占比最多，说明机械力活化有利于 Fe^{3+}和 Fe^{2+}的转化，Fe^{3+}对提升催化剂的脱硝效率有积极作用。

图 2-27（b）所示为催化剂的 O 1s 的 XPS 光谱图，对催化剂中氧元素的能谱峰进行分峰拟合，每个催化剂的 O 1s 的 XPS 谱图中均出现两个特征峰，分别为吸附氧（O_α）和晶格氧（O_β）。由图 2-27 可知，经过机械力活化后的催化剂结合能整体向着低能方向偏移，说明机械力活化使矿物产生晶格缺陷，降低了结合能。计算 O_α/O_β的浓度比并列于表 2-6 中。通过面积比计算得出机械力活化后的催化剂中 O_β浓度比要高于原矿中 O_β的浓度比，说明经过机械力处理后，催化剂发生晶格畸变，产生晶格缺陷，更多的吸附氧进入到晶格中。Fe^{3+}也对 O_β的形成具有积极作用，引起了催化剂表面的电子失衡，更多的吸附氧转化为晶格氧。

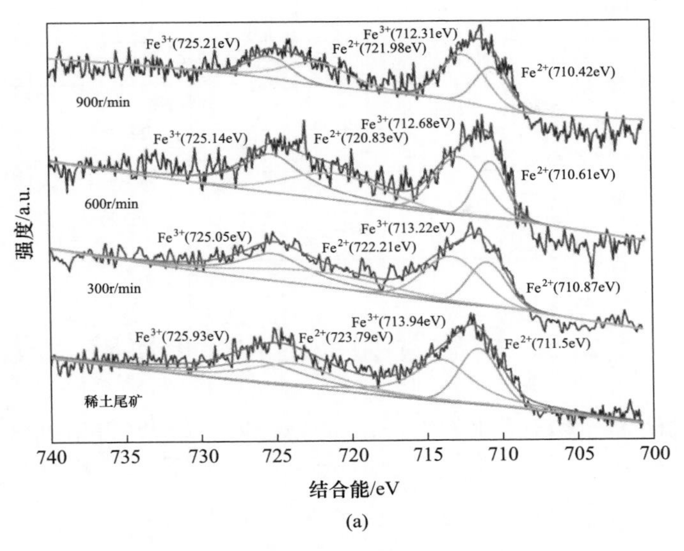

(a)

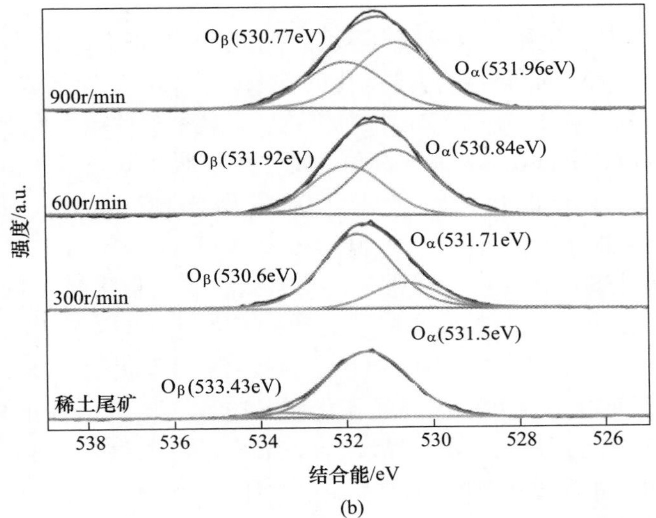

(b)

图 2-27 稀土尾矿及机械力活化稀土尾矿催化剂元素价态变化

(a) Fe 2p 光谱图；(b) O 1s 光谱图

扫一扫看更清楚

表 2-6 稀土尾矿及机械力活化稀土尾矿催化剂表面元素的原子浓度 (%)

催化剂	$Fe^{3+}/(Fe^{3+}+Fe^{2+})$	$Fe^{2+}/(Fe^{3+}+Fe^{2+})$	$O_\alpha/(O_\alpha+O_\beta)$	$O_\beta/(O_\alpha+O_\beta)$
稀土尾矿	55.38	44.62	81.81	18.19
300r/min 机械力活化稀土尾矿	59.21	40.79	77.69	22.31

续表 2-6

催化剂	$Fe^{3+}/(Fe^{3+}+Fe^{2+})$	$Fe^{2+}/(Fe^{3+}+Fe^{2+})$	$O_\alpha/(O_\alpha+O_\beta)$	$O_\beta/(O_\alpha+O_\beta)$
600r/min 机械力活化稀土尾矿	59.83	40.17	60.59	39.41
900r/min 机械力活化稀土尾矿	49.9	50.1	39.36	60.64

2.3　机械力-微波活化稀土尾矿

本节将机械力与微波活化相结合，通过设计实验研究得出机械力-微波活化稀土尾矿的最优解，并分析其机理。

2.3.1　活化催化剂脱硝性能

图 2-28 所示为稀土尾矿与机械力-微波活化的 18 组正交试验得出的稀土尾矿催化剂脱硝效率和 N_2 选择性随温度变化的关系图，具体正交试验分组设置，由图 2-28（a）可知，在 250~400℃温度范围内，催化剂的脱硝效率维持较高水平，在 300℃或者 350℃脱硝效率达到最高值，稀土尾矿脱硝效率最大值为 6%；1 号催化剂（40%）、4 号催化剂（46%）、10 号催化剂（43%）、11 号催化剂（41%）和 17 号催化剂（41%）的脱硝效率大于或等于 40%；2 号催化剂（30%）、5 号催化剂（20%）、7 号催化剂（31%）、9 号催化剂（36%）、12 号催化剂（37%）、13 号催化剂（36%）、15 号催化剂（38%）和 16 号催化剂（36%）的脱硝效率大于或等于 20%但小于 40%；3 号催化剂（18%）、6 号催化剂（12%）、8 号催化剂（7%）、14 号催化剂（19%）和 18 号催化剂（11%）的脱硝效率均小于 20%。机械力-微波活化后，稀土尾矿催化剂的脱硝效率可以由 15%提升至 46%（4 号催化剂），也可以由 15%降低至 7%（8 号催化剂），说明适宜的机械力-微波活化参数可以大幅提升稀土尾矿催化剂的脱硝效率，但是如果参数不合适会降低稀土尾矿催化剂的脱硝效率。由图 2-28（b）可知，催化剂具有较好的 N_2 选择性，在整个反应温度区间内，N_2 选择性在 85%以上。

2.3.2　活化催化剂表征

2.3.2.1　催化剂物相组成结果与分析

图 2-29 所示为稀土尾矿和活化稀土尾矿催化剂的物相组成图。由图 2-29（a）可知，稀土尾矿主要由萤石（CaF_2）、赤铁矿（Fe_2O_3）、石英（SiO_2）、氟碳铈矿［$Ce(CO_3)F$］、磁铁矿（Fe_3O_4）、重晶石（$BaSO_4$）、铁白云石、白云母、

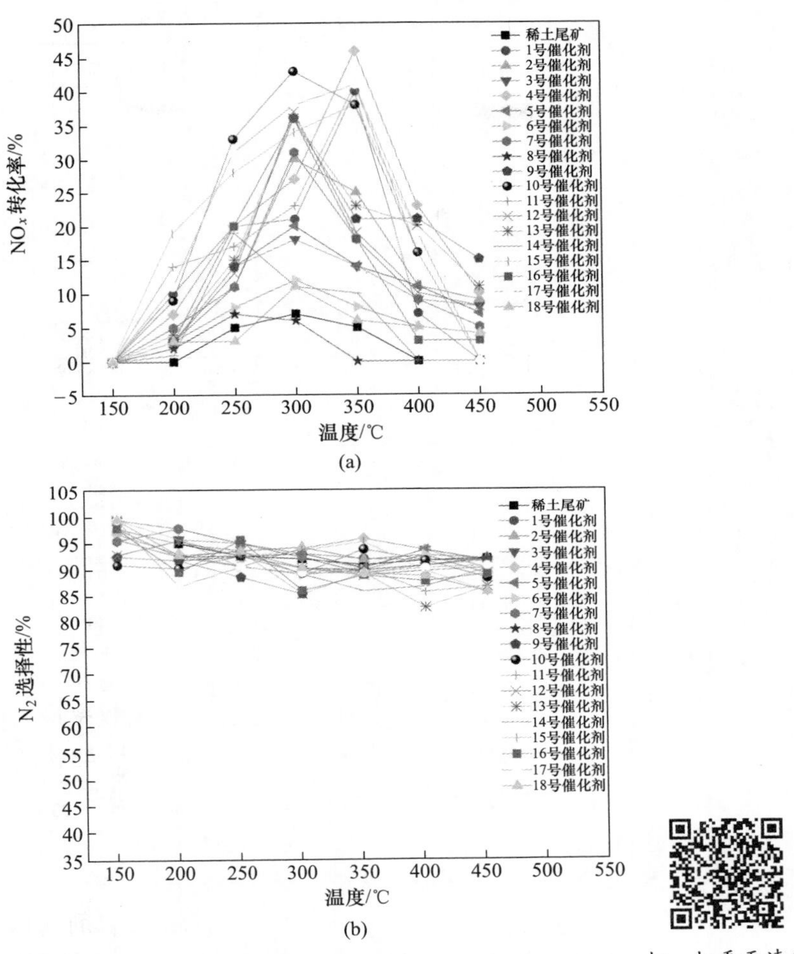

扫一扫看更清楚

图 2-28 稀土尾矿及活化稀土尾矿催化剂的脱硝性能

（a）稀土尾矿及活化稀土尾矿催化剂脱硝效率；（b）稀土尾矿及活化稀土尾矿催化剂 N_2 选择性

钠长岩和角闪石组成，其中赤铁矿、氟碳铈矿、磁铁矿、铁白云石中均含有催化脱硝的活性元素铁和铈。由图 2-29（b）可知，18 组正交试验中催化剂的物质分散度有很大区别，其中，1 号催化剂、2 号催化剂、4 号催化剂、5 号催化剂、9 号催化剂、10 号催化剂、11 号催化剂、13 号催化剂、15 号催化剂、16 号催化剂和 17 号催化剂中物质的分散度明显低于 3 号催化剂、6 号催化剂、8 号催化剂、14 号催化剂和 18 号催化剂中物质的分散度。结合脱硝效率结果，发现活化催化剂中矿物分散度与脱硝效率有很好的负相关性，因此，依据脱硝效率的划分，可以将活化稀土尾矿催化剂的物相组成情况划分为三类，分散度好的催化剂：3 号催化剂、6 号催化剂、8 号催化剂、14 号催化剂和 18 号催化剂；分散度较好的催

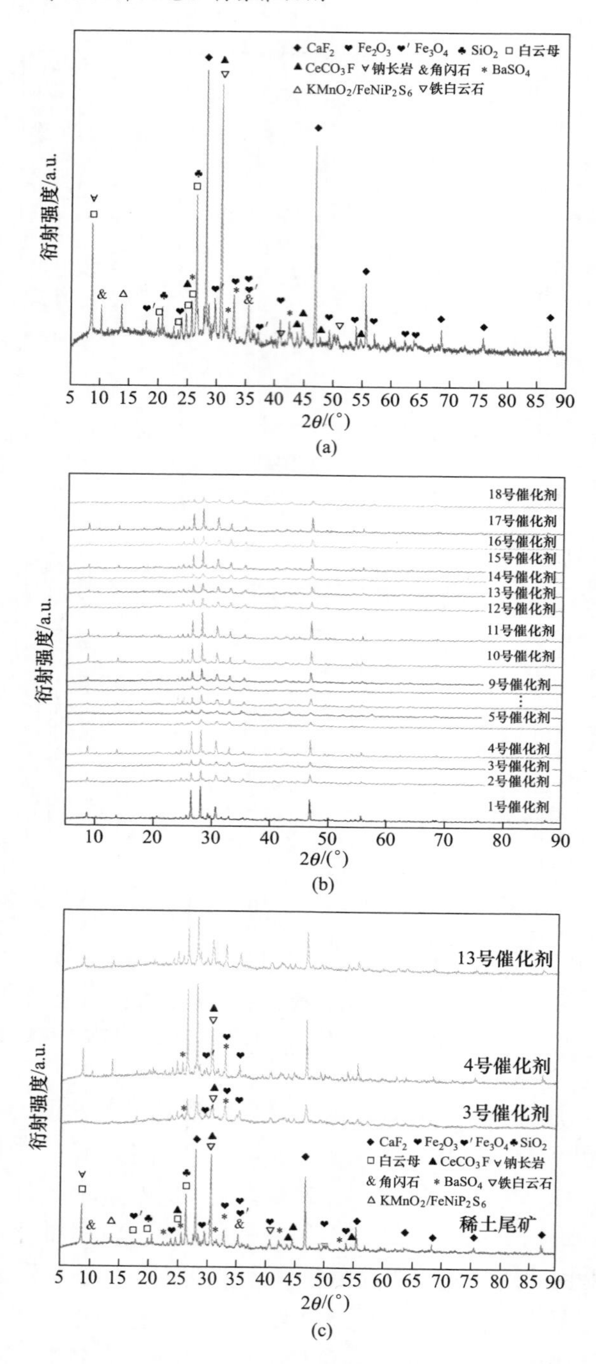

扫一扫看更清楚

图 2-29　稀土尾矿及活化稀土尾矿催化剂的物相组成

（a）稀土尾矿物相组成；（b）18 组正交试验中催化剂物相组成；（c）稀土尾矿，3 号、4 号和 13 号催化剂物相组成

化剂：2 号催化剂、5 号催化剂、9 号催化剂、12 号催化剂、13 号催化剂、15 号催化剂和 16 号催化剂；分散度差的催化剂：1 号催化剂、4 号催化剂、7 号催化剂、10 号催化剂和 11 号催化剂。从图 2-29（c）中可以清楚地看到不同催化剂中矿物的分散度。物相组成结果表面矿物分散度直接影响催化剂的脱硝效率，矿物分散度越高，活性越低，可能的原因是稀土尾矿中 Ca、Ba、Si 等非活性元素矿物的含量高于 Fe、Ce 活性元素矿物的含量，在机械力活化过程中，所有矿物的粒度同时减小，尽管会提高催化剂的比表面积，但是含有非活性元素的矿物会覆盖含有活性元素的矿物，导致含有 Fe、Ce 活性元素的矿物不能充分暴露，降低催化脱硝活性。

2.3.2.2 催化剂表面形貌结果与分析

根据稀土尾矿及活化稀土尾矿催化剂的脱硝效率和物相组成实验结果，选择稀土尾矿、分散度差的 4 号催化剂、分散度好的 13 号催化剂和分散度较好的 3 号催化剂进行其他性能的分析。图 2-30 为稀土尾矿及活化稀土尾矿催化剂的微观形貌及其元素分布。由图 2-30（a）可知，未活化的稀土尾矿表面形貌呈现不规则的多面体型，颗粒大部分在 10～40μm 范围内，主要由铁矿物、萤石矿物和石英矿物组成，其中，石英矿物分散度最高。由图 2-30（b）可知，在球料比 20∶1、球直径比 1∶3∶5、转子转速 900r/min、球磨时间 2h 的机械力活化和微波焙烧功率 1100W、微波焙烧温度 350℃、微波焙烧时间 35min 活化后，稀土尾矿颗粒明显减小，大部分颗粒为 2～3μm；但是催化剂表面只有 Ca、Si、Al、K 元素，没有 Fe、Ce 活性元素，原因是含有 Ca、Si、Al、K 等元素的矿物占比较大，覆盖了含有 Fe、Ce 元素的矿物。尽管矿物的分散度很好，但是 Fe、Ce 活性元素的暴露度太低，导致其脱硝效率只有 18%。由图 2-30（c）可知，在球料比 10∶1、球直径比 1∶3∶5、转子转速 300r/min、球磨时间 8h 的机械力活化和微波焙烧功率 700W、微波焙烧温度 150℃、微波焙烧时间 35min 活化后，稀土尾矿颗粒明显减小，大部分颗粒为 2～4μm；催化剂表面有 Fe、Ca、Si、O 元素，没有 Ce 活性元素，尽管矿物的分散度很好，但是 Fe、Ce 活性元素的暴露度仍然较低，脱硝效率为 29%，较 3 号催化剂有提升。对比 3 号催化剂和 13 号催化剂可知，矿物的颗粒尺寸并不是越小越好。由图 2-30（d）可知，在球料比 1∶1、球直径比 5∶3∶1、转子转速 300r/min、球磨时间 8h 的机械力活化和微波焙烧功率 1100W、微波焙烧温度 350℃、微波焙烧时间 35min 活化后，稀土尾矿颗粒减小，大部分颗粒为 5～15μm；矿物表面有 Fe、Ca、Si、F、O 元素，没有 Ce 活性元素，含有 Fe 元素的活性矿物具有一定的暴露度，但其分散度并不是很好，催化剂的脱硝效率可以达到 46%，说明活性元素的暴露程度是影响脱硝效率很重要的因素。

2.3.2.3 催化剂孔结构性能结果与分析

稀土尾矿、3 号催化剂、4 号催化剂和 13 号催化剂的比表面积分别为

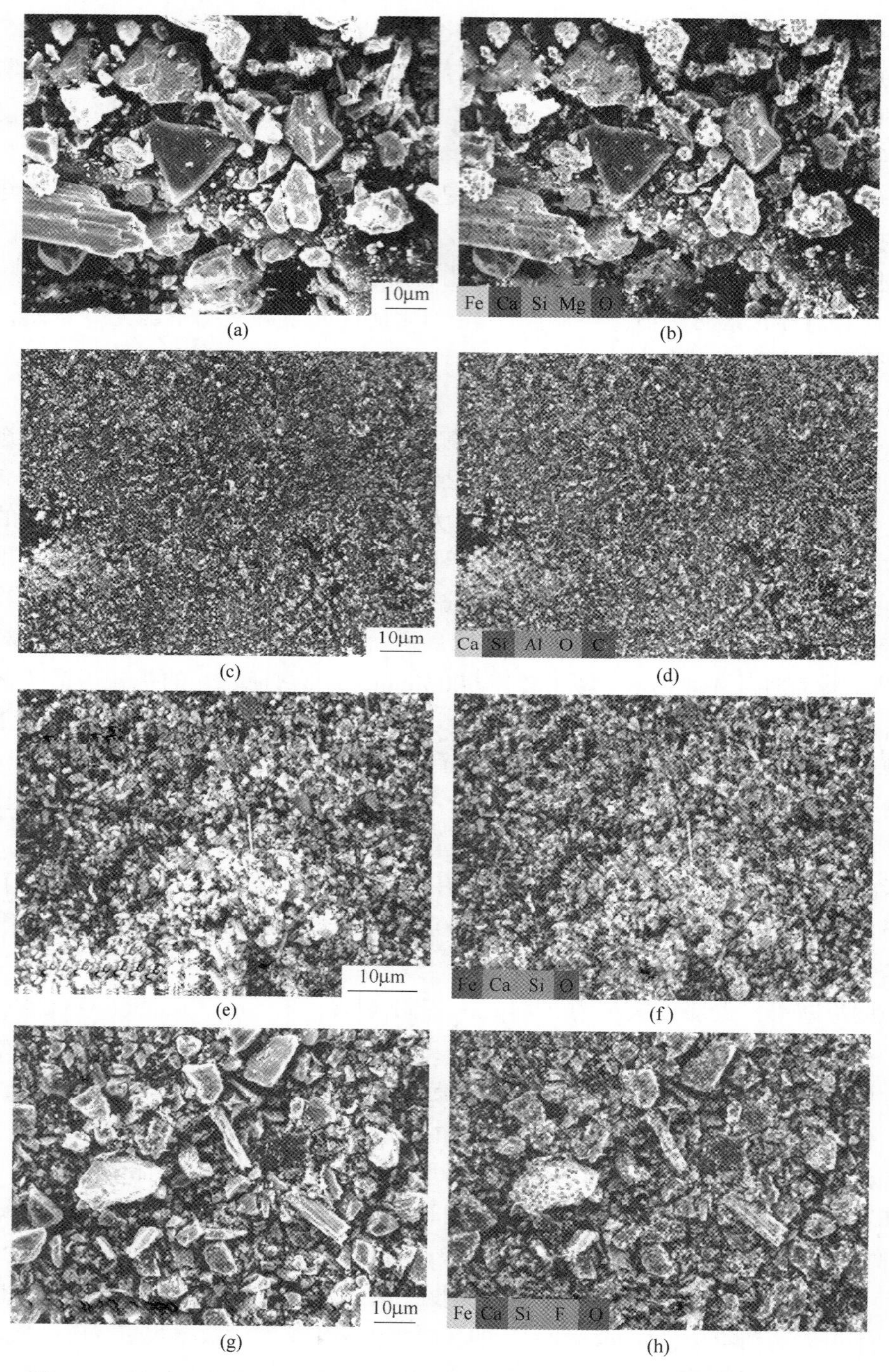

图 2-30　稀土尾矿及机械力微波活化稀土尾矿催化剂的表面形貌及其 EDS 能谱
（a）（b）稀土尾矿；（c）（d）3 号催化剂；（e）（f）13 号催化剂；（g）（h）4 号催化剂

0.041m²/g、12.1m²/g、1.8m²/g 和 5.7m²/g，对应的平均孔径分别为 15.6nm、22.2nm、11.8nm 和 24.4nm，经机械力-微波活化后，催化剂的比表面积提高。随着球磨时间的增长，球料比的增大，转子转速的增高，催化剂的比表面积增大。结合脱硝性能实验结果，比表面积和孔结构对脱硝活性的影响小于活性元素暴露度的影响。图 2-31 所示为稀土尾矿、3 号催化剂、4 号催化剂和 13 号催化剂的氮气吸脱附等温曲线，插图是催化剂 BJH 孔径分布，由图可知，氮气吸脱附等温曲线形状属于Ⅳ型，说明催化剂属于介孔结构，主要是稀土尾矿自身形成及活化过程中形成的固体内的孔、通道或团聚颗粒的空间。氮气吸脱附等温曲线的迟滞回线属于 H_3 型迟滞回线，说明催化剂是具有裂隙型孔形的介孔材料。由孔径分布图可知，催化剂均存在大量的介孔和部分的大孔。

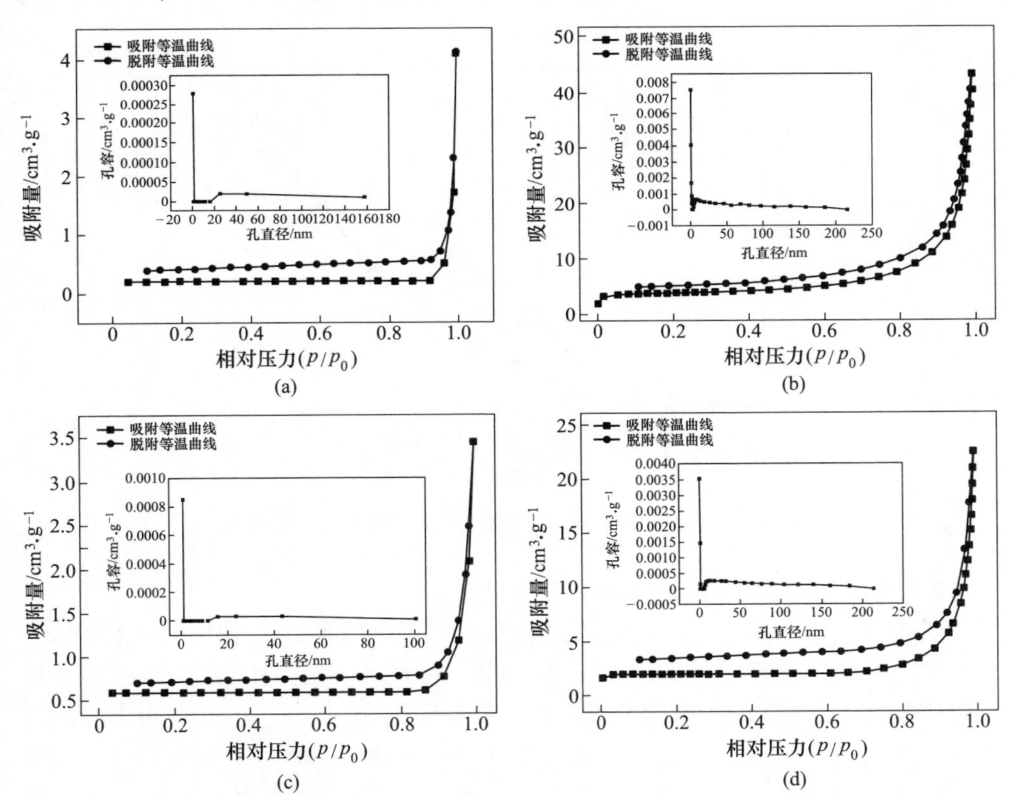

图 2-31 稀土尾矿及活化稀土尾矿催化剂的 N_2 吸脱附等温线和孔径分布

(a) 稀土尾矿；(b) 3 号催化剂；(c) 4 号催化剂；(d) 13 号催化剂

2.3.2.4 催化剂氧化还原性能结果与分析

图 2-32 所示为稀土尾矿、3 号催化剂、4 号催化剂和 13 号催化剂表面氧化还原性能图。据报道，Fe_2O_3 在程序升温还原过程中出现 3 个还原峰，分别对应

Fe_2O_3 表面氧还原峰、Fe_2O_3 向 Fe_3O_4 转化的还原峰和 Fe_3O_4 向 FeO 转化的还原峰。CeO_2 向 Ce_2O_3 转化的还原峰出现在 300～550℃温度范围内。由图 2-32 可知，稀土尾矿在整个程序升温还原过程中出现 3 个还原峰，510℃对应 Fe_2O_3 的表面氧还原峰或者是 CeO_2 向 Ce_2O_3 转化的还原峰，590℃对应 Fe_2O_3 向 Fe_3O_4 转化的还原峰，735℃对应 Fe_3O_4 向 FeO 转化的还原峰，但是因稀土尾矿中的矿物种类较多，某一位置的还原峰有可能是多种物质同时作用的结果。3 号催化剂和 13 号催化剂均出现赤铁矿（Fe_2O_3）表面氧还原峰或者是 CeO_2 向 Ce_2O_3 转化的还原峰和 Fe_3O_4 向 FeO 转化的还原峰，但是没有出现 Fe_2O_3 向 Fe_3O_4 转化的还原峰。4 号催化剂出现 3 个还原峰，且峰面积均高于未活化稀土尾矿的 3 个还原峰面积，说明赤铁矿对脱硝活性有很重要的影响，赤铁矿暴露越多，脱硝活性越高，结果与物相组成结果相吻合。

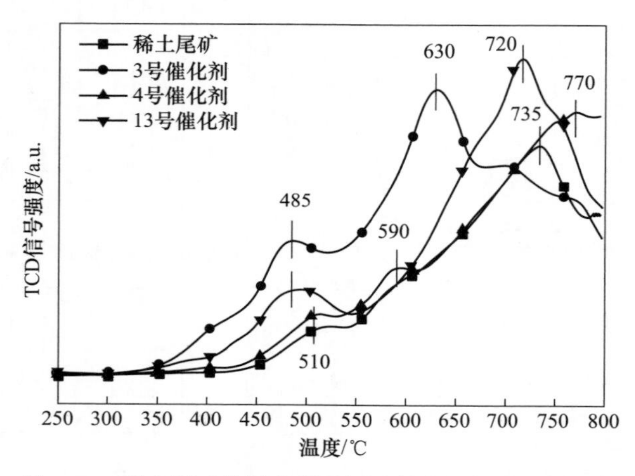

图 2-32　稀土尾矿及活化稀土尾矿催化剂氧化还原性能

2.3.2.5　催化剂表面酸性位结果与分析

图 2-33 所示为稀土尾矿、3 号催化剂、4 号催化剂和 13 号催化剂表面酸活性中心种类及其分布图。由图 2-33 可知，100～500℃温度范围内的 NH_3 脱附峰均可以拟合为 3 个脱附峰，脱附峰的峰值温度分别记为 T_1、T_2 和 T_3，对应峰面积分别记为 S_1、S_2 和 S_3，脱附峰峰值温度分别位于 140～160℃、320～350℃和 460～480℃温度范围内，可分别归属于 B 酸弱酸中心、L 酸中强酸中心和 L 酸强酸中心。由表 2-7 可知，活化稀土尾矿催化剂表面的酸性中心数量均高于未活化稀土尾矿催化剂，3 号催化剂增加最明显，但是 3 号催化剂的脱硝活性提升并不是最明显的。进一步分析 3 个脱附峰面积发现，4 号催化剂的 3 类酸活性中心分布最均匀，且 L 酸的强吸附表现最明显，说明弱酸、中强酸和强酸活性中心均匀分布有利于脱硝反应。

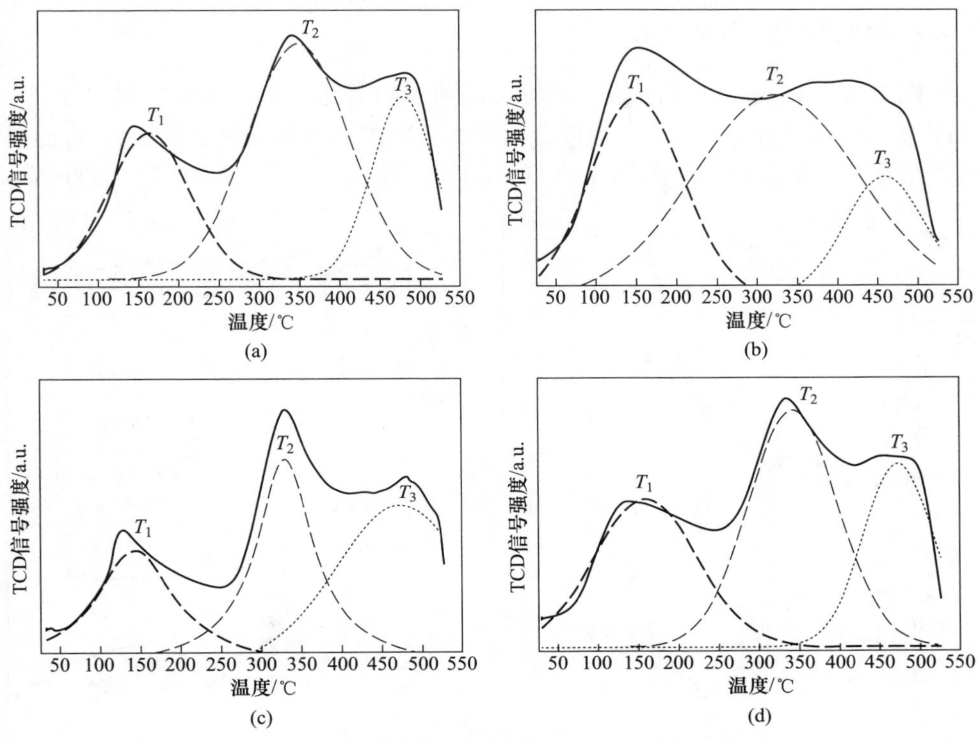

图 2-33 稀土尾矿及活化稀土尾矿催化剂表面酸性位种类及分布

(a) 稀土尾矿；(b) 3 号催化剂；(c) 4 号催化剂；(d) 13 号催化剂

表 2-7 稀土尾矿及活化稀土尾矿催化剂表面酸性位种类定量分析

催化剂	峰值温度/℃			峰面积/a. u.		
	T_1	T_2	T_3	S_1	S_2	S_3
稀土尾矿	159	253	477	216	432	209
3 号催化剂	147	316	464	578	1021	303
4 号催化剂	137	327	473	226	291	350
13 号催化剂	159	338	474	373	515	103

2.4 机械力-硫酸联合活化稀土尾矿

为了进一步提升催化剂的脱硝效率，本节探究了机械力-硫酸联合活化对稀土尾矿催化剂脱硝性能的影响。

2.4.1　活化催化剂脱硝性能

图 2-34（a）和（b）所示为 300r/min 机械力活化、300r/min 机械力分别与 6mol/L、8mol/L 和 12mol/L 硫酸联合活化稀土尾矿催化剂的脱硝活性和 N_2 选择性随温度的变化曲线；图 2-34（c）和（d）为 600r/min 机械力活化、600r/min

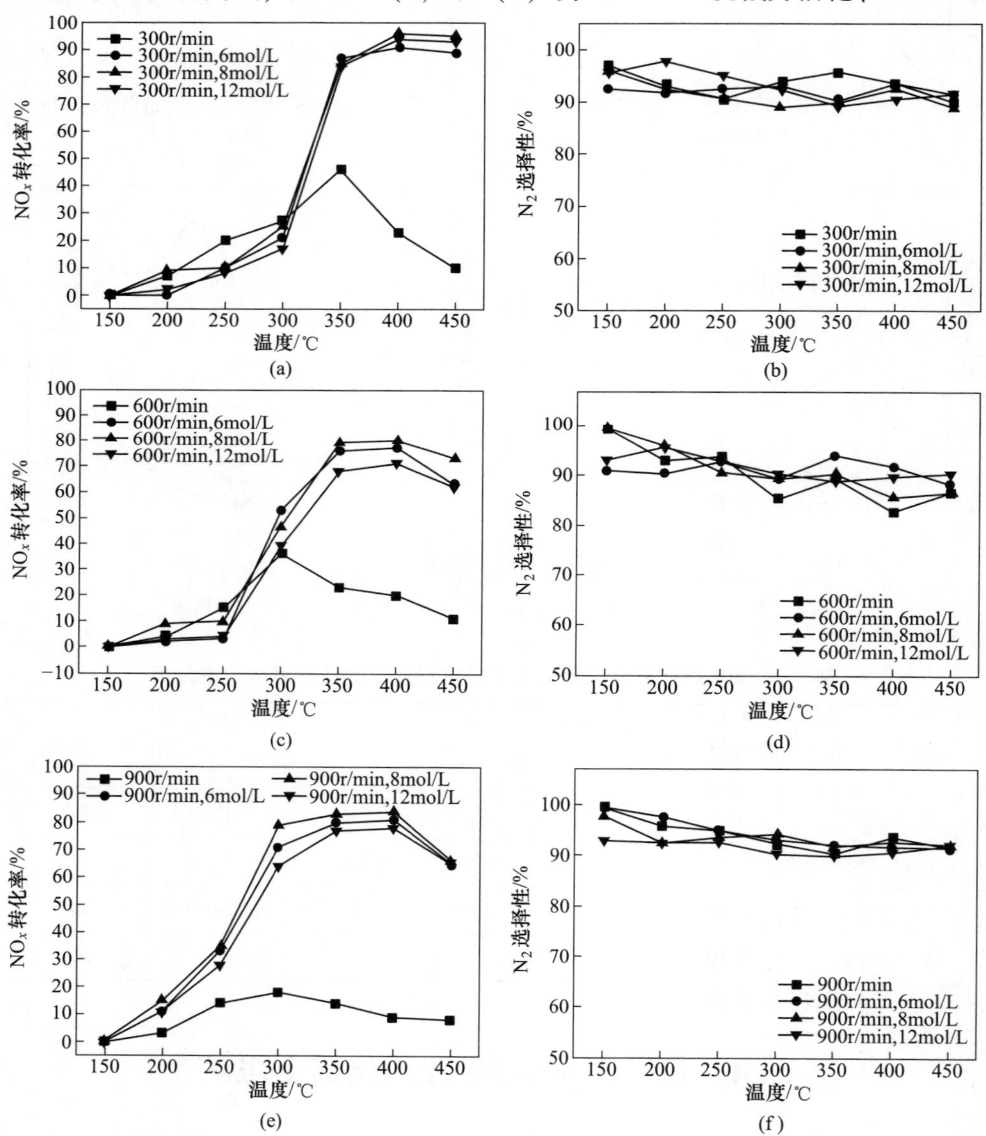

图 2-34　机械力活化稀土尾矿及联合活化稀土尾矿催化剂脱硝性能

（a）（c）（e）催化剂 NO_x 转化率；（b）（d）（f）催化剂 N_2 选择性

机械力分别与 6mol/L、8mol/L 和 12mol/L 硫酸联合活化稀土尾矿催化剂的脱硝活性和 N_2选择性随温度的变化曲线；图 2-34（e）和（f）所示为 900r/min 机械力活化、900r/min 机械力分别与 6mol/L、8mol/L 和 12mol/L 硫酸联合活化稀土尾矿催化剂的脱硝活性和 N_2 选择性随温度的变化曲线。由图 2-34 可知，脱硝活性最优的联合参数是机械力转子转速 300r/min 与硫酸浓度 8mol/L 联合，在350~450℃温度区间内脱硝效率最高可达 96%。600r/min 机械力与硫酸联合活化的稀土尾矿催化剂在 350~450℃的温度区间内脱硝效率最高为 80%。900r/min 机械力与硫酸联合活化的稀土尾矿催化剂在 300~450℃温度区间内脱硝效率最高为 84%，虽然温度窗口向低温拖宽 50℃，但其脱硝效率并未提升。由图 2-34（b）（d）和（f）可知，联合活化稀土尾矿催化剂具有较好的 N_2 选择性，在整个反应温度区间内，N_2 选择性在 80%以上。

2.4.2 活化催化剂表征

2.4.2.1 催化剂物相组成结果及分析

图 2-35 所示为稀土尾矿及机械力硫酸联合活化稀土尾矿催化剂的物相组成图。图 2-35（a）分别为 300r/min 机械力与不同浓度硫酸联合活化稀土尾矿催化剂的物相组成图。由图 2-35（a）可知，300r/min 机械力与 8mol/L 硫酸联合活化稀土尾矿催化剂未发现 $Fe_2(SO_4)_3$的衍射峰，结合硫酸单独活化稀土尾矿催化剂实验结果可知，硫酸与含铁矿物反应生成 $Fe_2(SO_4)_3$，而联合活化稀土尾矿催化剂中未发现 $Fe_2(SO_4)_3$ 的衍射峰，可能的原因是机械力-硫酸联合活化稀土尾矿催化剂中 $Fe_2(SO_4)_3$高度分散在催化剂表面。随着硫酸浓度的增加，联合活化稀土尾矿催化剂中 $CaSO_4$ 的衍射峰增多，且晶型更成熟，CaF_2 的衍射峰变弱，12mol/L 联合活化稀土尾矿催化剂中 CaF_2 的衍射峰消失，出现了很强的 $CaSO_4$ 衍射峰，可能的原因是硫酸与萤石反应生成的 $CaSO_4$ 覆盖在萤石表面，或者是硫酸与萤石充分反应导致萤石剩余量较少。结合机械力单独活化实验结果可知，300r/min 的机械力活化稀土尾矿催化剂表面 Fe 元素的暴露度较高，联合活化过程硫酸与含铁矿物反应较充分，当硫酸浓度增加时，有更多的硫酸与含钙矿物发生反应生成硫酸钙，但是其衍射峰尖锐，说明其在催化剂表面分散度不如 Fe_2O_3 和 $Fe_2(SO_4)_3$ 的分散度高，这可能是 300r/min 机械力与不同浓度硫酸联合活化后稀土尾矿催化剂脱硝效率均较高的原因。

图 2-35（b）所示分别为 8mol/L 硫酸与不同转子转速的机械力联合活化稀土尾矿催化剂的物相组成图。由图 2-35（b）可知，300r/min 机械力与 8mol/L 硫酸联合活化的稀土尾矿催化剂相比其他两组联合活化的稀土尾矿催化剂中 CaF_2 的衍射峰更尖锐，$CaSO_4$ 的衍射峰更低，可能的原因是 300r/min 机械力与浓度为 8mol/L 硫酸联合活化过程中硫酸与含钙矿物反应较少，与含铁矿物反应

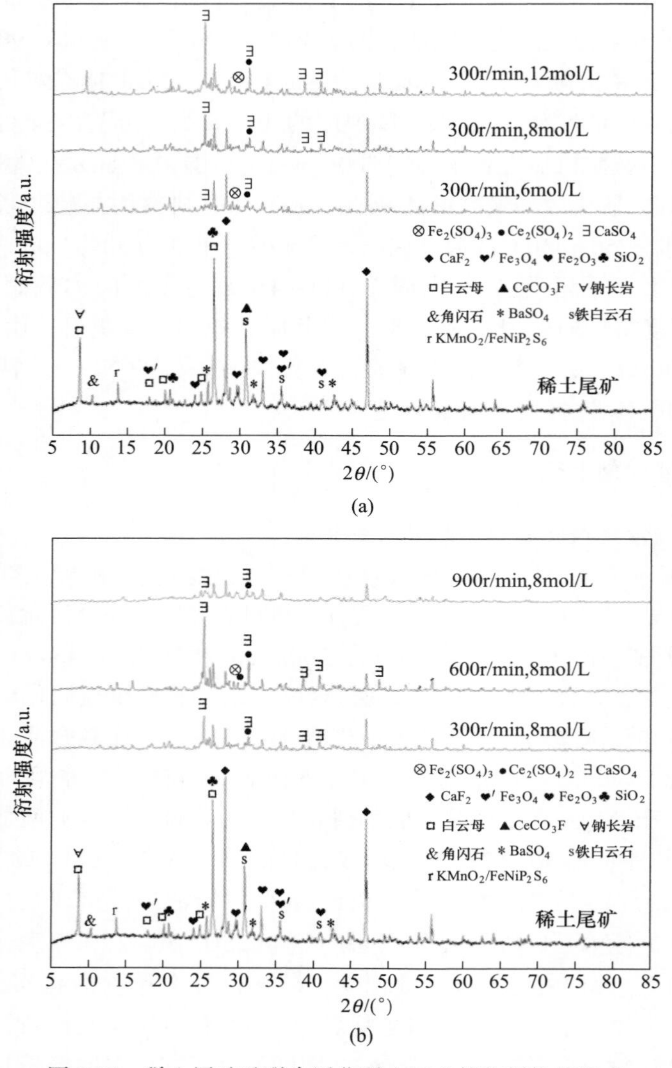

图 2-35 稀土尾矿及联合活化稀土尾矿催化剂物相组成

（a）300r/min 机械力与不同浓度硫酸联合活化；（b）8mol/L 硫酸与不同转子转速联合活化

较充分，活性组分的暴露度和分散度较高；600r/min 机械力与 8mol/L 硫酸联合活化的稀土尾矿催化剂中 CaF_2 的衍射峰较低，$CaSO_4$ 的衍射峰变高，说明 600r/min 机械力与 8mol/L 硫酸联合活化后生成了更多的 $CaSO_4$。900r/min 机械力与 8mol/L 硫酸联合活化的稀土尾矿催化剂中所有物质的衍射峰都很低，分散度很好，但是其脱硝活性相对较低，说明虽然 Fe、Ce 等活性组分分散度很好，但 $CaSO_4$ 等非活性组分分散度也很好，很可能造成活性组分占比很少甚至被覆盖的情况。

2.4.2.2　催化剂表面形貌结果与分析

图2-36（a）（c）和（e）所示分别为300r/min机械力与6mol/L、8mol/L和12mol/L硫酸联合活化稀土尾矿催化剂的微观形貌，图2-36（b）（d）和（f）分

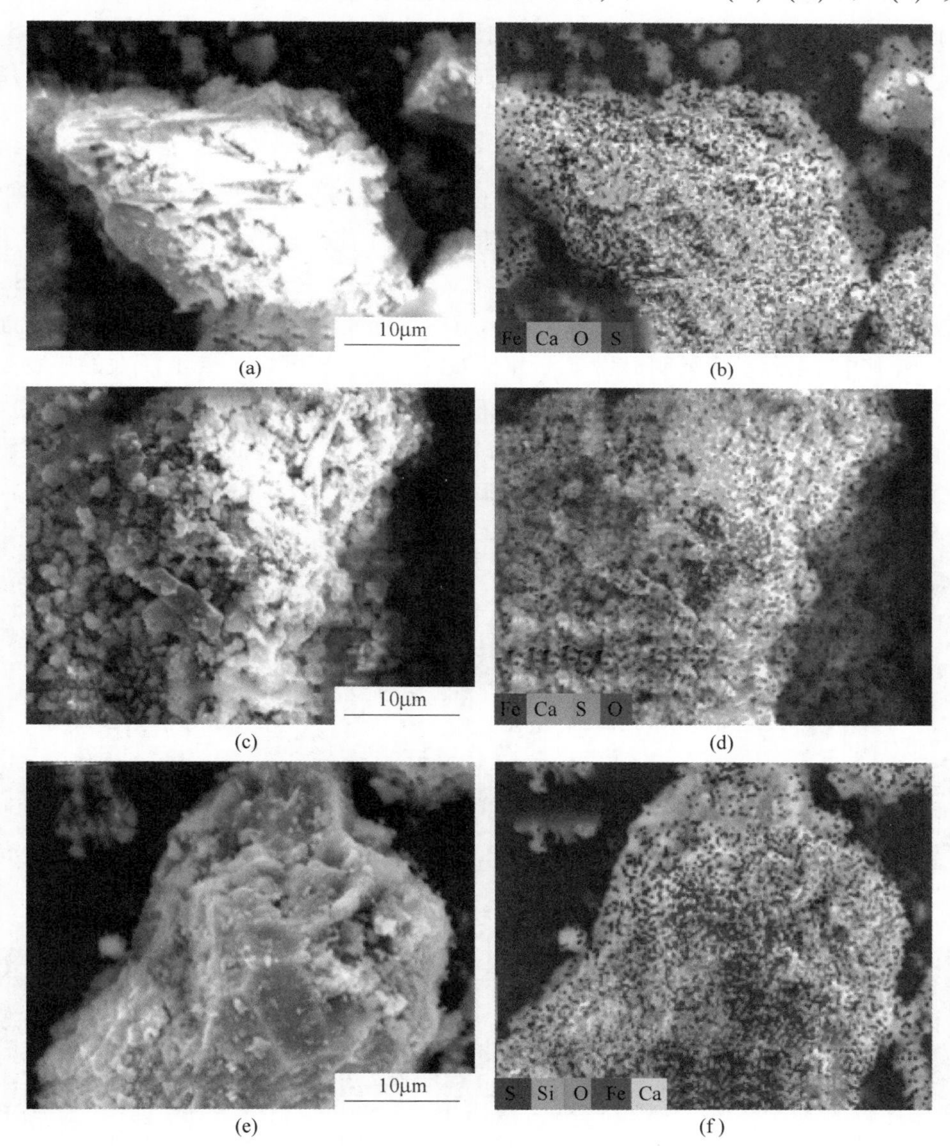

(a)　(b)　(c)　(d)　(e)　(f)

图2-36　300r/min机械力与不同浓度硫酸联合活化稀土尾矿催化剂表面形貌及EDS能谱
（a）（b）300r/min与6mol/L硫酸联合活化；（c）（d）300r/min与8mol/L硫酸联合活化；（e）（f）300r/min与12mol/L硫酸联合活化

别为图 2-36（a）（c）和（e）的 EDS 能谱。由图 2-36（a）（c）和（e）可知，300r/min 机械力与不同浓度硫酸联合活化后催化剂颗粒粒径大概在 15~20μm 范围内，且呈不规则多面体状，催化剂表面出现较多的 1~2μm 的球型粗糙小颗粒，300r/min 机械力与 8mol/L 和 12mol/L 硫酸联合活化的稀土尾矿催化剂更加明显。由图 2-36（b）（d）和（f）可知，催化剂表面的粗糙小颗粒基本是含有 Fe、S、Ca 和 O 元素的物质，且 Fe 元素的暴露程度和分散程度高于机械力活化的稀土尾矿催化剂，含有 Fe 元素的活性组分可能是 Fe_2O_3 与 $Fe_2(SO_4)_3$ 中的一种或者两种，这可能是其脱硝效率较高的原因。

图 2-37 为 300r/min 机械力与 8mol/L 硫酸联合活化稀土尾矿催化剂的表面形貌及 EDS 能谱图，其中点 1、2、3 为 EDS 的 3 个能谱点，点扫描结果中各原子百分比列于表 2-8 中，点 1 中主要包含 Ca、O、S 元素，还包含微量的 Fe、Si、Mg 元素，点 2 和 3 中主要包含 Fe、Ca、O、S 元素，还包含微量的 Si、Mg 元素，且其中 Fe 元素含量明显增多。由图 2-37 和表 2-8 可知，点 1 所在的矿物是一块含钙矿物，矿物周围布满了小颗粒，由点 2 和 3 可知，小颗粒大多是含铁和含钙的硫酸盐，经过机械力-硫酸联合活化后催化剂颗粒表面出现了沟痕，推测是矿物颗粒与硫酸发生反应后，由于机械力的作用使其表面的硫酸盐脱落分散后

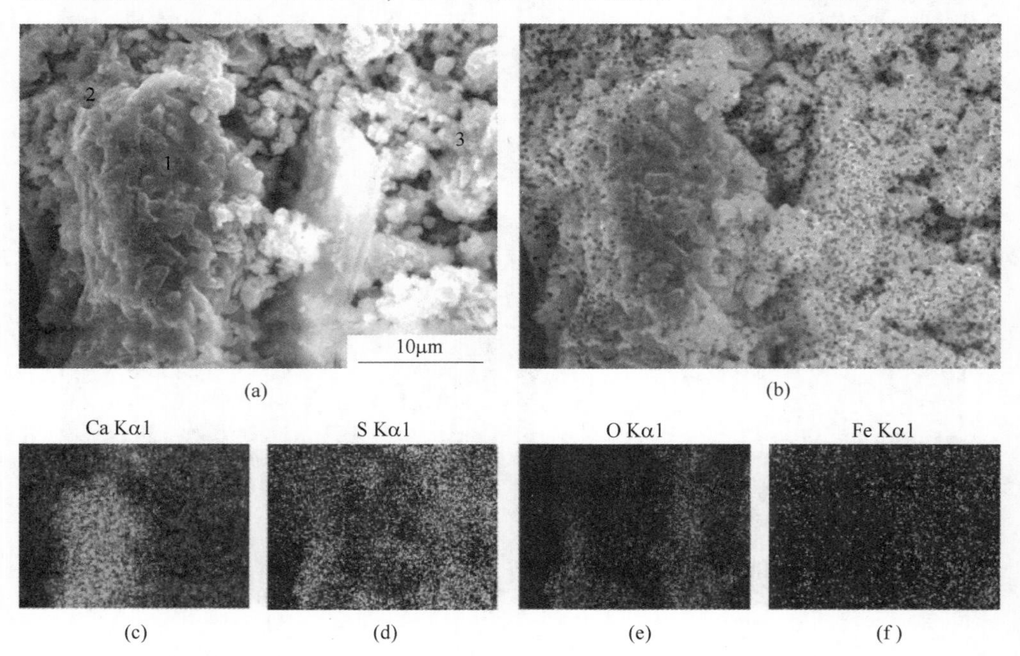

图 2-37　脱硝活性最优参数联合活化稀土尾矿催化剂表面形貌及 EDS 能谱

（a）最优参数联合活化稀土尾矿催化剂表面形貌；（b）最优参数联合活化稀土尾矿催化剂 EDS 能谱；（c）Ca 元素能谱；（d）S 元素能谱；（e）O 元素能谱；（f）Fe 元素能谱

留下的沟痕，说明合适的机械力参数可以强化硫酸活化催化剂的效果，使其分散度增加，从而提升脱硝活性。

表 2-8 机械力-硫酸活化稀土尾矿催化剂表面元素的 EDS 能谱原子百分比 （%）

点	Fe	Ca	O	S	Si	Mg
1	0.4	23.74	66.2	8.2	0.89	0.58
2	6.89	26.6	44.14	19.55	1.58	1.23
3	10.72	19.34	39.79	20.62	7.32	2.21

图 2-38（a）（c）和（e）所示分别为 300r/min、600r/min 和 900r/min 机械力与 8mol/L 硫酸联合活化稀土尾矿催化剂的微观形貌，图 2-38（b）（d）和（f）所示分别为图 2-38（a）（c）和（e）EDS 能谱。由图 2-38（a）和（c）可知，300r/min、600r/min 机械力与 8mol/L 硫酸联合活化后催化剂表面均出现很多 1~2μm 的粗糙小颗粒，由图 2-38（e）可知，900r/min 机械力与 8mol/L 硫酸联合活化稀土尾矿催化剂表面出现更多的絮状颗粒，这与转子转速越高，矿物颗粒尺寸越小的结论不符，推测原因可能是在球磨过程中，随着转速增大，矿物颗粒破碎程度增大，与硫酸反应得更充分，造成颗粒的粘连聚集现象。由图 2-38（b）（d）和（f）可知，300r/min 机械力与 8mol/L 硫酸联合活化稀土尾矿催化剂表面含有 Fe、Ca、O 和 S 元素，600r/min 和 900r/min 机械力与 8mol/L 硫酸联合活化稀土尾矿催化剂表面除了含有 Fe、Ca、O 和 S 元素外，还分别含有 Si 和 Ba 元素。催化剂表面 Fe 元素分散程度均较好，其暴露度的不同可能是导致催化剂脱硝活性不同的原因。

2.4.2.3 催化剂孔结构性能结果与分析

表 2-9 为稀土尾矿、300r/min 机械力与 6mol/L、8mol/L、12mol/L 硫酸联合活化稀土尾矿催化剂以及 600r/min、900r/min 机械力与 8mol/L 硫酸联合活化稀土尾矿催化剂的比表面积及孔结构。由表 2-9 可知，机械力与硫酸联合活化后，稀土尾矿催化剂的比表面积、孔体积和平均孔径均提高。其中，300r/min 机械力与硫酸联合活化的催化剂，随着酸浓度提高，催化剂的比表面积、孔体积和平均孔径增大。8mol/L 硫酸与不同转子转速的机械力联合活化的催化剂，随着转子转速的提高，催化剂的比表面积、孔体积和平均孔径也随之增大，但是提升幅度小于机械力单独活化的催化剂，推测原因可能是在球磨过程中，随着转速的增大，矿物颗粒破碎程度增大，与硫酸反应得更充分，颗粒的粘连聚集现象导致催化剂的比表面积、孔体积和平均孔径提升并不明显。催化剂的比表面积和孔体积与传统载体的比表面积和孔体积相比仍较小，原因是催化剂中含有较多的表面较为光滑平整的不规则多面体颗粒，而细小的球形粗糙颗粒较少。催化剂具有较高

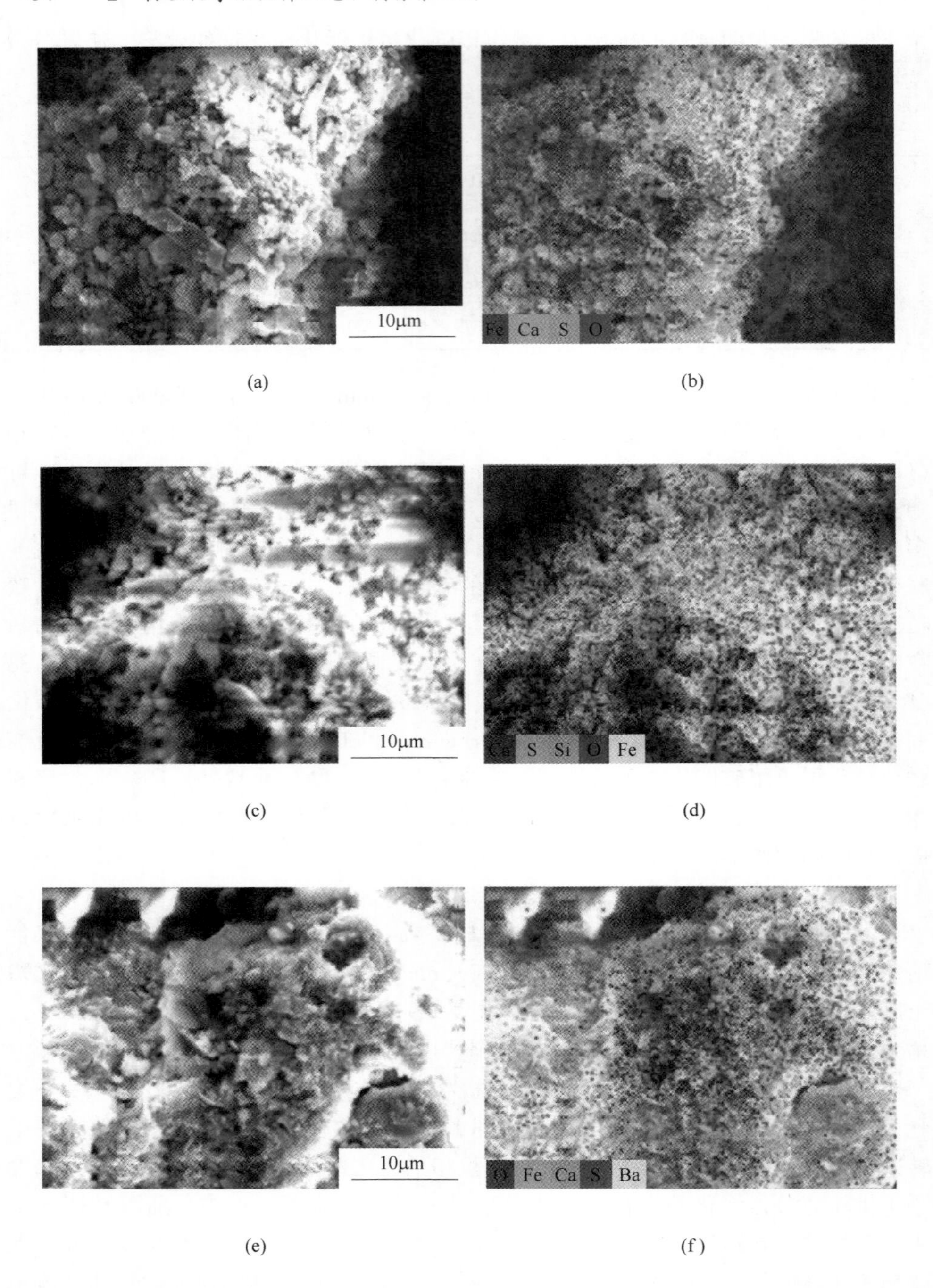

图 2-38　浓度为 8mol/L 的硫酸与不同转子转速的机械力联合活化稀土尾矿表面形貌及 EDS 能谱
(a)(b)300r/min 与 8mol/L 硫酸联合活化；(c)(d)600r/min 与 8mol/L 硫酸联合活化；
(e)(f)900r/min 与 8mol/L 硫酸联合活化

的脱硝效率的原因是其脱硝作用的活性组分是催化剂表面的含有 Fe 元素的细小粗糙球形颗粒，并非催化剂中颗粒较大的不规则多面体颗粒。

表 2-9 联合活化稀土尾矿催化剂比表面积及孔结构特性

催化剂	比表面积 /$m^2 \cdot g^{-1}$	孔体积 /$m^3 \cdot g^{-1}$	平均孔径 /nm
稀土尾矿	0.041	0.0020	15.60
300r/min 机械力与 6mol/L 硫酸活化稀土尾矿	3.11	0.0120	15.25
300r/min 机械力与 8mol/L 硫酸活化稀土尾矿	3.70	0.0151	16.15
300r/min 机械力与 12mol/L 硫酸活化稀土尾矿	3.32	0.0261	31.35
600r/min 机械力与 8mol/L 硫酸活化稀土尾矿	4.32	0.0271	20.32
900r/min 机械力与 8mol/L 硫酸活化稀土尾矿	4.95	0.0368	29.73

300r/min 机械力与 6mol/L、8mol/L 和 12mol/L 硫酸联合活化稀土尾矿催化剂的氮气吸脱附等温曲线形状属于Ⅳ型，说明催化剂属于介孔结构，主要是稀土尾矿自身形成及活化过程中形成的固体内的孔、通道或团聚颗粒的空间。氮气吸脱附等温曲线的迟滞回线属于 H_3 型迟滞回线，说明催化剂是具有裂隙型孔形的介孔材料。由孔径分布图可知，催化剂均存在大量的介孔和部分的大孔。

2.4.2.4 催化剂氧化还原性能结果与分析

图 2-39 所示为机械力-硫酸联合活化稀土尾矿催化剂氧化还原性能图，图 2-39(a) 所示为 300r/min 机械力单独活化以及 300r/min 机械力与 6mol/L、8mol/L 和 12mol/L 的硫酸联合活化稀土尾矿催化剂的氧化还原性能图。由图 2-39（a）可知，机械力和硫酸联合活化稀土尾矿催化剂的还原峰面积比机械力单独活化催化剂的还原峰面积大，说明机械力-硫酸联合活化后催化剂的氧化还原能力提升；三组联合活化催化剂中 300r/min 机械力与 6mol/L 硫酸联合活化的催化剂在 615℃的还原峰归属于硫酸盐还原峰或者 Fe_2O_3 向 Fe_3O_4 转化的还原峰；300r/min 机械力与 8mol/L 硫酸联合活化的催化剂有两个还原峰，615℃的还原峰归属于硫酸盐的还原峰或者 Fe_2O_3 向 Fe_3O_4 转化的还原峰，755℃的还原峰归属于 Fe_3O_4 向 FeO 的转化。300r/min 机械力与 12mol/L 硫酸联合活化的催化剂有两个还原峰，685℃的还原峰归属于硫酸盐的还原峰或者 Fe_2O_3 向 Fe_3O_4 转化的还原峰，785℃的还原峰归属于 Fe_3O_4 向 FeO 的转化，但是相比其他两组催化剂还原峰的出峰温度向高温方向移动。

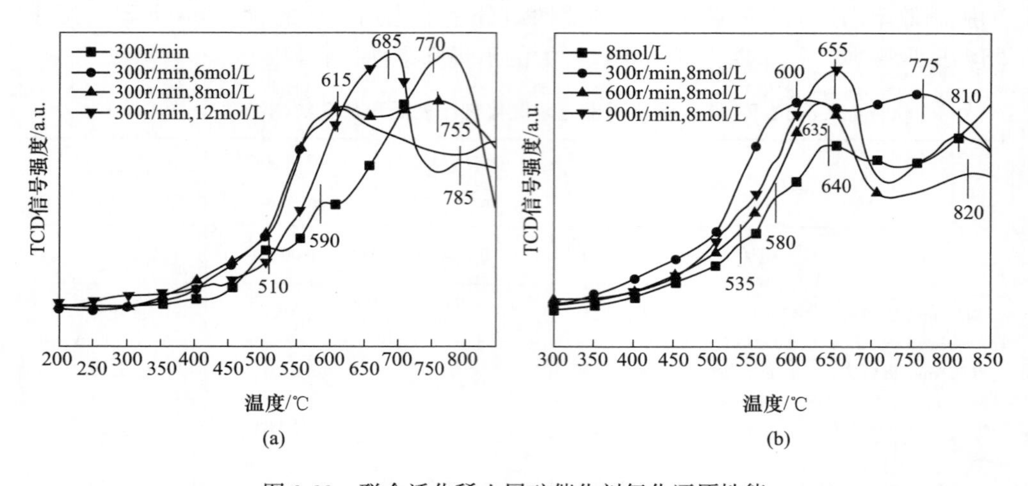

图 2-39　联合活化稀土尾矿催化剂氧化还原性能

（a）300r/min 与不同浓度硫酸联合活化；（b）8mol/L 硫酸与不同转子转速联合活化

图 2-39（b）所示为 8mol/L 硫酸单独活化以及与 300r/min、600r/min、900r/min 机械力联合活化稀土尾矿催化剂的氧化还原性能图。由图 2-39（b）可知，机械力-硫酸联合活化后催化剂的氧化还原能力均有提高，600r/min 和 900r/min 机械力与 8mol/L 的硫酸联合活化催化剂有两个还原峰，635℃和 655℃的还原峰对应硫酸盐的还原峰或者 Fe_2O_3 向 Fe_3O_4 转化的还原峰，810℃和 820℃的还原峰归属于 Fe_3O_4 向 FeO 的转化。综合以上分析可知，催化剂中硫酸铁的还原对脱硝反应有重要影响。

2.4.2.5　催化剂表面酸性位点结果与分析

图 2-40 所示为机械力-硫酸联合活化稀土尾矿催化剂表面酸性位种类与数量图。图 2-40（a）所示为 300r/min 单独机械力活化以及 300r/min 机械力与 6mol/L、8mol/L 和 12mol/L 硫酸联合活化稀土尾矿催化剂表面酸性位种类与数量图。由图 2-40（a）可知，机械力-硫酸联合活化后催化剂表面以 L 酸为主，原因与硫酸单独活化结果相同，且催化剂的 NH_3 脱附峰温度均向高温方向移动。300r/min 与 8mol/L 硫酸联合活化后催化剂表面 L 酸活性位中心数量增加最多，脱硝效率最高。

图 2-40（b）所示为 8mol/L 硫酸单独活化以及与 300r/min、600r/min、900r/min 机械力联合活化稀土尾矿催化剂的表面酸性位种类与数量图。由图 2-40（b）可知，300r/min 机械力、8mol/L 硫酸联合活化后催化剂表面 NH_3 吸附在 B 酸位和 L 酸中强酸位上，NH_3 脱附峰温度较硫酸单独活化催化剂的脱附峰温度向低温方向移动，并且在 L 酸位的 NH_3 吸附量最多。600r/min、900r/min 机械力与 8mol/L 硫酸联合活化后的催化剂表面 NH_3 吸附在 L 酸中强酸位上，NH_3

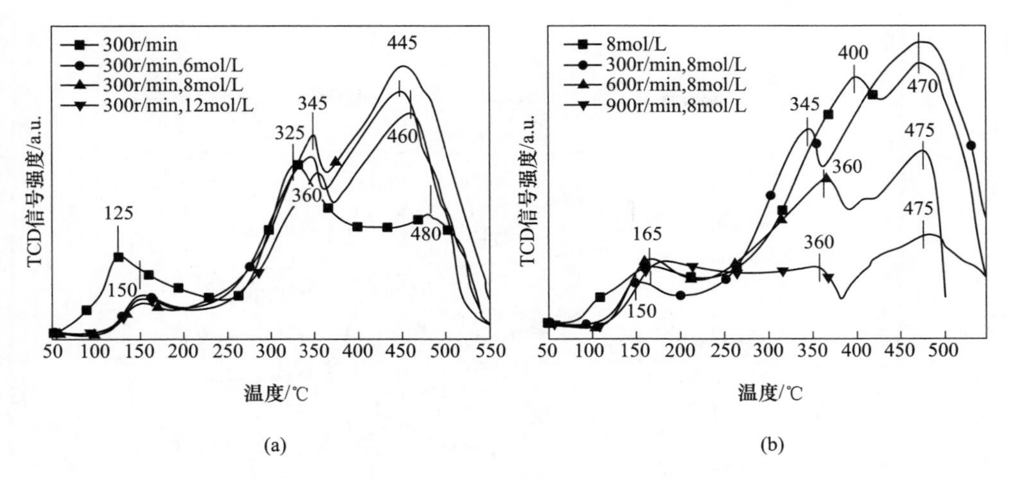

图 2-40 联合活化稀土尾矿催化剂表面酸性位种类与数量

（a）300r/min 与不同浓度硫酸联合活化；（b）8mol/L 硫酸与不同转子转速联合活化

脱附峰温度较硫酸单独活化的脱附峰温度向低温方向移动，但其脱附面积较小，结合微观形貌和物相组成结果分析，可能原因是高强度的机械力活化后，催化剂颗粒变小，催化剂表面存在更多的 $CaSO_4$ 等非活性组分物质导致 NH_3 吸附量变少。

2.4.2.6 催化剂表面元素价态分析

图 2-41 所示为稀土尾矿及联合活化稀土尾矿催化剂的 XPS 光谱图。图 2-41（a）所示为稀土尾矿、300r/min 机械力和 8mol/L 硫酸单独活化以及 300r/min 与不同浓度的硫酸联合活化后催化剂的 Fe 2p XPS 光谱图，Fe $2p_{3/2}$ 及 Fe $2p_{1/2}$ 的两个峰分别出现于 710~715eV 及 717~728eV，由图 2-41（a）可知，经过联合活化后的催化剂结合能均向高能方向偏移，与硫酸单独活化催化剂呈现相同趋势。把 Fe $2p_{3/2}$ 和 Fe $2p_{1/2}$ 分别进行分峰拟合，电子结合能在 727eV 附近的 Fe $2p_{1/2}$ 和电子结合能在 714eV 附近的 Fe $2p_{3/2}$ 为 Fe^{3+}，电子结合能在 724eV 附近的 Fe $2p_{1/2}$ 和电子结合能在 712eV 附近的 Fe $2p_{3/2}$ 为 Fe^{2+}。其分峰结果表明催化剂中的 Fe 元素以 Fe^{2+} 和 Fe^{3+} 的形态共存。通过面积比计算催化剂表面 Fe^{3+}/Fe^{2+} 的浓度比，结果在表 2-10 列出，由表可知，经机械力和硫酸联合活化后 Fe^{3+} 的占比发生明显变化，300r/min 机械力与 8mol/L 硫酸联合活化的催化剂 Fe^{2+} 最多，与 Fe^{3+} 相互转化的空间更大，Fe^{2+} 是元素中间价态，既可以被氧化也可以被还原，增强了催化剂的氧化还原能力，且结合 H_2-TPR 结果也可以看出 300r/min 机械力与 8mol/L 硫酸联合活化的催化剂氧化还原能力最强。

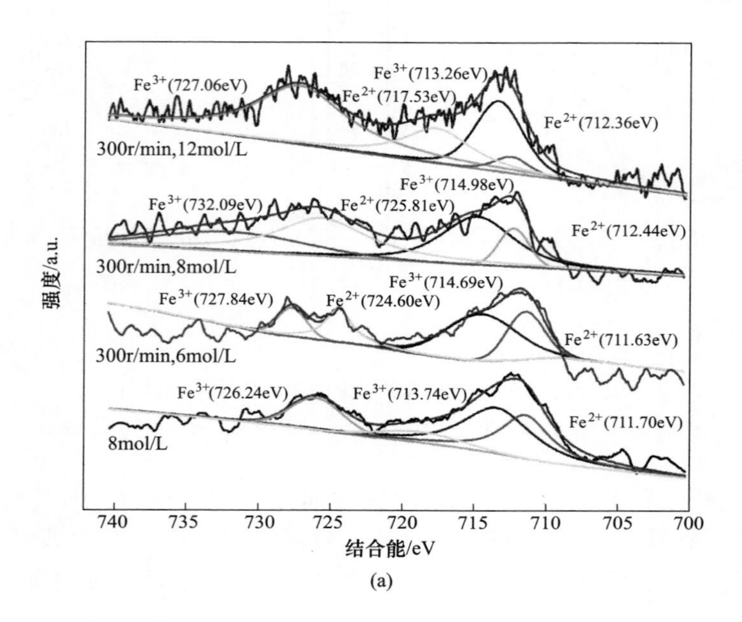

Fe3+(727.06eV)
Fe3+(713.26eV)
Fe2+(717.53eV)
Fe2+(712.36eV)
300r/min,12mol/L
Fe3+(714.98eV)
Fe3+(732.09eV)
Fe2+(725.81eV)
Fe2+(712.44eV)
300r/min,8mol/L
Fe3+(714.69eV)
Fe3+(727.84eV)
Fe2+(724.60eV)
Fe2+(711.63eV)
300r/min,6mol/L
Fe3+(726.24eV)
Fe3+(713.74eV)
Fe2+(711.70eV)
8mol/L
强度/a.u.
740
735
730
725
720
715
710
705
700
结合能/eV

(a)

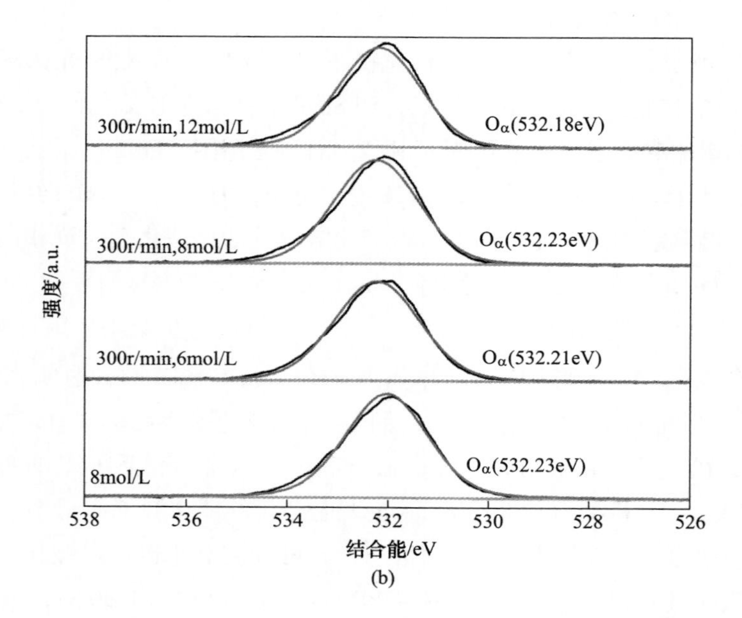

300r/min,12mol/L
Oα(532.18eV)
300r/min,8mol/L
Oα(532.23eV)
300r/min,6mol/L
Oα(532.21eV)
8mol/L
Oα(532.23eV)
强度/a.u.
538
536
534
532
530
528
526
结合能/eV

(b)

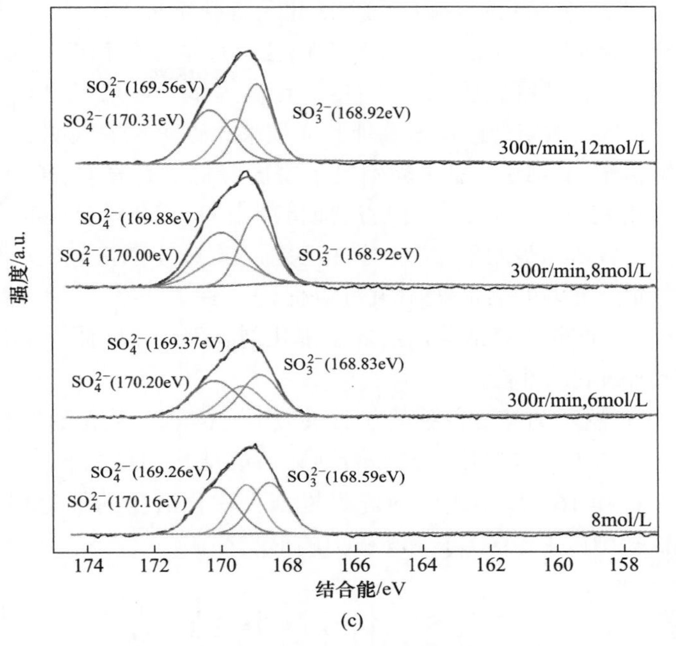

图 2-41　联合活化稀土尾矿表面元素价态分析

（a）Fe 2p 光谱图；（b）O 1s 光谱图；（c）S 2p 光谱图

表 2-10　联合活化稀土尾矿催化剂表面元素的原子浓度　（%）

催化剂	$Fe^{3+}/(Fe^{3+}+Fe^{2+})$	$O_\alpha/(O_\alpha+O_\beta)$	$SO_4^{2-}/(SO_4^{2-}+SO_3^{2-})$
稀土尾矿	55.38	81.81	
300r/min 机械力活化稀土尾矿	59.21	77.69	
8mol/L 硫酸活化稀土尾矿	65.21	100	66.67
300r/min 机械力与 6mol/L 硫酸联合活化稀土尾矿	57.18	100	64.57
300r/min 机械力与 8mol/L 硫酸联合活化稀土尾矿	53.38	100	64.33
300r/min 机械力与 12mol/L 硫酸联合活化稀土尾矿	74.91	100	60.83

图 2-41（b）所示为稀土尾矿、300r/min 机械力和 8mol/L 硫酸单独活化以

及 300r/min 机械力与不同浓度硫酸联合活化后催化剂的 O 1s 光谱图，对联合活化后的催化剂中氧元素的能谱峰进行分峰拟合，每个催化剂的 O 1s 的 XPS 谱图中均至少出现一个特征峰，吸附氧（O_α）含量远多于晶格氧（O_β）。催化剂经联合活化后，催化剂的结合能朝着高能方向偏移，这个现象说明了 O 与其他表面物种之间有相互作用导致 O 原子周围电子密度降低。计算 O_α/O_β的浓度比并列于表 2-10 中，由表可知，联合活化后的催化剂中 O_β特征峰已经很难检测到，在 NH_3-SCR 中，一般认为吸附氧中氧的可移动能力要强于晶格氧，在氧化反应中称为活跃的氧物种，更多的表面吸附氧可以促进“快速 SCR”反应路线并提高低温 NO_x转化率。可推断联合活化后增加了催化剂表面化学吸附氧的浓度，从而提高了脱硝催化剂的脱硝性能。

图 2-41（c）所示为硫酸单独活化及机械力硫酸联合活化的四种催化剂 S 2p 的 XPS 谱图，从图中可以看出，经联合活化后的催化剂都有 SO_4^{2-}和 SO_3^{2-}峰，出峰位置在 170eV 和 168eV 附近，由此可推断，联合活化的催化剂中存在 S^{6+}和 S^{4+}，而其在铁盐中以 $Fe_2(SO_4)_3$和 $FeSO_4$的形式存在。

2.5 本章小结

本章通过各种物理化学手段如将稀土尾矿进行球磨、微波、酸改性等手段制得衍生催化剂，以此来提高稀土尾矿催化剂在高温段对 NO_x 的脱除效果。

（1）微波焙烧产生的热应力破坏了稀土矿物间的包裹关系和嵌套关系，使得稀土尾矿暴露更多的活性位点。但是较高的焙烧温度和较长的焙烧时间会导致稀土尾矿的孔道坍塌，从而减少了气体与活性组分的接触，不利于提高催化剂的脱硝活性；微波功率的增大产生的热应力增强，暴露更多的活性位点提高脱硝效率。微波焙烧的最佳操作条件为焙烧温度 200℃、焙烧时间 20min、焙烧功率 1100W。此条件下焙烧稀土尾矿，催化剂的温度窗口为 400~450℃，在 400℃时催化剂的脱硝效率最佳为 47%。

（2）采用合适的机械力活化参数可一定程度提升稀土尾矿催化剂的脱硝活性，最高可提升 13%，不合适的机械力活化参数会降低稀土尾矿催化剂的脱硝活性，最优机械转子转速为 300r/min。机械力可调控活性矿物组分的分布、粒度、孔结构和分散度，机械力活化后稀土尾矿晶粒尺寸变小，矿物分散度、表面酸性位数量和氧化还原性能均提高，但由于稀土尾矿矿物贫、细、杂的天然属性，晶粒尺寸并不是越小越好。

（3）机械力在一定参数下可以强化硫酸活化效果，机械力-硫酸联合活化在合适的参数下可使催化剂脱硝效率大幅提升，脱硝活性最优的联合活化参数为转子转速为 300r/min 的机械力和浓度为 8mol/L 的硫酸，催化剂在 350~450℃的温度区间内脱硝效率最高可达到96%，且所有联合活化的催化剂均有较高的 N_2 选择性，可达到80%以上。

（4）稀土尾矿催化剂对活化参数的敏感性为：球料比>球磨转速>球磨时间=球直径比>微波焙烧时间=微波焙烧温度=微波焙烧功率，机械力-微波活化最优参数为球磨2h，转子转速300r/min，球料比1∶1，球直径比1∶1∶1，微波焙烧温度250℃，微波焙烧时间20min，微波焙烧功率1100W。机械力-微波活化可大幅提升稀土尾矿催化剂脱硝效率，最高可提升40%。机械力-微波活化可提高稀土尾矿催化剂的比表面积、矿物分散度、表面酸性位数量和氧化还原能力，弱酸、中强酸和强酸活性中心均匀分布有利于脱硝反应。赤铁矿暴露程度越高，越有利于稀土尾矿催化剂脱硝反应过程。

3 元素修饰稀土尾矿制备催化剂

研究发现，过渡金属的掺入可以提升催化剂的脱硝效率，拓宽温度窗口。本章以稀土尾矿为原料添加过渡金属 Cu、Ni、Ce、Co、W 制得衍生催化剂，并对催化剂的物相组成、表面元素价态、氨气的脱附能力和氧化还原能力进行分析。

3.1 Cu 修饰稀土尾矿催化剂及性能

在稀土尾矿中通过水热法添加过渡金属 Cu 制得衍生催化剂，研究其对 NO_x 的脱除效果，以及对催化剂进行表征分析。

3.1.1 催化剂脱硝性能

图 3-1（a）所示为催化剂的脱硝效率测试，图 3-1（b）所示为催化剂的 N_2 选择性表征。由图 3-1 可知，所有的催化剂中对 NO_x 脱除能力最强的是 2. 5%Cu-稀土尾矿催化剂，说明过渡金属 Cu 改性稀土尾矿催化剂可以提高其脱硝效率。2. 5%Cu-稀土尾矿催化剂在 300℃ 的脱硝效率最高可达 75%，同时它的氮气选择性也是优于其他催化剂的。1%Cu-稀土尾矿催化剂脱硝效率在 300℃ 达到 58%，5%Cu-稀土尾矿催化剂的催化活性在 250℃ 达到最高，为 51%。在 200～350℃ 的温度窗口下，2. 5%Cu-稀土尾矿催化剂的催化活性高于 1%Cu-稀土尾矿催化剂和 5%Cu-稀土尾矿催化剂的催化活性。由图 3-1（b）可知，2. 5%Cu-稀土尾矿催化剂的氮气选择性最高，可能是因为过渡金属 Cu 的添加大大提升了催化体系的氧化还原能力。所以添加适量的铜可以有效地提高稀土尾矿的催化活性，扩大温度窗口。但是过渡金属的含量过高则会使其对 NO_x 的脱除能力和氮气选择性下降，5%Cu-稀土尾矿催化剂的氮气选择性出现下降的趋势，这可能是添加过渡金属 Cu 提升催化剂脱硝效率的同时也造成了 NH_3 的氧化。氮气选择性降低说明催化剂对 NH_3 的氧化能力增强，NH_3 与烟气中残存的氧气发生反应生成 NO，进而导致催化剂的活性降低。

3.1.2 催化剂表征

3. 1. 2. 1 催化剂物相组成分析

催化剂的化学组成和结晶形态，如图 3-2 所示。XRD 图中衍射峰的尖锐程度

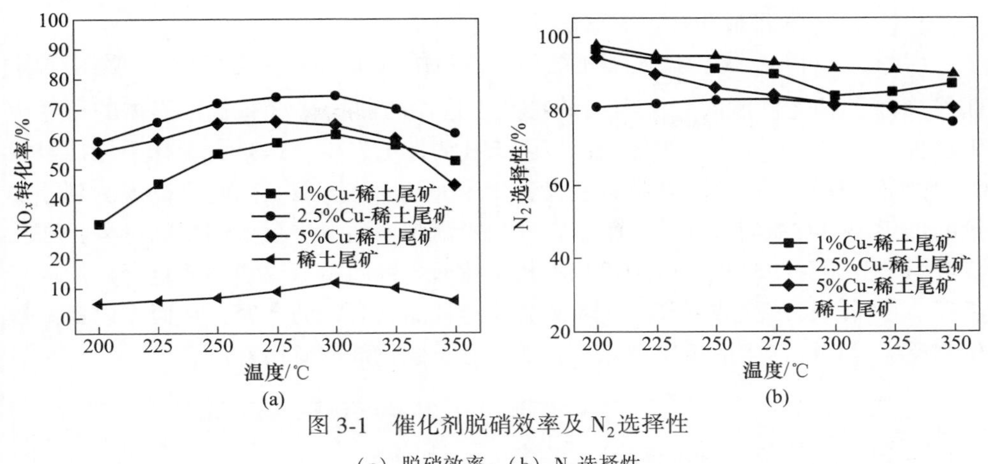

图 3-1　催化剂脱硝效率及 N_2选择性

（a）脱硝效率；（b）N_2选择性

反映了物质的结晶程度，添加过渡金属 Cu 的稀土尾矿催化剂衍射峰变得更加尖锐，说明改性后的催化剂有着较好的结晶度。由图 3-2 可知，在 CaF_2 衍射峰上也检测到了 CuO 的存在，表明铜在稀土尾矿催化剂表面的分散度很好，并没有检测出 $CuFe_2O_4$的衍射峰，这可能是由于制备条件不适宜或其含量较小检测不到。在未添加铜的稀土尾矿催化剂中的 Fe_2O_3 的 XRD 峰值为 $2\theta = 33.42°$，35.867°，而添加铜的催化剂中 Fe_2O_3 的衍射峰上检测出了 CuO 的衍射峰并且 Fe_2O_3 的 XRD 峰值发生了变化，5%Cu-稀土尾矿催化剂 Fe_2O_3 的 XRD 峰值为 $2\theta = 33.17°$，35.611°。可能是因为铜离子与铁离子间发生了协同效应，进而导致晶格畸变，产生了 Cu^{2+}取代 Fe^{2+}的现象。电子可以在铜离子和铁离子之间相互转移，增强了催化剂中活性物质的氧化还原性，进而提高了稀土尾矿催化剂的氧化还原性能。

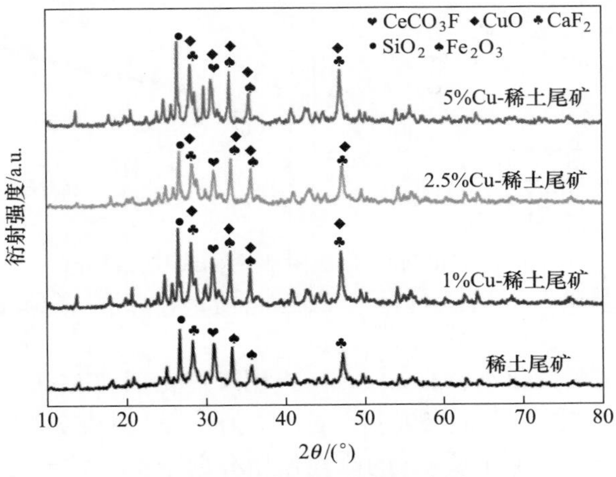

图 3-2　催化剂的物相组成图

3.1.2.2　催化剂孔结构性能分析

由图 3-3 可知，稀土尾矿催化剂和改性后的稀土尾矿催化剂的 N_2 吸附-脱附曲线符合Ⅱ型吸附-脱附等温曲线的特点。这样的曲线特点通常是固体的可逆吸附过程，一般是在少孔性固体表面或者大孔固体上发生。这是由于稀土尾矿经机械力处理后比表面积增加及孔容变大，变为大孔固体颗粒。同时可以观测到添加铜的催化剂中有滞后环，这是由于在环状吸附膜液面上进行毛细凝结过程，在孔口液面上开始脱附过程，两种过程不相同从而导致两条等温线不相重合，形成滞后环。物质疏松多孔或者有均匀粒子会使得样品具有大的孔容，从而可以提高催化剂反应过程中产生的杂质堆积量，从而延长催化剂的使用寿命。

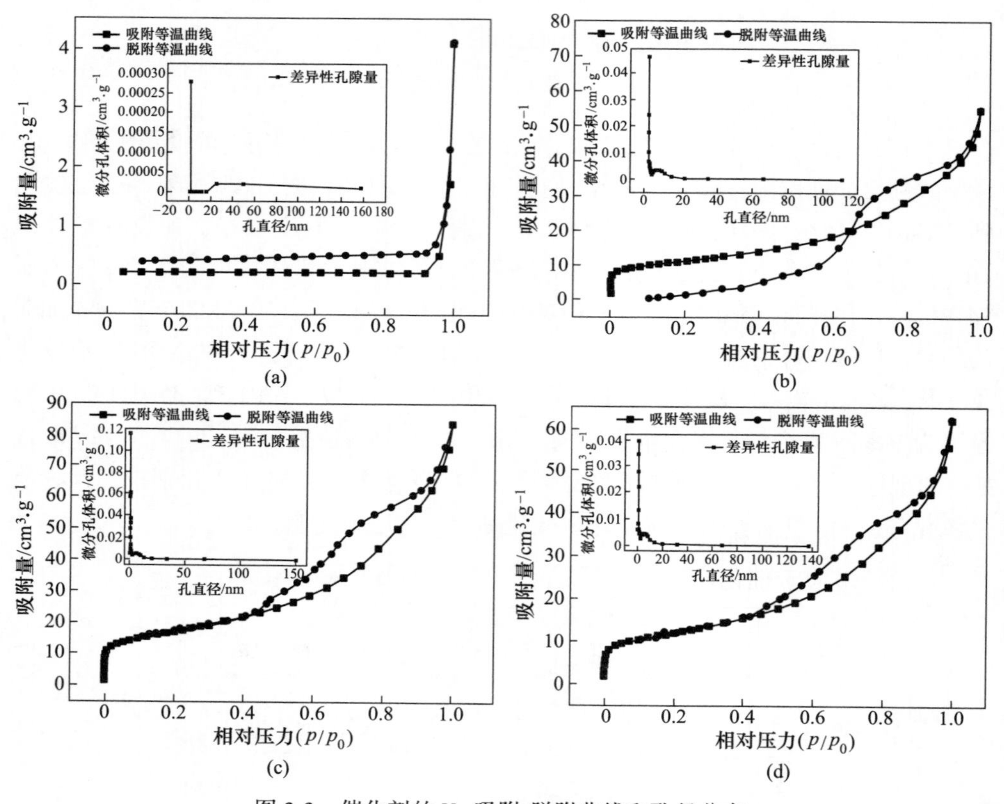

图 3-3　催化剂的 N_2 吸附-脱附曲线和孔径分布

（a）稀土尾矿；（b）1%Cu-稀土尾矿；（c）2.5%Cu-稀土尾矿；（d）5%Cu-稀土尾矿

1%Cu-稀土尾矿催化剂、2.5%Cu-稀土尾矿催化剂和 5%Cu-稀土尾矿催化剂的比表面积分别为 38.1m^2/g、59.7m^2/g、41.1m^2/g，见表 3-1。结果表明，与稀土尾矿催化剂相比，过渡金属 Cu 的改性作用有助于扩大稀土尾矿催化剂的比表面积。催化剂表面活性物质的分散程度与催化剂的比表面积大小程度有关，较大的比表面积可以暴露出更多的催化剂中的活性物种，从而增加了反应温度窗口和催化活性。

表 3-1 催化剂的比表面积、孔容、孔径

催化剂	比表面积/$m^2 \cdot g^{-1}$	孔径/nm	孔容/$cm^3 \cdot g^{-1}$
1%Cu-稀土尾矿	38.1	8.9	0.08
2.5%Cu-稀土尾矿	59.7	8.7	0.13
5%Cu-稀土尾矿	41.1	9.2	0.10
稀土尾矿	20.1	22.2	0.11

然而，5%Cu-稀土尾矿催化剂的比表面积比2.5%Cu-稀土尾矿催化剂略有下降，5%Cu-稀土尾矿催化剂比表面积的下降原因可能是添加的过渡金属Cu较多，使催化剂的孔道结构发生了阻塞，进而导致孔容降低。与1%Cu-稀土尾矿催化剂和5%Cu-稀土尾矿催化剂相比，2.5%Cu-稀土尾矿催化剂表现出更高的NO_x转化率，催化活性的增强可能因为铜和铁之间发生了协同效应。因此，添加铜可以在一定程度上增加比表面积。但比表面积并不是影响催化活性的唯一因素，它还与其他催化性质有关，如还原性、酸度和活性物种的分散程度。

3.1.2.3 催化剂氧化还原性能分析

图3-4所示为四种催化剂H_2-TPR曲线图。由图3-4可知，稀土尾矿催化剂只在785℃处出现了一个还原峰，而三种添加过渡金属Cu的催化剂均在350℃附近出现了还原峰，由于没有其他物质的改变，所以还原峰的位置基本相近，但由于过渡金属Cu添加量不同，导致还原峰的峰面积不同。350℃附近的还原峰归结于$Cu^{2+} \rightarrow Cu^0$的还原和催化剂表面氧（α氧）脱除，在700~900℃的范围内所出现的还原峰对应于催化剂中的铁的还原。催化剂在高温区的脱硝效率主要是由催

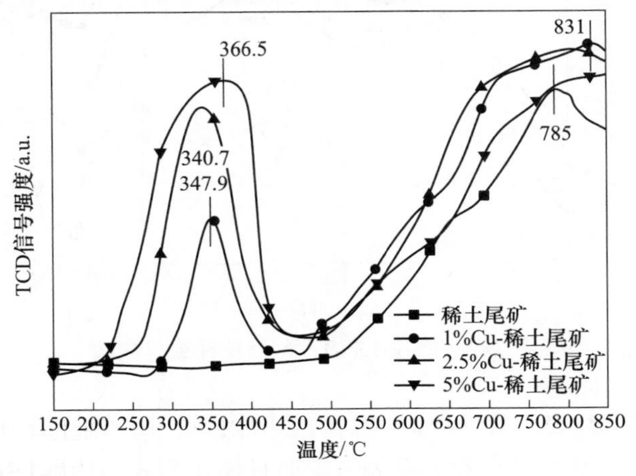

图 3-4 催化剂的氧化还原性能

化剂的酸性位点决定的，而在低温区，由催化剂的还原能力决定其脱硝效率。过渡金属 Cu 对稀土尾矿的改性作用明显提高了催化剂在低温区的氧化还原能力，为稀土尾矿催化剂添加过渡金属 Cu 可以使其 NO_x 转化率提高提供了实证。

同时，由表 3-2 可知，稀土尾矿催化剂添加过渡金属 Cu 之后，不仅出现了新的还原峰而且还原峰面积成倍增加。还原峰面积的增加，意味着稀土尾矿催化剂的氧化还原能力得到增强。

表 3-2　催化剂的耗氢量

催化剂	峰面积/a. u.	总耗氢量/mmol · g^{-1}
稀土尾矿	5110. 59	1. 04
1%Cu-稀土尾矿	8469. 26	1. 73
2. 5%Cu-稀土尾矿	10505. 27	2. 14
5%Cu-稀土尾矿	10700. 10	2. 18

3. 1. 2. 4　催化剂表面酸性能分析

催化剂的酸性直接影响催化剂表面对 NH_3 的吸附，如图 3-5 所示，三种添加过渡金属 Cu 的催化剂第一个脱附峰均在 250℃ 测试温度的位置出现，根据不同温度下的脱附峰类型判断，250℃ 的脱附峰是催化剂表面 Brønsted 酸性位对 NH_3 的吸附和催化剂表面 Lewis 酸性位对氨气的弱吸附；在 400～550℃ 出现的氨气脱附峰归因于催化剂表面 Brønsted 酸性位对氨气的强吸附和催化剂表面的 Lewis 酸位上的中等吸附。

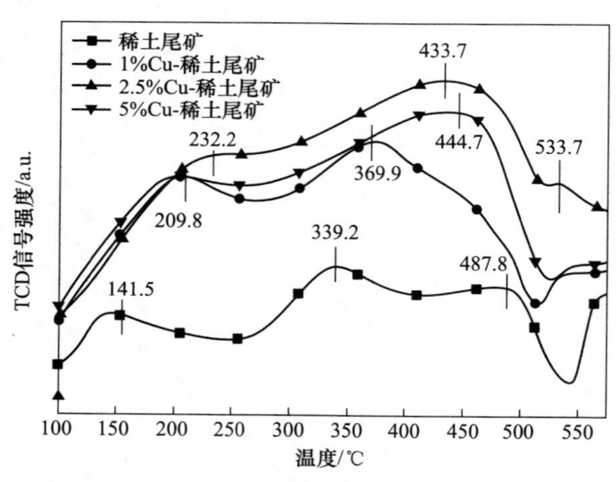

图 3-5　催化剂的表面酸性位种类与数量

表 3-3 为催化剂表面酸性位对 NH_3 的总吸附量，由表可知，催化剂的脱附峰面积与催化剂表面酸性量有着直接关系，而且催化剂表面的酸性量越多就能吸附

越多的氨气，提高催化剂对 NO_x 的脱除能力。对于添加过渡金属 Cu 的稀土尾矿催化剂，随着过渡金属添加量的增多，催化剂的脱附峰面积和表面酸性呈现先上升后下降的趋势，其中，2.5% Cu-稀土尾矿催化剂的脱附峰面积最大，所以2.5%Cu-稀土尾矿催化剂可吸附氨气的量最多，同时能提供更多的酸性位点，使得该催化剂表面可以吸附更多 NH_3 用于催化反应的活化，提高催化剂的反应效率。

表 3-3 催化剂的 NH_3 解析量

催化剂	峰面积/a. u.	解析量/mmol · g^{-1}
稀土尾矿	1017.85	2.87
1%Cu-稀土尾矿	1902.05	5.36
2.5%Cu-稀土尾矿	2317.61	6.54
5%Cu-稀土尾矿	2200.80	6.21

3.1.2.5 催化剂表面元素价态分析

图 3-6 和图 3-7 所示分别为 Fe 2p 轨道和 Cu 2p 轨道的 XPS 谱图。通过 XPS 实验分析稀土尾矿中的 Fe 元素及添加的过渡金属 Cu 元素含量化学状态变化。

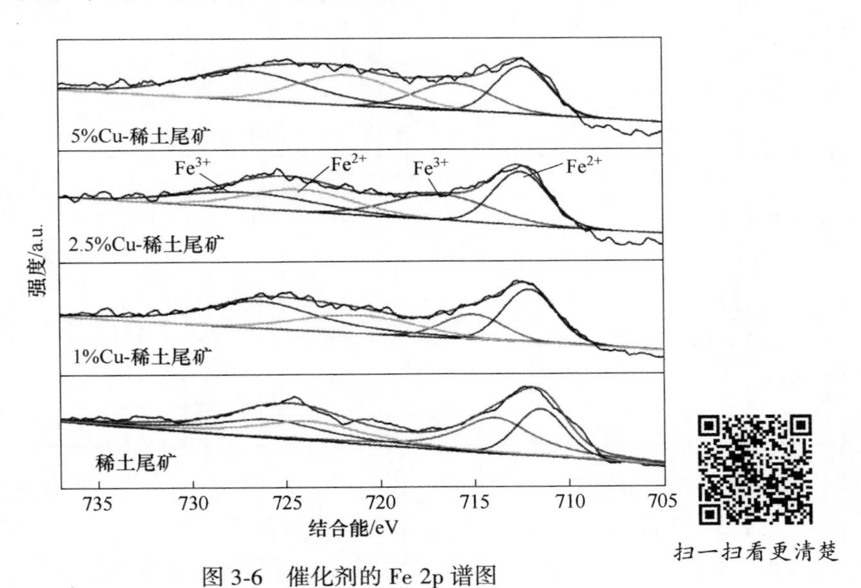

图 3-6 催化剂的 Fe 2p 谱图

从图 3-6 可知，稀土尾矿催化剂和添加过渡金属 Cu 的稀土尾矿催化剂的 Fe $2p_{3/2}$和 Fe $2p_{1/2}$特征峰可以拟合出 Fe^{2+} $2p_{3/2}$、Fe^{3+} $2p_{3/2}$、Fe^{2+} $2p_{1/2}$和 Fe^{3+} $2p_{1/2}$共 4 个峰，结合能分别为 710eV、711.9eV、724eV 和 726eV，由图中可以看出催化剂中的 Fe 元素以 Fe^{2+}和 Fe^{3+}的形态存在。稀土尾矿催化剂中的过渡金属

Cu 的 Cu $2p_{3/2}$的特征峰分峰拟合，如图 3-7 所示，可以观察到 4 个特征峰，分别位于 932~934.5eV、934.5~936eV、940.3~942.6eV 和 943.2~945.8eV，依次可归属于 Cu^{2+} $2p_{3/2}$、Cu^{3+} $2p_{3/2}$和两个卫星峰。催化剂中 Fe、Cu 各价态的结合能见表 3-4。

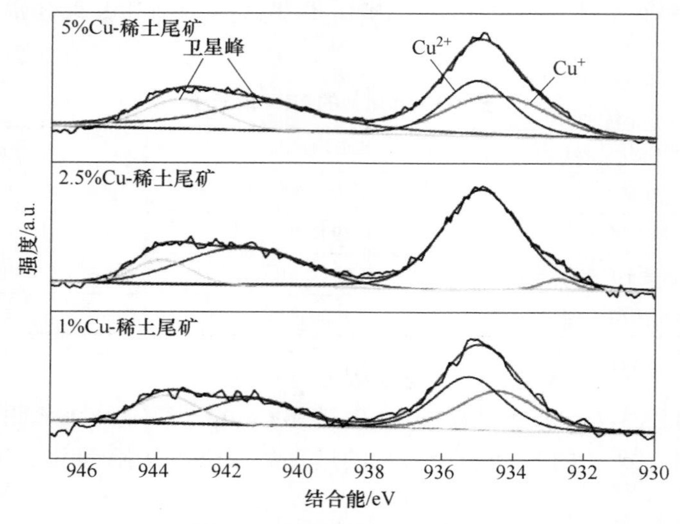

图 3-7　催化剂的 Cu 2p 谱图

表 3-4　各价态元素的结合能　　(eV)

催化剂	结合能					
	Fe $2p_{3/2}$		Fe $2p_{1/2}$		Cu 2p	
	Fe^{2+}	Fe^{3+}	Fe^{2+}	Fe^{3+}	Cu^{+}	Cu^{2+}
稀土尾矿	711.52	713.92	723.80	726.10		
1%Cu-稀土尾矿	712.10	715.10	721.29	725.93	934.34	935.22
2.5%Cu-稀土尾矿	712.48	717.02	724.38	727.16	932.70	934.88
5%Cu-稀土尾矿	712.32	716.01	721.77	726.79	934.34	935.02

从表 3-4 可知，对比稀土尾矿催化剂的 Fe 2p 结合能，过渡金属 Cu 改性的稀土尾矿催化剂中 Fe^{2+} $2p_{3/2}$和 Fe^{3+} $2p_{3/2}$的结合能分别平均升高了 1eV 和 2eV。不仅如此，Fe 2p 的结合能也由于过渡金属 Cu 的不同含量发生了变化。稀土尾矿中的 Fe 元素与添加的过渡金属 Cu 之间产生相互作用，两种元素间相互影响。根据金属活动性顺序以及金属的氧化还原能力，原子最外层的电子会在电荷引力作用下从 Fe 原子的最外层向处于缺电子状态的 Cu 原子移动，使 Fe 原子的最外层电子结构状态发生改变，进而改变了铁原子的结合能。Fe^{2+}/Fe^{3+}在催化还原反应中起着传递电子的作用，两种金属原子间因最外层电子转移会产生相互作用，会使

Fe 元素的化学价态升高，导致铁离子最外层电子的不稳定性增加，从而提高了铁氧化物对 NO_x 的脱除能力。同时证实了 XRD 中所论述的铜离子与铁离子发生了协同效应，产生了晶格畸变，两个离子间发生了异位取代。同时这一结果也说明了稀土尾矿催化剂添加过渡金属 Cu 可以增加催化剂的活性位点，促进稀土尾矿催化剂脱硝效率的提高。

当过渡金属 Cu 的添加量为 2.5%时，Fe^{2+} $2p_{3/2}$ 和 Fe^{3+} $2p_{3/2}$ 的结合能分别提高了 0.96eV 和 3.1eV。这说明过渡金属 Cu 添加量的增加，对提高 FeO_x 的活性有较为明显的作用，但同时观察到 5%Cu-稀土尾矿催化剂，过渡金属 Cu 的添加量过多又会抑制催化剂活性的提高。因此，总体上来说过渡金属 Cu 对稀土尾矿催化剂的活性有一定的提高。

由表 3-5 可知，相较于稀土尾矿催化剂，添加了过渡金属 Cu 改性所得催化剂表面 Fe^{2+} 含量均呈现升高的趋势，同时发现 Cu^+ 含量低于 Cu^{2+}。这与催化剂表面存在铜元素和铁元素之间存在着氧化还原反应（$Fe^{3+}+Cu^+ \rightleftharpoons Fe^{2+}+Cu^{2+}$）有关，所以，稀土尾矿中的 Fe 元素与添加的过渡金属 Cu 之间产生相互作用，两种元素间可以发挥协同作用。结合分子轨道理论，添加的过渡金属 Cu 与稀土尾矿中的 Fe 元素相互作用时，两原子接触可以产生五个未配对的电子。Cu 原子与 Fe 原子间的电子转移使得 Fe 原子的活性氧空位增加，进而提高了铁氧化物的氧化能力，将一氧化氮氧化成二氧化氮，进而促使“快速-SCR”反应发生，从而提高催化剂对 NO_x 的整体脱除能力。

表 3-5 催化剂表面元素的原子浓度 (%)

催化剂	$Fe^{3+}/(Fe^{3+}+Fe^{2+})$	$Fe^{2+}/(Fe^{3+}+Fe^{2+})$	$Cu^+/(Cu^++Cu^{2+})$	$Cu^{2+}/(Cu^++Cu^{2+})$
稀土尾矿	55.38	44.62		
1%Cu-稀土尾矿	50.03	49.97	46.99	53.01
2.5%Cu-稀土尾矿	47.96	52.04	11.32	89.68
5%Cu-稀土尾矿	50.03	49.97	49.90	50.10

3.2 Ni 修饰稀土尾矿催化剂及性能

在稀土尾矿中通过水热法添加过渡金属 Ni 制得衍生催化剂，研究其对 NO_x 的脱除效果，以及对催化剂进行表征分析。

3.2.1 催化剂脱硝性能

图 3-8 所示为稀土尾矿催化剂及过渡金属 Ni 改性稀土尾矿催化剂的催化脱硝性能测试，测试温度为 150~400℃。如图 3-8（a）所示，过渡金属 Ni 改性的稀

土尾矿催化剂对 NO_x 的脱除能力高于未改性的催化剂。在测试温度范围内 2%Ni-稀土尾矿催化剂、3%Ni-稀土尾矿催化剂的 NO_x 转化率较低，NO_x 转化率最高分别为 36%和 52%，而且脱硝温度窗口较小。与 2%Ni-稀土尾矿催化剂相比，5%Ni-稀土尾矿催化剂、6%Ni-稀土尾矿催化剂和 7%Ni-稀土尾矿催化剂的 NO_x 转化率得到大幅度增加，脱硝的温度窗口也宽于未改性的催化剂。在 150~400℃内，6%Ni-稀土尾矿催化剂的脱硝效率最高，最高达 84%，说明 6%的过渡金属 Ni 对稀土尾矿催化剂的改性作用最优。如图 3-8（b）所示，在 150~400℃，经过渡金属 Ni 改性的催化剂其 N_2 选择性都较高，而且都能达到 75%以上。由图 3-8（b）可以观察到，在 250~300℃间，过渡金属 Ni 改性的稀土尾矿催化剂的氮气选择性会略微降低。这可能是电子在添加的过渡金属 Ni 和 Fe 元素间发生了偏移，影响了 Fe 原子最外层电子的稳定性，从而调节了 FeO_x 的脱硝活性。同时观察到稀土尾矿催化剂和添加了过渡金属 Ni 的稀土尾矿催化剂的氮气选择性在一些测温点有下降的趋势，猜测可能是过渡金属 Ni 的添加增强了稀土尾矿催化剂催化体系的氧化还原能力，有效提升催化剂对 NO_x 脱除能力的同时，也造成了对 NH_3 的氧化。

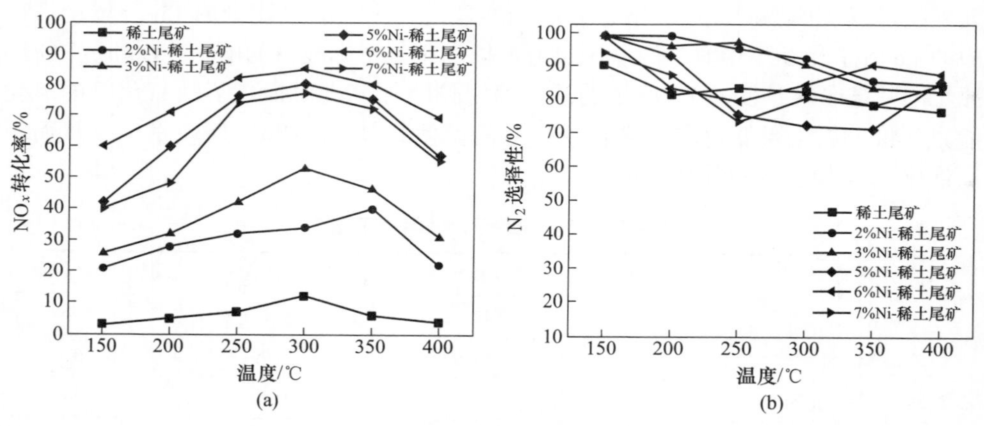

图 3-8　催化剂脱硝效率及 N_2 选择性

（a）脱硝效率；（b）N_2 选择性

3.2.2　催化剂表征

3.2.2.1　催化剂物相组成分析

图 3-9 所示为稀土尾矿催化剂及添加过渡金属 Ni 的 XRD 图。从图 3-9 中可以看出虽然过渡金属 Ni 的添加量不同，但物相组成大体一致，但未检测出 NiO 物种的存在，这可能是由于添加的过渡金属 Ni 在催化剂表面高度分散的原因。伴随着过渡金属 Ni 的添加，稀土尾矿催化剂的物相组成更加丰富而且结晶度发生一定的变化，在 XRD 图中可以观察到 Fe_2O_3 的衍射峰相比于稀土尾矿峰型更

加尖锐，说明稀土尾矿催化剂的结晶度进一步提高。在三种添加过渡金属 Ni 的催化剂中检测到了新物质 $NiFe_2O_4$的衍射峰，$NiFe_2O_4$尖晶石不单单只有一种结构，还有 Fe[NiFe]O_4反式结构，$NiFe_2O_4$尖晶石晶体呈现八面体的结构，在晶体的结构构成中，50%的八面体晶体结构位点由 Fe^{3+}充满，剩余 50%的结构位点则由 Ni^{2+}和 Fe^{3+}阳离子占据。$NiFe_2O_4$尖晶石是一种结构稳定且具有较高催化能力的物质，而且是催化性能研究实验中的理想相。该尖晶石相的出现说明铁离子与镍离子间存在着电子转移。根据文献，$NiFe_2O_4$的含量直接反应催化剂的脱硝能力，含量越高催化效果越好。

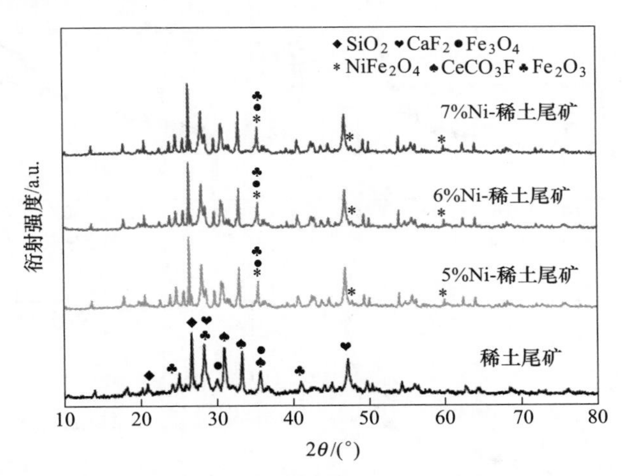

图 3-9 稀土尾矿催化剂及添加过渡金属 Ni 的 XRD 图

3.2.2.2 催化剂孔结构性能分析

稀土尾矿添加过渡金属 Ni 的催化剂及稀土尾矿催化剂的 N_2 吸脱附曲线和孔径分布如图 3-10 所示。过渡金属 Ni 改性的稀土尾矿催化剂的比表面积随着改性量的增加而提高，但当改性量达到一定的量时，催化剂的比表面积会出现下降的趋势。从 68.3m^2/g 增大到 75.1m^2/g，后又减少至 69.2m^2/g，见表 3-6。这可能与新物质的形成和结晶度增加有关，对比稀土尾矿催化剂的 XRD 图来看，在一定范围内，添加的过渡金属 Ni 越多生成的结晶度较高的 $NiFe_2O_4$尖晶石也就越多，催化剂中物质的结晶度过度升高，会降低催化剂的比表面积。同过渡金属 Cu 改性稀土尾矿催化剂类似，所有催化剂的 N_2 吸附-脱附曲线均为Ⅱ型吸附-脱附等温曲线且有明显的滞后环。由表 3-6 可知，添加过渡金属 Ni 的过程中形成了更小的粒子，有更小的孔径和更均匀的孔径分布，增强了催化剂的吸附。6%Ni-稀土尾矿催化剂具有最大的比表面积（75.1m^2/g），提高了催化剂活性位点的暴露，从而进一步提高脱硝效率。随着过渡金属 Ni 的添加，改性后的催化剂孔径开始变小，可能是与催化剂的结晶度增加有关。由于新物质 $NiFe_2O_4$尖晶石的生成，会导致催化剂的一部分孔隙坍塌，进而使得孔隙缩小。而 6%Ni-稀土尾矿催化剂中有结晶度较高的 $NiFe_2O_4$尖晶石，尖晶石的出现会使得粒子间产生较多的孔道结构，从而增加了催化剂的孔隙率。孔隙的增加使得更多的 NH_3 可以在静电力的作用下吸附在催化剂的表面上，从而提高催化剂对 NO_x的脱除效率。

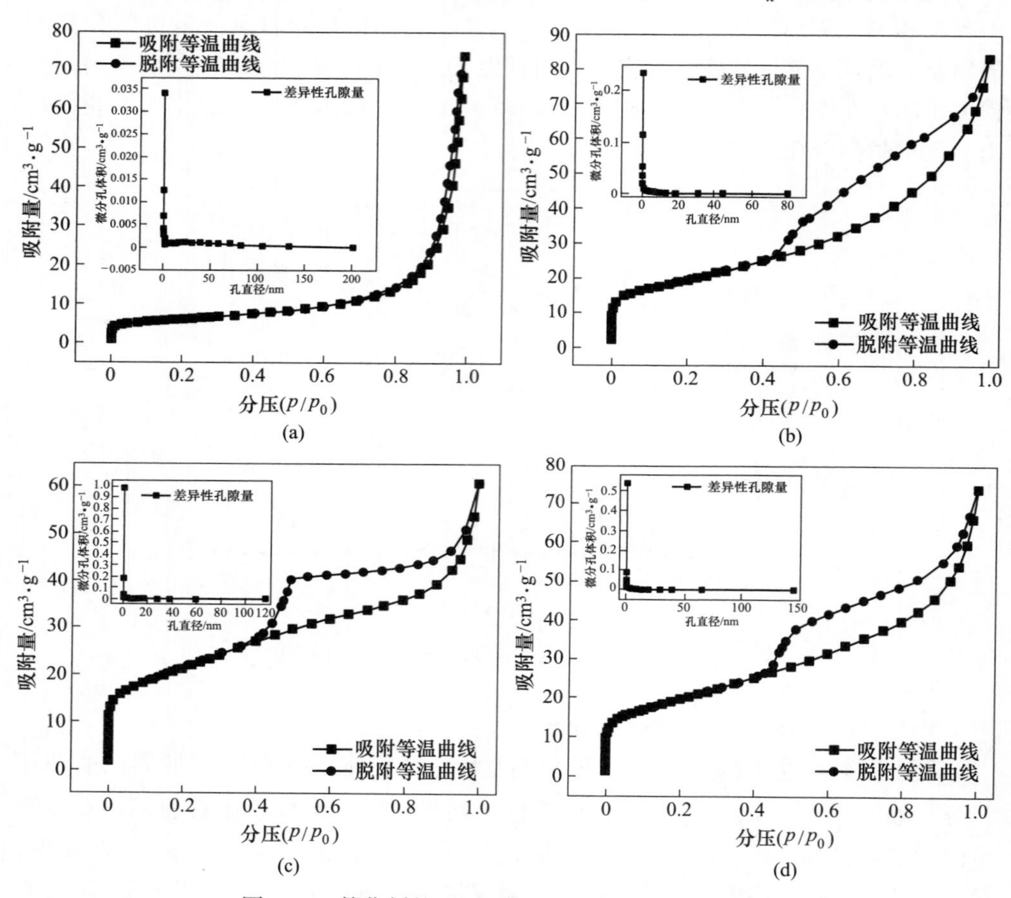

图 3-10　催化剂的 N_2 吸附-脱附曲线和孔径分布图

（a）稀土尾矿；（b）5%Ni-稀土尾矿；（c）6%Ni-稀土尾矿；（d）7%Ni-稀土尾矿

表 3-6　催化剂的比表面积、孔径和孔容

催化剂	比表面积/$m^2 \cdot g^{-1}$	孔径/nm	孔容/$cm^3 \cdot g^{-1}$
5%Ni-稀土尾矿	68. 3	7. 6	0. 13
6%Ni-稀土尾矿	75. 1	5. 0	0. 19
7%Ni-稀土尾矿	69. 2	6. 6	0. 11
稀土尾矿	20. 1	22. 2	0. 11

3.2.2.3 催化剂氧化还原性能分析

图 3-11 所示为催化剂的 H_2-TPR 曲线图。如图 3-11 所示，在 785℃条件下稀土尾矿催化剂有一个还原峰，而在此基础上加入过渡金属 Ni 之后会出现两个还原峰。还原峰的位置会随着过渡金属 Ni 添加量的提高而改变，特别是在 400～550℃的中低温区内有新还原峰出现。在催化剂的 H_2-TPR 技术表征实验中，第一个出现还原峰的位置对催化剂有很重要的表征意义，第一个还原峰的位置可以反映出催化剂整体的氧化还原性能的优劣程度。第一个还原峰的位置越靠前，代表着此催化剂有更强的氧化还原能力。因此，与稀土尾矿催化剂相比，过渡金属 Ni 改性的稀土尾矿催化剂有着更加优异的氧化还原能力，而且 6%Ni-稀土尾矿催化剂要强于 5%Ni-稀土尾矿催化剂和 7%Ni-稀土尾矿催化剂。400～600℃温度范围内的还原峰是 $Ni^{2+}(Ni^{3+}) \rightarrow Ni^0$ 的过程，600～800℃温度区间内的还原峰归属于铁的还原。新的还原峰出现以及还原峰面积的增加与过渡金属 Ni 的改性作用有关，催化剂表面 Fe 元素和 Ni 元素之间可以相互协同增加催化剂表面的酸性位点数量。表 3-7 中计算了每种催化剂的耗氢量，可以看出 6%Ni-稀土尾矿催化剂的峰面积和耗氢量都比较高，说明催化剂有着较强的氧化还原能力，并且此催化剂的第一个还原峰的位置相对靠前，这也决定其对 NO_x 有着较强的脱除能力。

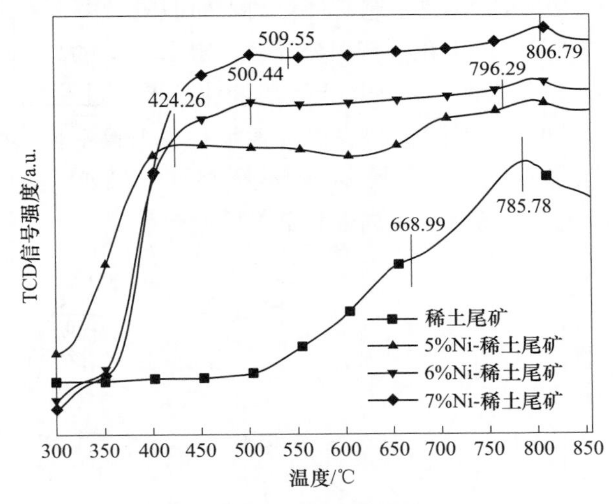

图 3-11 催化剂的氧化还原性能

表 3-7 催化剂的耗氢量

催化剂	峰面积/a. u.	总耗氢量/mmol · g^{-1}
稀土尾矿	5110. 59	1. 04
5%Ni-稀土尾矿	17036. 98	3. 48

续表 3-7

催化剂	峰面积/a. u.	总耗氢量/mmol·g^{-1}
6%Ni-稀土尾矿	17718. 33	3. 62
7%Ni-稀土尾矿	20587. 73	4. 20

3. 2. 2. 4　催化剂表面酸性能分析

过渡金属 Ni 改性催化剂的 NH_3-TPD 曲线，如图 3-12 所示。在 50~500℃的实验测试温度范围内，由图 3-12 可知，稀土尾矿催化剂只有两个脱附峰，而过渡金属 Ni 改性的稀土尾矿催化剂出现了三个脱附峰。在 100℃附近的脱附峰，属于催化剂表面 Brønsted 酸性位对氨气的弱吸附，在 285℃附近的脱附峰，属于催化剂表面 Brønsted 酸性位对氨气的中等吸附和 Lewis 酸位上对氨气的吸附，在 440℃附近的脱附峰属于催化剂表面 Brønsted 酸性位对氨气的强吸附和催化剂表面 Lewis 酸位上对氨气的强吸附。

由于 6%Ni-稀土尾矿催化剂第一个脱附峰的位置在 96℃，脱附峰位置比较靠前，可以说明该催化剂的表面酸性更强。而第二个脱附峰（107℃）的位置也比较靠前，这两种催化剂的脱附峰温度仅差 10. 88℃，但 6%Ni-稀土尾矿催化剂的峰面积明显较大，所以 6%Ni-稀土尾矿催化剂表面酸量较多，有利于增加对氨气的吸附。对催化剂脱附峰的面积进行积分计算，得出 NH_3的总吸附量和酸性位数量的比，见表 3-8。结果表明，对于稀土尾矿催化剂添加过渡金属 Ni，随着过渡金属 Ni 添加量的增加，氨吸附量和表面酸性呈现先升高后降低的趋势。其中，6%Ni-稀土尾矿催化剂的氨吸附量最多，且表面酸性也最强。酸性位越多越有利于催化剂表面吸附更多的氨气，提高催化剂的脱硝效率。

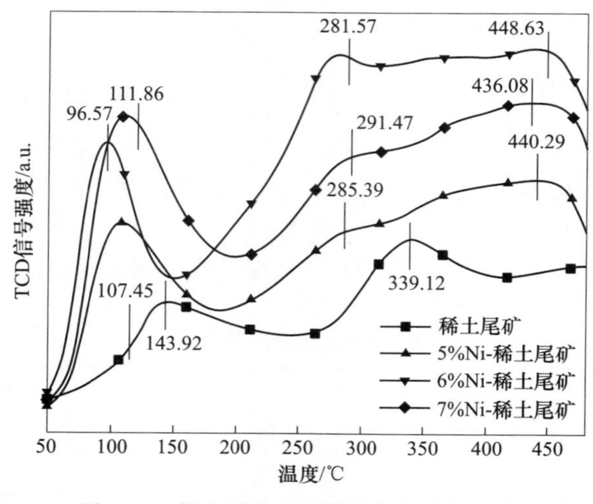

图 3-12　催化剂的表面酸性位种类与数量

表 3-8 催化剂的 NH_3 解析量

催化剂	峰面积/a. u.	解析量/mmol · g^{-1}
稀土尾矿	1017.85	2.87
5%Ni-稀土尾矿	1568.66	4.42
6%Ni-稀土尾矿	2442.89	6.89
7%Ni-稀土尾矿	2291.71	6.46

3.2.2.5 催化剂表面元素价态分析

图 3-13 和图 3-14 分别为 Fe 2p 轨道和 Ni 2p 轨道的 XPS 谱图。通过 XPS 测定稀土尾矿中的 Fe 元素及添加的过渡金属 Ni 元素含量化学状态变化。

利用分析软件对催化剂的能谱图进行分峰拟合。从图 3-13 可知，稀土尾矿催化剂和添加过渡金属 Ni 的稀土尾矿催化剂的 Fe $2p_{3/2}$和 Fe $2p_{1/2}$特征峰可以拟合出 Fe^{2+} $2p_{3/2}$、Fe^{3+} $2p_{3/2}$、Fe^{2+} $2p_{1/2}$和 Fe^{3+} $2p_{1/2}$共 4 个峰，结合能分别为 710eV、711.9eV、724eV 和 726eV，由图中可以看出催化剂中的 Fe 元素以 Fe^{2+}和 Fe^{3+}的形态存在。添加至稀土尾矿催化剂中的过渡金属 Ni 的 Ni $2p_{3/2}$的特征峰分峰拟合如图 3-14 所示，共分峰拟合出 3 个特征峰，分别位于 855～856eV、856.5～857.2eV 和 860.4～862.3eV，依次可归属于 Ni^{2+} $2p_{3/2}$、Ni^{3+} $2p_{3/2}$和卫星峰。催化剂中 Fe、Ni 各价态的结合能见表 3-9。

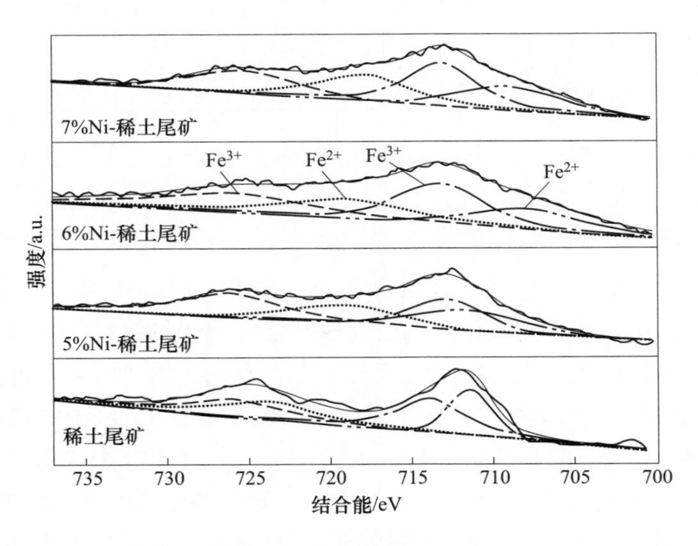

图 3-13 催化剂的 Fe 2p 图

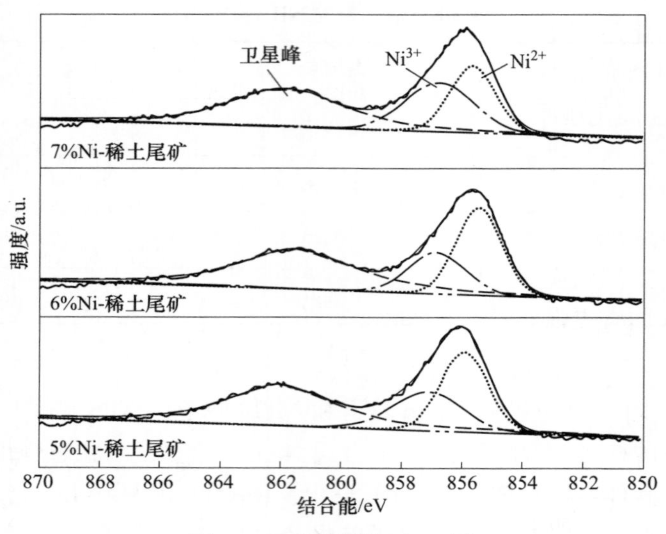

图 3-14　催化剂的 Ni 2p 图

表 3-9　各价态元素的结合能　(eV)

催化剂	结合能					
	Fe $2p_{3/2}$		Fe $2p_{1/2}$		Ni 2p	
	Fe^{2+}	Fe^{3+}	Fe^{2+}	Fe^{3+}	Ni^{2+}	Ni^{3+}
稀土尾矿	711. 52	713. 92	723. 80	726. 10		
5%Ni-稀土尾矿	710. 93	713. 09	718. 77	726. 18	855. 91	857. 11
6%Ni-稀土尾矿	708. 34	713. 21	719. 14	726. 25	855. 44	856. 84
7%Ni-稀土尾矿	709. 08	713. 28	718. 15	725. 38	855. 64	856. 74

从表 3-9 可知，对比稀土尾矿催化剂的 Fe 2p 结合能，由于过渡金属 Ni 的不同含量发生了变化，相比之下，在稀土尾矿中添加了过渡金属 Ni 的催化剂 Fe^{2+} $2p_{3/2}$和Fe^{3+} $2p_{3/2}$的结合能分别平均降低了 2eV 和 0. 5eV。由表 3-10 可知，对比稀土尾矿催化剂，添加了过渡金属 Ni 的催化剂表面都含有更多的 Fe^{2+} $2p_{1/2}$，其中，7%Ni-稀土尾矿催化剂表面 Fe^{2+} $2p_{1/2}$含量高达 49. 91%，稀土尾矿中的 Fe 元素与添加的过渡金属 Ni 之间产生相互作用，两种元素间相互影响。根据金属活动性顺序以及金属的氧化还原能力，电子会从 Fe 原子的最外层向处于缺电子状态的 Ni 原子移动，改变了 Fe 原子 3d 轨道上的电子状态，直接影响了铁原子的结合能。而且 Ni 原子的最外层电子轨道为 3d，Ni^{2+}的 3d 轨道上有 8 个电子，有强烈的氧化能力，还原能力较弱，只能从其他离子或原子间得电子，所以不能直接参与催化还原反应。所以，Ni 离子在催化剂中起到了传递电子的作

用，使得在催化还原反应中起到重要作用的氧化还原离子对 Fe^{2+}/Fe^{3+} 中的价态发生变化。Fe^{2+} 和 Ni^{3+} 氧化还原生成 Fe^{3+} 和 Ni^{2+}（$Fe^{2+}+Ni^{3+} \rightleftharpoons Fe^{3+}+Ni^{2+}$）。由于 Fe^{2+}/Fe^{3+} 在催化还原反应中起着传递电子的作用，两种金属原子间因最外层电子转移会产生相互作用，会使Fe元素的化学价态升高，导致铁离子最外层电子的不稳定性增加，从而提高了铁氧化物的脱硝效率。Fe^{2+} 和 Fe^{3+} 的浓度变化可能还与 $NiFe_2O_4$ 新物质的生成有密切关系，同时证实了XRD中所论述的镍离子与铁离子发生了协同效应，产生了晶格畸变，改变了催化剂表面的离子分布状态，使得催化剂表面有更强的氧化还原能力。

表3-10 催化剂表面元素的原子浓度 (%)

催化剂	$Fe^{3+}/(Fe^{3+}+Fe^{2+})$	$Fe^{2+}/(Fe^{3+}+Fe^{2+})$	$Ni^{2+}/(Ni^{2+}+Ni^{3+})$	$Ni^{3+}/(Ni^{2+}+Ni^{3+})$
稀土尾矿	55.38	44.62		
5%Ni-稀土尾矿	50.12	49.88	56.22	43.78
6%Ni-稀土尾矿	50.21	49.79	65.35	34.65
7%Ni-稀土尾矿	50.09	49.91	49.93	50.07

当过渡金属Ni的添加量为6%时，Fe^{2+} $2p_{3/2}$ 的结合能降低了3.18eV，Fe^{3+} 的离子浓度达到50.21%，是过渡金属Ni改性稀土尾矿催化剂体系中含量最多的。这说明过渡金属Ni添加量的增加，与稀土尾矿中的Fe元素发生了协同化合反应，改变了催化剂表面的离子浓度分布，在表面发生了 $Fe^{2+}+Ni^{3+} \rightleftharpoons Fe^{3+}+Ni^{2+}$ 的氧化还原反应，对提高 FeO_x 的活性有较为明显的作用，但同时观察到7%Ni-稀土尾矿催化剂，过渡金属Ni的改性量过多使得催化剂氧化能力过于增强，出现过度氧化现象，则会降低催化剂对 NO_x 的整体脱除能力。过渡金属Ni改性稀土尾矿制备催化剂能够提高稀土尾矿催化剂的脱硝能力。

3.3 Cu/Ni联合修饰稀土尾矿催化剂及性能

因为在稀土尾矿催化剂中Cu、Ni单一过渡金属的改性脱硝效果很好，因此将双元素进行共同改性，研究其脱硝性能和机理。

3.3.1 催化剂脱硝性能

如图3-15所示，图3-15（a）为2.5%Cu+1%Ni-稀土尾矿催化剂、2.5%Cu+2%Ni-稀土尾矿催化剂、2.5%Cu+3%Ni-稀土尾矿催化剂三种催化剂在150~400℃范围内的 NO_x 的转化率。从图3-15（a）中可以看出，在2.5%Cu-稀土尾矿催化剂基础上添加过渡金属Ni制得的2.5%Cu+1%Ni-稀土尾矿催化剂、2.5%

Cu+2%Ni-稀土尾矿催化剂都增大了脱硝效率，并且同时拓宽了脱硝温度窗口。

很明显，在稀土尾矿催化剂中 Cu、Ni 双元素的共同改性作用远远大于单一过渡金属的改性作用。在 300℃ 的反应温度下，2. 5%Cu+2%Ni-稀土尾矿催化剂 NO_x 转化率为 92%。这几种样品中，添加过渡金属 Ni 较少的 2. 5%Cu+1%Ni-稀土尾矿催化剂 NO_x 转化率最高也可达到 80%。所以，在添加了过渡金属 Cu 的基础上再添加 Ni 元素可大幅度增强催化剂的脱硝效率。

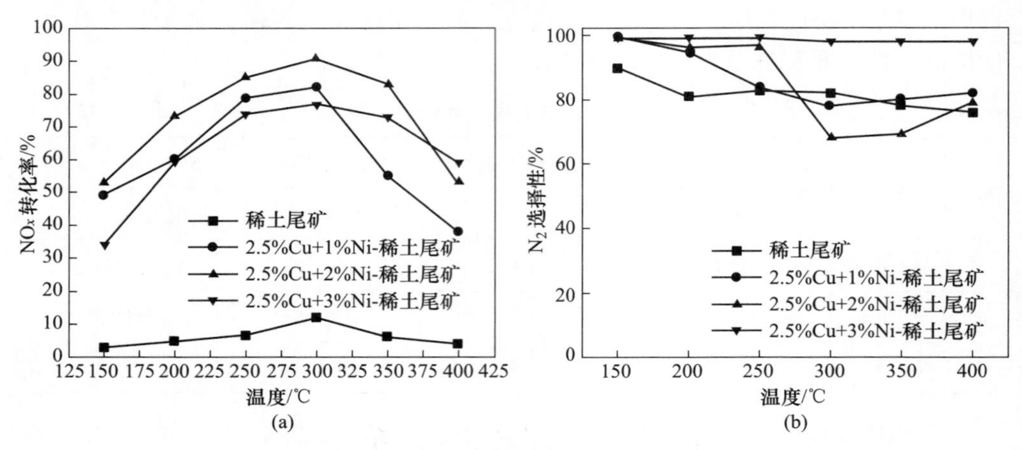

图 3-15　催化剂脱硝效率及 N_2 选择性

（a）脱硝效率；（b）N_2 选择性

如图 3-15（b）所示，催化剂样品在 150～400℃ 的测试温度范围内的氮气选择性都在 70%以上。随着脱硝温度高于 250℃，2. 5%Cu+1%Ni-稀土尾矿催化剂和 2. 5%Cu+3%Ni-稀土尾矿催化剂的 N_2 选择性还能保持在 70%左右，当过渡金属 Cu 和 Ni 的添加比例达到 2. 5%和 2%时，催化剂的氮气选择性开始低于其他的催化剂样品。这可能是由于 Cu、Ni 离子与 Fe 离子之间的协同作用，增强了催化剂的氧化能力，出现了过度氧化现象。

3. 3. 2　催化剂表征

3. 3. 2. 1　催化剂物相组成分析

采用 XRD 表征对过渡金属 Ni 和 2. 5%Cu 共同改性稀土尾矿催化剂的结构进行了测试，结果如图 3-16 所示。由图 3-16 可以看出，三种同时添加两种过渡金属的催化剂均呈现出相似的图谱。伴随过渡金属 Ni 添加量的变化，催化剂的结晶度发生一定的变化，过渡金属 Cu、Ni 元素共同改性的催化剂结晶度比未改性的催化剂高，峰形更尖锐，相比于稀土尾矿催化剂呈现出更加尖锐的衍射峰。两种元素共同改性催化剂使催化剂的物相组成变得更加丰富。过渡金属 Cu、Ni 添加后，有 CuO 和 $NiFe_2O_4$尖晶石相，但未检测出 NiO 衍射峰的存在，可能是过渡金属 Ni 的添加量较低，或者 Ni 在催化剂表面高度分散而使得不易被检测出。

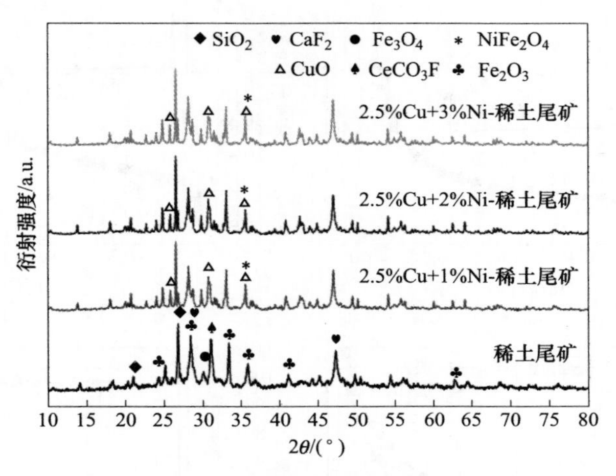

图 3-16 催化剂的物相组成

3.3.2.2 催化剂孔结构性能分析

图 3-17 所示为过渡金属 Cu、Ni 共同改性稀土尾矿催化剂的 N_2 吸脱附曲线和孔径分布图。与 Cu、Ni 单独改性时 N_2 吸脱附曲线相似，所有的催化剂吸脱附曲线均为Ⅱ型吸附-脱附等温曲线且两曲线并未闭合有明显的滞后环。所以，过渡金属 Cu、Ni 共同改性稀土尾矿催化剂并未对吸附脱附曲线的类型造成明显的变化，这可能是由于过渡金属 Cu 和 Ni 稀土尾矿中的活性离子发生反应形成了更小的粒子，改变了其吸脱附的类型。而且较小的粒子可为催化剂提供丰富的孔道结构，增强催化剂对气体的吸附能力。由表 3-11 可以看出，过渡金属 Cu 和 Ni 元素共同改性稀土尾矿催化剂较单一过渡金属改性的催化剂比表面积增加幅度不是很多，最大的比表面积是 2.5%Cu+3%Ni-稀土尾矿催化剂的 67.2m^2/g，而且催化剂的比表面积会因为过渡金属 Ni 改性量的增加而增加，但其增加幅度低于 Ni 改性和 Cu 改性的催化剂。也可发现催化剂的孔径较单独添加过渡金属 Cu 的有所增加，猜测是由于添加的过渡金属 Ni 与稀土尾矿中的 Fe 反应生成了 $NiFe_2O_4$尖晶石，使得催化剂的结晶度增加，反应生成了新的孔道结构，从整体上增大了催化剂的孔径。对 NO_x 脱除能力最强的 2.5%Cu+2%Ni-稀土尾矿催化剂比表面积为 61.6m^2/g，而且其孔径和比表面积不是最大的，所以催化剂的孔径和比表面积只是影响催化剂对 NO_x 脱除能力的一个方面，稀土尾矿催化剂的脱硝效率还受催化剂的氧化还原性能和表面酸性位的影响制约。

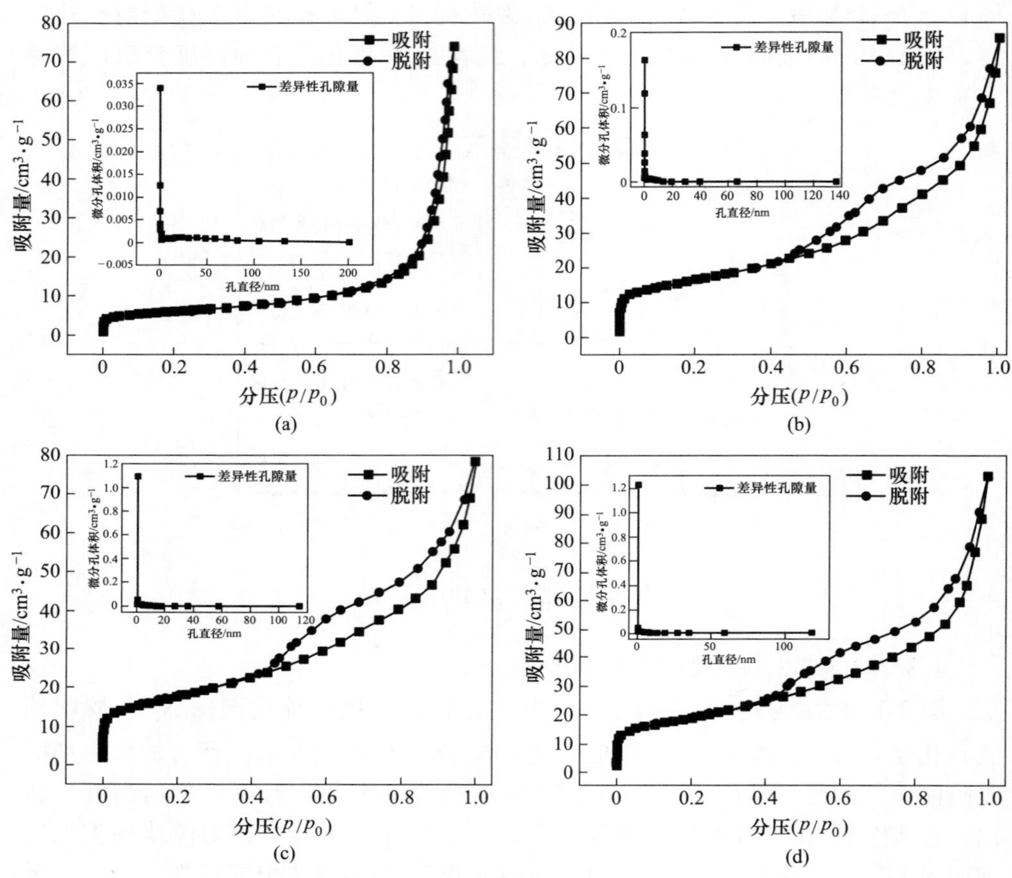

图 3-17　催化剂的 N_2 吸附-脱附曲线和孔径分布

（a）稀土尾矿；（b）2.5%Cu+1%Ni-稀土尾矿；

（c）2.5%Cu+2%Ni-稀土尾矿；（d）2.5%Cu+3%Ni-稀土尾矿

表 3-11　催化剂的比表面积、孔径和孔容

催化剂	比表面积/$m^2 \cdot g^{-1}$	孔径/nm	孔容/$cm^3 \cdot g^{-1}$
2.5%Cu+1%Ni-稀土尾矿	57.6	9.19	0.13
2.5%Cu+2%Ni-稀土尾矿	61.6	7.89	0.12
2.5%Cu+3%Ni-稀土尾矿	67.2	9.49	0.16
稀土尾矿	20.1	22.21	0.11

3.3.2.3　催化剂氧化还原性能分析

采用 H_2-TPR 技术确定了稀土尾矿催化剂及过渡金属 Cu 和 Ni 共同改性后的

催化剂的氧化还原能力，如图 3-18 所示。

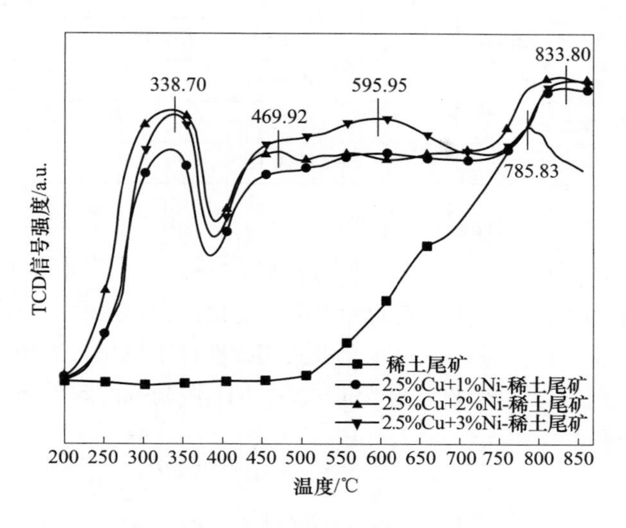

图 3-18　催化剂的氧化还原性能

从图 3-18 中可以看出，添加了两种过渡金属的稀土尾矿催化剂较原稀土尾矿催化剂还原峰不仅位置发生了变化，而且还原峰的数量和面积也都有所增加。稀土尾矿催化剂只在 785. 83℃处有一个还原峰，而 2. 5%Cu+2%Ni-稀土尾矿和 2. 5%Cu+3%Ni-稀土尾矿催化剂，H_2-TPR 曲线出现了 4 个还原峰。对处于不同脱硝温度下的还原峰进行分峰处理，位于 338. 70℃左右的峰为 $CuO/Cu_2O \rightarrow Cu^0$ 的还原，位于 469. 92℃和 595. 95℃的峰为 Ni^{2+}/Ni^{3+} 还原为 Ni^0，而 833. 80℃处的峰归于 $Fe^{3+} \rightarrow Fe^{2+}$ 的还原。因为 $CuO/Cu_2O \rightarrow Cu^0$ 的还原峰在 300~400℃，此温度区间处于工业催化剂的工业生产窗口温度，对工业的实际生产应用具有实际意义，所以此温度窗口下的还原峰变化情况更能直接反映催化剂氧化还原能力的变化。添加两种过渡金属的稀土尾矿催化剂都在低温区出现了还原峰，这意味着添加 Cu、Ni 两种过渡金属使催化剂的氧化还原能力得到增强。从图 3-18 中可以看出在低温区间，由于镍的含量不同，使得镍的还原峰的温度有所偏差。而在高温区，稀土尾矿中的 Fe 元素的还原峰位置也发生了微妙的变化，这可能是由于过渡金属 Cu、Ni 和 Fe 发生了协同作用，影响了 Fe 原子的最外层电子，改变了其得失电子的能力，使得还原峰的面积增加。由表 3-12 可知，添加过渡金属的催化剂的耗氢量与峰面积较原稀土尾矿催化剂增大了 3 倍多，意味着催化剂氧化还原能力得到增强，证实两种过渡金属共同改性稀土尾矿使催化剂的氧化还原能力得到大幅度增强。

表 3-12 催化剂的耗氢量

催化剂	峰面积/a. u.	总耗氢量/mmol · g^{-1}
稀土尾矿	5110. 59	1. 04
2. 5%Cu+1%Ni-稀土尾矿	15560. 95	3. 17
2. 5%Cu+2%Ni-稀土尾矿	17629. 17	3. 60
2. 5%Cu+3%Ni-稀土尾矿	17683. 12	4. 23

3.3.2.4 催化剂表面酸性能分析

催化剂的 NH_3-TPD 特征曲线，如图 3-19 所示。稀土尾矿催化剂出现了 3 个 NH_3 脱附峰，添加了两种过渡金属的稀土尾矿催化剂在整个测试温度范围内有 3~5 个脱附峰，意味着过渡金属 Ni 和 Cu 元素共同改性稀土尾矿可以增加催化剂的酸性位点，并且催化剂的表面酸性的强度和数量由 NH_3脱附峰的脱附面积、位置决定。

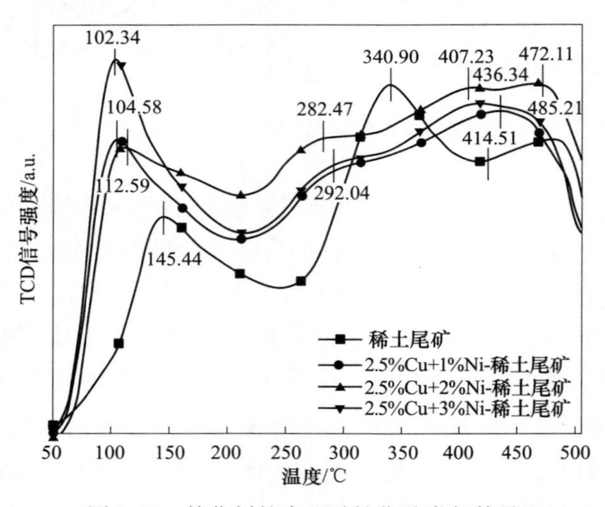

图 3-19 催化剂的表面酸性位种类与数量

从催化剂的 NH_3-TPD 特征图中可以看出，所有催化剂在 50~500℃的测试温度范围内的脱附峰主要有 4 个 NH_3 脱附峰。在 110℃和 290℃温度附近的脱附峰一般归属于催化剂表面 Brønsted 酸性位上的脱附峰，还原温度处于 420℃和 480℃附近的脱附峰可归为催化剂表面 Brønsted 酸性位和 Lewis 酸位上的脱附峰。结合表 3-13 可知，四种催化剂的表面酸量由高到低依次为 2. 5%Cu+2%Ni-稀土尾矿，2. 5%Cu+1%Ni-稀土尾矿，2. 5%Cu+3%Ni-稀土尾矿和稀土尾矿催化剂。而且，2. 5%Cu+2%Ni-稀土尾矿催化剂有 4 个脱附峰，催化剂的表面酸性得到极大的提高，能够吸附更多的氨气，对催化剂脱硝效率的提高有一定的影响。该催化剂的第一个 NH_3脱附峰在 102℃，是所有催化剂中温度最低的，而且脱附峰也较为明显，峰面积和强度也是低温区最大的。说明该催化剂在中低温有着较大的表面酸性中心，能为催化反应提供较多的活性中间体，有利于反应物参与反应。

表 3-13 催化剂的 NH_3 解析量

催化剂	峰面积/a. u.	解析量/mmol · g^{-1}
稀土尾矿	1017.85	2.87
2.5%Cu+1%Ni-稀土尾矿	1382.42	3.90
2.5%Cu+2%Ni-稀土尾矿	1397.04	3.94
2.5%Cu+3%Ni-稀土尾矿	1365.84	3.85

3.3.2.5 催化剂表面元素价态分析

Cu 2p 轨道、Fe 2p 轨道和 Ni 2p 轨道的 XPS 谱图分别如图 3-20～图 3-22 所示。运用 XPS 表征分析稀土尾矿催化剂表面的 Fe、Cu、Ni 元素含量及化学状态的变化。稀土尾矿催化剂和过渡金属 Cu、Ni 改性的催化剂中过渡金属 Cu 的 Cu $2p_{3/2}$的特征峰分峰拟合，如图 3-20 所示，可以观察到 4 个特征峰，分别位于 932～934.5eV、934.5～936eV、940.3～942.6eV 和 943.2～945.8eV，依次可归属于 Cu^{2+} $2p_{3/2}$、Cu^{3+} $2p_{3/2}$和两个卫星峰。稀土尾矿催化剂中的 Fe $2p_{3/2}$和 Fe $2p_{1/2}$特征峰经过 XPS Peak 分析软件拟合出 Fe^{2+} $2p_{3/2}$、Fe^{3+} $2p_{3/2}$、Fe^{2+} $2p_{1/2}$和 Fe^{3+} $2p_{1/2}$共4 个峰，每个特征峰的结合能分别为 710eV、711.9eV、724eV 和 726eV。添加至稀土尾矿催化剂中的过渡金属 Ni 的 Ni $2p_{3/2}$的特征峰分峰拟合如图 3-22 所示，可以观察到 3 个特征峰，依次可归属于 Ni^{2+} $2p_{3/2}$、Ni^{3+} $2p_{3/2}$和一个卫星峰，分别位于 855～856eV、856.5～857.2eV 和 860.2～862.3eV。

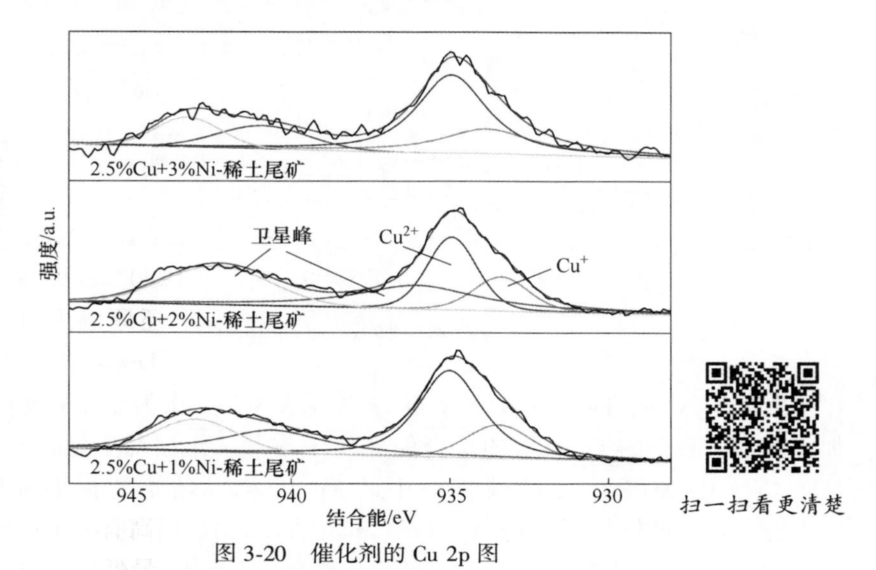

图 3-20 催化剂的 Cu 2p 图

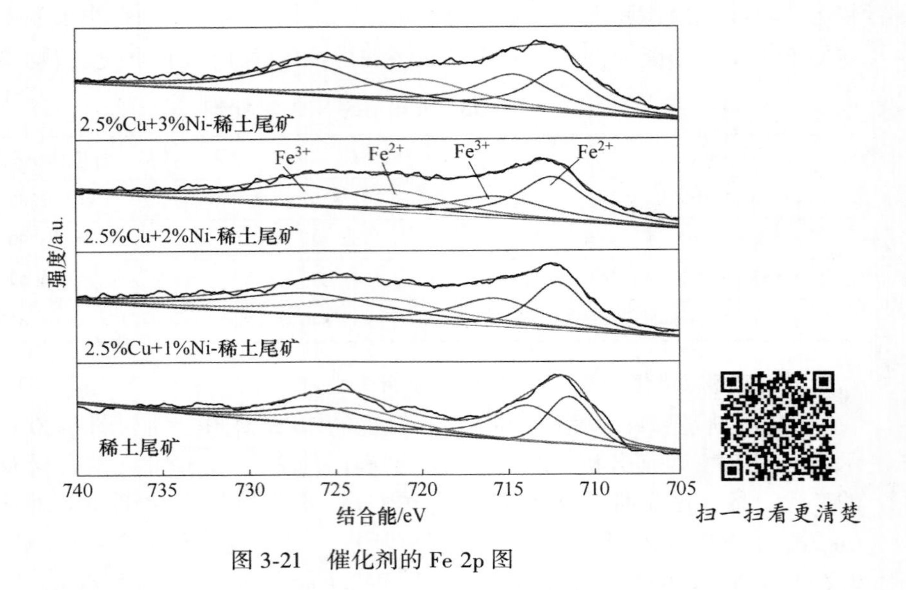

图 3-21　催化剂的 Fe 2p 图

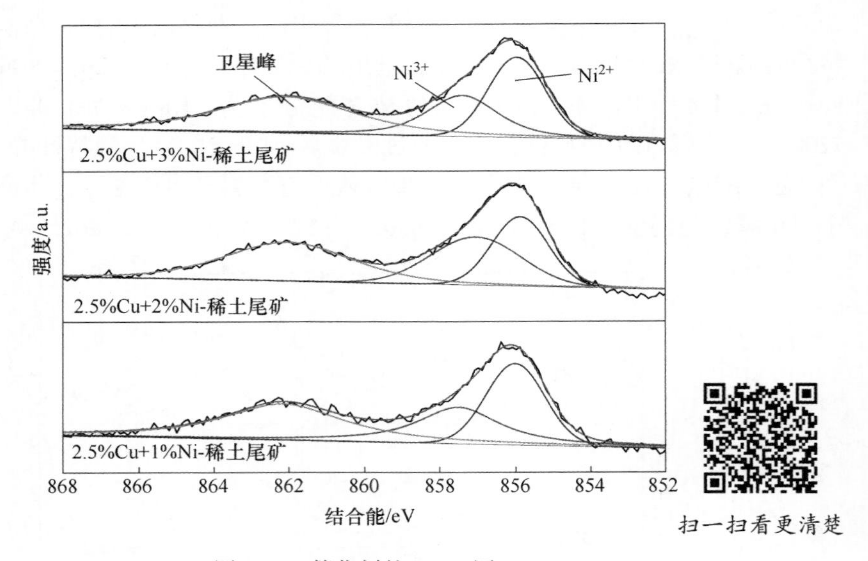

图 3-22　催化剂的 Ni 2p 图

催化剂中 Cu、Fe、Ni 各价态的结合能见表 3-14。由于过渡金属 Cu、Ni 的添加，稀土尾矿中的 Fe 元素的结合能发生了偏移。与原稀土尾矿催化剂相比，2.5%Cu+3%Ni-稀土尾矿催化剂中的 Fe 元素结合能只有小幅度的提升，Fe^{2+} $2p_{3/2}$结合能增加了 0.43eV，Fe^{3+} $2p_{3/2}$结合能增加了 0.83eV。而 2.5%Cu+2%Ni-稀土尾矿催化剂的 Fe^{2+} $2p_{3/2}$结合能提升幅度最大，增加了 0.9eV，电子转移发生率更大，所以2.5%Cu+2%Ni-稀土尾矿催化剂具有最高的脱硝效率。Cu原子的引入，使得Fe原子与Cu原子间、Ni原子和Fe原子之间发生电子偏移，Fe原子周围的化学环境发生变化，使铁元素的结合能发生变化。由表3-14可知，Cu原子和Ni原子的结合能都发生了小幅度的变化，是因为在催化剂的体系中，不仅有Cu原子和Ni原子单独与Fe原子的协同脱硝作用，还有Cu原子与Ni原子之间产生的相互作用，过渡金属Ni和Cu之间会发生电子转移（$Cu^{2+}+Ni^{2+} \rightleftharpoons Cu^{+}+Ni^{3+}$），两原子间的作用使$Cu^{2+}$物种的还原性有所提高，促使$Cu^{2+}$的结合能降低。两种过渡金属Cu和Ni产生协同作用时，两个相互接触的原子可以产生3个未配对电子，这会使得氧化铜的晶体结构不稳定，活性氧空位的数量增加，从而在整体上提高了催化剂的氧化还原性能。

催化剂中的Fe及表面的过渡金属Cu、Ni各离子浓度见表3-15。当在2.5%Cu-稀土尾矿催化剂中添加Ni达到2%时，Fe^{3+}的含量最低，而且Fe的结合能变化也是最大的。说明过渡金属Cu、Ni的添加，改变了稀土尾矿催化剂表面的活性离子分布，增强了催化剂对NH_3的吸附活化作用。总的来说，同时添加过渡金属Cu和Ni对稀土尾矿脱硝效率的提高要大于单一过渡金属作用。

表3-14 各价态元素的结合能 (eV)

催化剂	结合能							
	Fe $2p_{3/2}$		Fe $2p_{1/2}$		Cu 2p		Ni 2p	
	Fe^{2+}	Fe^{3+}	Fe^{2+}	Fe^{3+}	Cu^{+}	Cu^{2+}	Ni^{2+}	Ni^{3+}
稀土尾矿	711.52	713.92	723.80	726.10				
2.5%Cu+1%Ni-稀土尾矿	712.24	715.92	722.52	726.49	933.42	934.78	855.98	857.53
2.5%Cu+2%Ni-稀土尾矿	712.42	715.57	721.76	726.90	933.29	934.71	855.84	857.02
2.5%Cu+3%Ni-稀土尾矿	711.95	714.75	719.84	726.20	933.83	934.94	855.95	857.37

表3-15 催化剂表面元素的原子浓度 (%)

催化剂	$Fe^{3+}/(Fe^{3+}+Fe^{2+})$	$Fe^{2+}/(Fe^{3+}+Fe^{2+})$	$Cu^{+}/(Cu^{+}+Cu^{2+})$	$Cu^{2+}/(Cu^{+}+Cu^{2+})$	$Ni^{2+}/(Ni^{2+}+Ni^{3+})$	$Ni^{3+}/(Ni^{2+}+Ni^{3+})$
稀土尾矿	55.38	44.62				
2.5%Cu+1%Ni-稀土尾矿	50.15	49.85	42.01	57.99	54.17	45.83
2.5%Cu+2%Ni-稀土尾矿	44.97	55.03	49.57	50.43	49.90	50.10
2.5%Cu+3%Ni-稀土尾矿	50.03	49.97	41.42	58.58	51.34	48.66

3.4　Ce 修饰稀土尾矿催化剂及性能

在稀土尾矿中通过水热法添加过渡金属 Ce 制得衍生催化剂，研究其对 NO_x 的脱除效果，以及对催化剂进行表征分析。

3.4.1　催化剂脱硝性能

图 3-23 所示为稀土尾矿及 Ce 改性稀土尾矿催化剂的脱硝效率和氮气选择性，脱硝效率依次为 7.5%Ce-稀土尾矿催化剂大于 5%Ce-稀土尾矿催化剂大于 10%Ce-稀土尾矿催化剂大于 2.5%Ce-稀土尾矿催化剂大于稀土尾矿。Ce 改性以后脱硝反应温度窗口拓宽至 250~400℃，Ce 添加量不超过 7.5%时，脱硝效率随 Ce 添加量的增加而增加，7.5%Ce-稀土尾矿催化剂脱硝效率较未改性稀土尾矿催化剂提高了 70%，在 350℃达 80%。相反，10%Ce-稀土尾矿催化剂脱硝效率明显降低，表明 Ce 的添加有一个阈值，添加量过高会抑制催化脱硝反应的进行，不利于脱硝效率的提高。所有 Ce 改性稀土尾矿催化剂都表现出优良的氮气选择性，均在 80%以上。

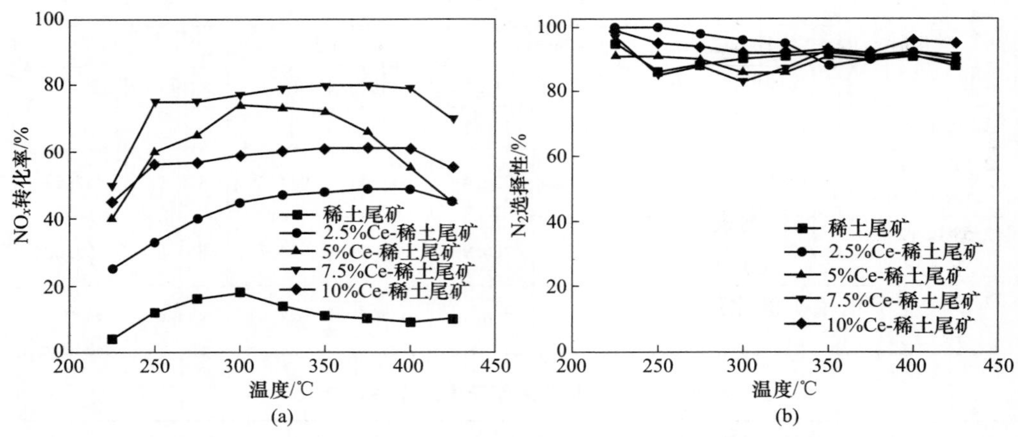

图 3-23　稀土尾矿及 Ce 改性稀土尾矿催化剂脱硝性能
（a）脱硝效率；（b）氮气选择性

3.4.2　催化剂表征

3.4.2.1　催化剂物相组成结果与分析

催化剂中活性组分起到重要的催化作用，因此活性组分的结构状态与催化剂的催化活性密切相关。图 3-24 所示为稀土尾矿及 Ce 改性稀土尾矿催化剂物相组成，由图可知，稀土尾矿催化剂主要由 $CeCO_3F$、CaF_2、Fe_2O_3、SiO_2 和白云石组成。Ce 改性后 $CeCO_3F$ 衍射峰升高，晶型更加稳定。33.15°和 35.63°处 Fe_2O_3 的衍射峰在 Ce 添加量为 7.5%时明显降低，说明适量 Ce 的添加能够提高活性组分分散度，使其均匀地分散在催化剂表面。并且在 50°~70°出现了新的非活性组分的衍射峰，在催化剂表面呈聚集态，暴露更多活性吸附位点。10%Ce-稀土尾矿催化剂中多个非活性组分衍射峰消失，分散度增强，覆盖了活性矿物组分，活性位点减少。没有观察到 CeO_x 的衍射峰，说明 Ce 以高分散态或无定形的形式存在于催化剂表面。

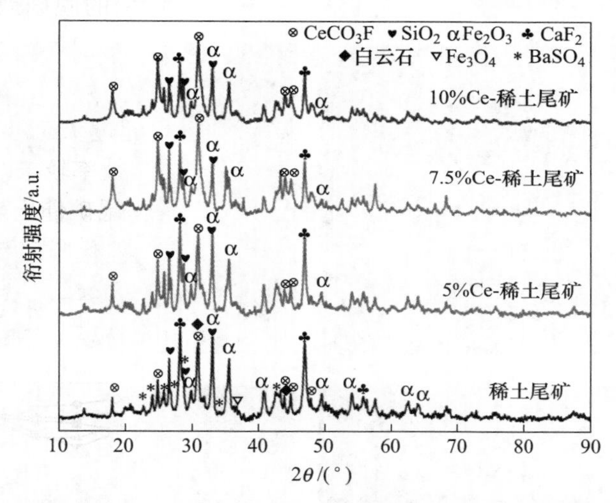

图 3-24 稀土尾矿及 Ce 改性稀土尾矿催化剂物相组成

3.4.2.2 催化剂表面形貌结果与分析

图 3-25（a）（c）（e）（g）所示分别为稀土尾矿、5%Ce-稀土尾矿催化剂、7.5%Ce-稀土尾矿催化剂和 10%Ce-稀土尾矿催化剂的微观形貌图，图 3-25（b）（d）（f）（h）分别为稀土尾矿、5%Ce-稀土尾矿催化剂、7.5%Ce-稀土尾矿催化剂和 10%Ce-稀土尾矿催化剂的表面元素分布图，图 3-25（i）为 7.5%Ce-稀土尾矿催化剂单元素分布图。由图 3-25（a）和（b）得出，稀土尾矿孔隙较大，催化剂表面主要为 Fe、Ca 和 Si 元素，分布不均匀。由图 3-25（e）和（f）看出，添加 7.5%Ce 元素以后催化剂表面由很多形状不规则、尺寸不均匀的颗粒组成，颗粒间的团聚不明显，存在由颗粒堆积而形成的空隙、孔道，孔间连通性较好，这些颗粒主要为金属氧化物，由图谱看出 Ce 的添加促进了其与稀土尾矿中活性组分的相互分散，氧化物分布均匀，提供了较多活性位点，所以其活性较高，与 XRD 分析结果一致。在图 3-25（d）和（f）中未观察到 Ce 元素，而结合图 3-25（i）7.5%Ce-稀土尾矿催化剂的单元素分布图可以明显看到催化剂

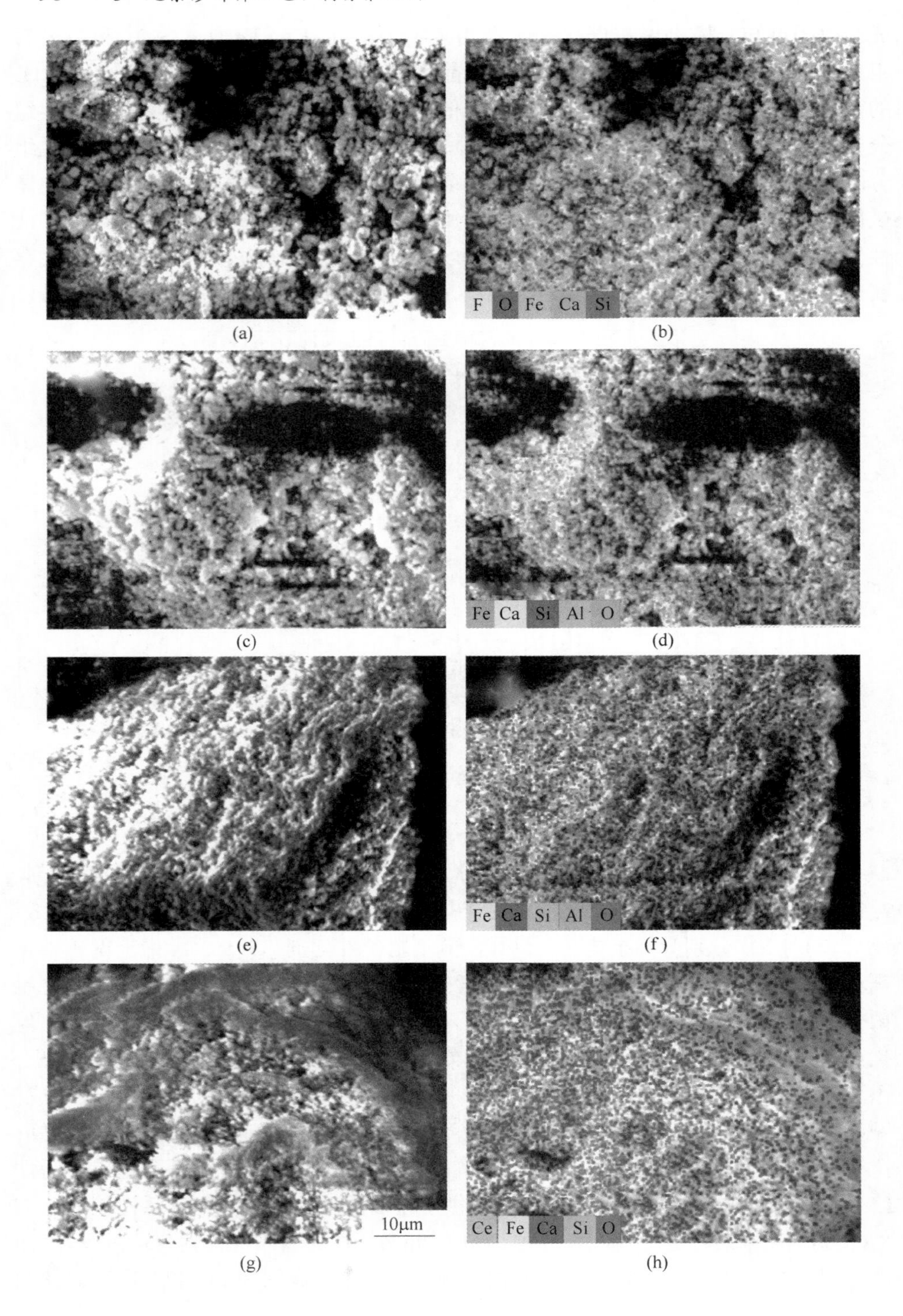
F O Fe Ca Si
Fe Ca Si Al O
Fe Ca Si Al O
10μm
Ce Fe Ca Si O
(a)
(b)
(c)
(d)
(e)
(f)
(g)
(h)

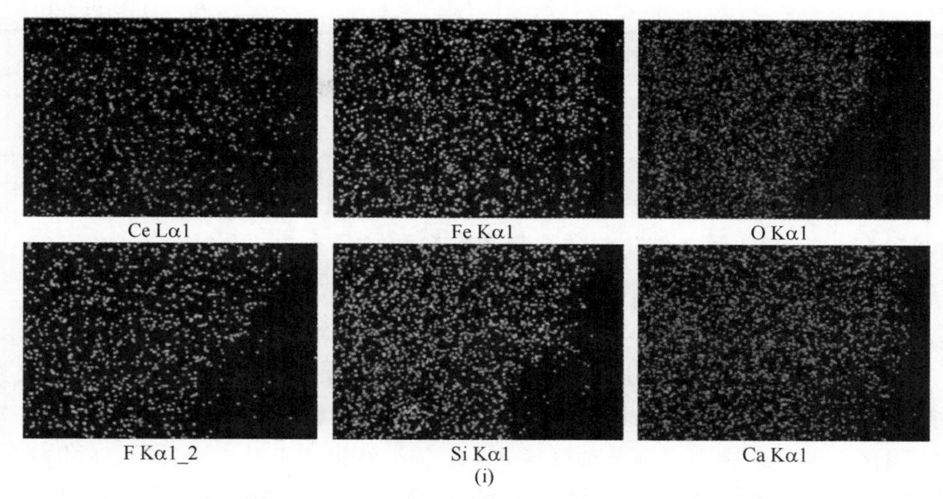

图 3-25 稀土尾矿及 Ce 改性稀土尾矿催化剂微观形貌及 EDS 能谱
(a)(b)稀土尾矿；(c)(d)5%Ce-稀土尾矿；(e)(f)7.5%Ce-稀土尾矿；
(g)(h)10%Ce-稀土尾矿；(i)7.5%Ce-稀土尾矿单元素分布

表面存在 Ce 元素，原因为 Ce 元素添加量较少，非常均匀地分散在催化剂表面而被其他元素覆盖，故未找到 Ce 元素。并且此时 Ce 元素与 Fe 元素分布位置大致相同，说明 Fe-Ce 之间存在着某种强相互作用关系。由图 3-25（g）可以看出添加 10%Ce 以后催化剂表面出现明显团聚现象，结合图 3-25（h）看出这些团聚的白色絮状物为 FeO_x、CeO_x 和 CaO_x 等金属氧化物，几乎完全包裹在催化剂表面，覆盖活性位点，颗粒间粘连严重，团聚成不规则块状，增大了气态物质扩散和传质的阻力，不利于 SCR 反应的进行，这也与 10%Ce-稀土尾矿催化剂活性大幅降低相印证。

3.4.2.3 催化剂孔结构性能结果与分析

表 3-16 为各催化剂的比表面积及孔结构。从表 3-16 看出，所有催化剂孔结构均为介孔，Ce 改性稀土尾矿后，孔径得到细化，比表面积和孔体积增大。比较三种添加量之间的比表面积发现三者相差不大，尽管 10%Ce-稀土尾矿催化剂有较大的比表面积，但其脱硝活性仍远不如 7.5%Ce-稀土尾矿催化剂。这表明比表面积只有在变化幅度较大时才会对催化剂脱硝性能产生直接影响。

表 3-16 比表面积及孔结构

催化剂	比表面积/$m^2 \cdot g^{-1}$	孔体积/$m^3 \cdot g^{-1}$	孔直径/nm
稀土尾矿	20.56	0.1142	22.21
5%Ce-稀土尾矿	28.31	0.1126	15.91

续表 3-16

催化剂	比表面积/$m^2 \cdot g^{-1}$	孔体积/$m^3 \cdot g^{-1}$	孔直径/nm
7.5%Ce-稀土尾矿	27.07	0.1349	19.93
10%Ce-稀土尾矿	31.09	0.1406	18.09

图 3-26 所示分别为稀土尾矿、5%Ce-稀土尾矿催化剂、7.5%Ce-稀土尾矿催化剂和 10%Ce-稀土尾矿催化剂的孔径类型和孔径分布图。孔径分布曲线进一步证明了 Ce 改性稀土尾矿催化剂同时存在微孔和介孔，并且随着 Ce 添加量的增加，介孔进一步增加。从 N_2 吸附/脱附曲线得出，Ce 的添加增加了 N_2 吸附量，所有催化剂的氮气吸附脱附曲线均为Ⅳ型等温线，根据 IUPAC 分类，表现出典型的 H_3 型滞回环，表明样品中存在的介孔主要由狭缝或裂纹状孔隙组成。在较高压力区，催化剂表面出现毛细凝聚体系，等温线迅速上升，没有明显的饱和吸

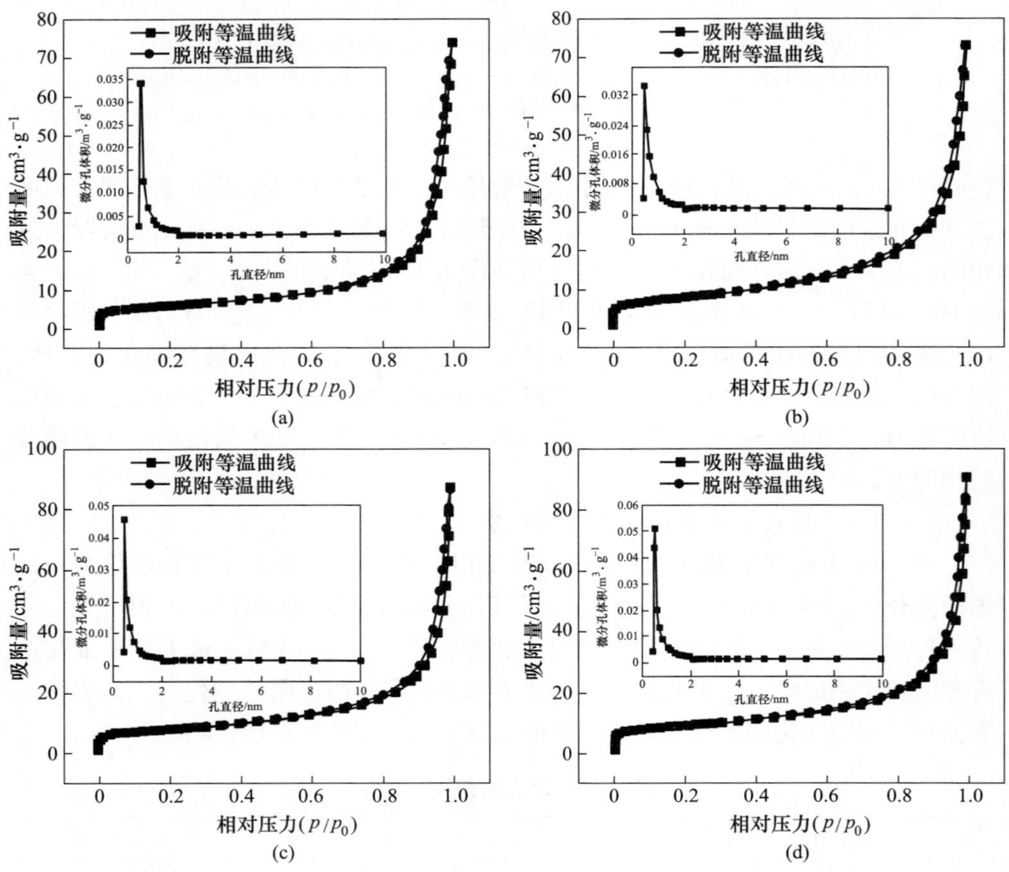

图 3-26 稀土尾矿及 Ce 改性稀土尾矿催化剂孔径分布曲线和 N_2 吸脱附等温线

（a）稀土尾矿；（b）5%Ce-稀土尾矿；（c）7.5%Ce-稀土尾矿；（d）10%Ce-稀土尾矿

附平台，尾矿催化剂与氮气之间的相互作用力减弱，此时吸附现象主要在外表面发生，凸显出了稀土尾矿作为催化剂的优势，这也说明 Ce 可以更好地存在于催化剂表面。

3.4.2.4 催化剂表面元素价态分析

催化剂的表面元素价态对催化性能具有重要影响。据文献报道，Ce 离子和 Fe 离子的转化有助于提升催化剂的脱硝活性。对四种催化剂进行 XPS 分析，分析 Ce、Fe 和 O 三种元素的价态和占比在三个 Ce 改性稀土尾矿催化剂中的变化，探究元素价态对催化剂性能的影响，图 3-27 所示分别为稀土尾矿及 Ce 改性稀土尾矿催化剂 Ce 3d、Fe 2p、O 1s 的 XPS 谱图，表 3-17 为催化剂中各元素不同价态的占比。

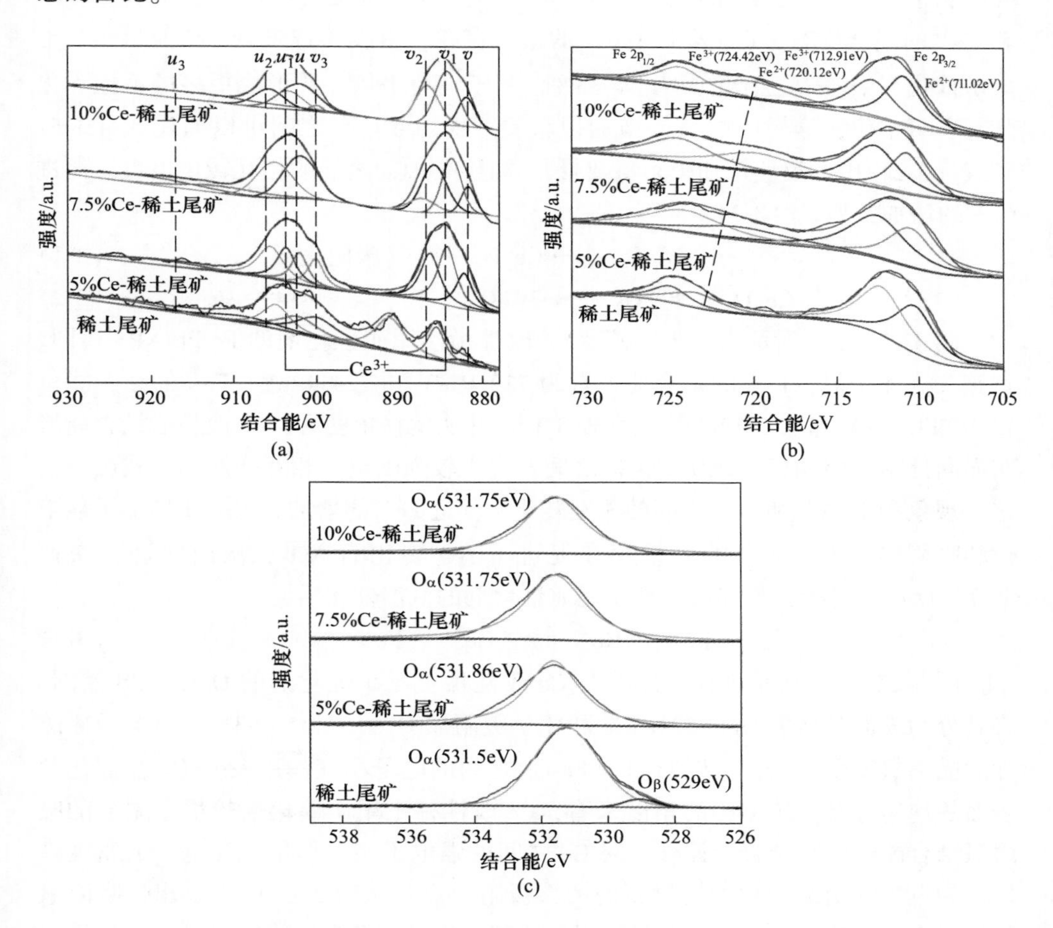

图 3-27 稀土尾矿及 Ce 改性稀土尾矿催化剂的 XPS 谱图

（a）Ce 3d；（b）Fe 2p；（c）O 1s

表 3-17　稀土尾矿及 Ce 改性稀土尾矿催化剂中各元素不同价态占比　（%）

原子占比	稀土尾矿	5%Ce-稀土尾矿	7.5%Ce-稀土尾矿	10%Ce-稀土尾矿
$Ce^{3+}/(Ce^{4+}+Ce^{3+})$	25	30.75	34.33	29.45
$Fe^{3+}/(Fe^{3+}+Fe^{2+})$	52	59	54	44
$O_\alpha/(O_\alpha+O_\beta)$	39.3	100	100	100

Ce 的添加对于催化剂性能的提高具有重要作用，首先通过 Ce 的 XPS 谱图来研究不同价态的 Ce 元素在催化剂中的分布。图 3-27（a）所示为 Ce 改性稀土尾矿催化剂的 Ce 3d XPS 谱图，将其分为 8 个峰；903.88eV 和 884.38eV 位置处的峰归属于 Ce^{3+}的峰，其余归属于 Ce^{4+}的结合能峰，这说明催化剂表面存在 Ce^{4+}和 Ce^{3+}的混合价态，且主要以 CeO_2 的形式存在。由表 3-17 得出，7.5%Ce-稀土尾矿催化剂中 Ce^{3+}占比增大为 34.33%，利于电荷平衡，并形成更多的不饱和化学键和氧空位，这对吸附氧的增加很重要。Ce^{4+}与 Ce^{3+}之间可以通过式（3-1）和式（3-2）中的反应增加吸附氧数量，并且 Fe、Ce 之间的相互转化也可以促进 Ce^{3+}的增加，见式（3-3）。

$$2CeO_2 \longrightarrow Ce_2O_3 + O^*(\text{吸附氧}) \tag{3-1}$$

$$Ce_2O_3 + 1/2O_2 \longrightarrow 2CeO_2 \tag{3-2}$$

图 3-27（b）所示为稀土尾矿及 Ce 改性稀土尾矿催化剂的 Fe 2p XPS 谱图。将其分为 4 个峰，Fe^{3+}的结合能位置为 712.91eV 和 724.42eV，Fe^{2+}的结合能位置为 711.02eV 和 720.12eV。结合表 3-17，并从偏移角度看，Ce 改性后结合能峰明显向低结合能偏移，说明 Fe-Ce 之间发生了较强的电子相互作用，见式(3-3)，这一现象利于 Fe^{3+}和 Fe^{2+}之间的相互转化，促进 Fe^{3+}的增加，进一步增加了氧空位和吸附氧含量。Fe^{3+}的大量存在促进了 NO 转化为 NO_2，从而促进“快速 SCR”反应的进行，最终改善稀土尾矿催化剂的低温催化活性。

$$Fe^{2+} + Ce^{4+} \rightleftharpoons Ce^{3+} + Fe^{3+} \tag{3-3}$$

图 3-27（c）所示为稀土尾矿及 Ce 改性稀土尾矿催化剂的 O 1s XPS 谱图。将其分为表面晶格氧 O_β（529eV）和化学吸附氧 O_α（531.5~531.86eV），Ce 改性后晶格氧完全消失，可以归因于 Fe-Ce 之间的电子相互作用及 CeO_2 在催化剂表面的均匀分布。从偏移的角度来看，Ce 改性稀土尾矿催化剂较稀土尾矿的吸附氧结合能峰向高结合能偏移，Fe-Ce 之间的强电子相互作用诱导电子云密度降低，为电负性硝酸盐物种提供新的活性吸附位点。从表 3-17 可以看出，吸附氧为氧元素的主要存在形式，而且吸附氧迁移率比晶格氧强，能够促进反应过程中的氧循环，进而提高催化剂对 NO 和 O_2 的活化能力，利于“快速 SCR”反应的进行。

3.4.2.5 催化剂表面酸性能结果与分析

图3-28所示为稀土尾矿及Ce改性稀土尾矿催化剂的NH_3-TPD图谱。一般认为低温下的NH_3脱附峰对应吸附在Brønsted酸位点上的NH_4^+，300℃以上对应于吸附在Lewis酸位点上的NH_3。所以图3-28中100~300℃和350~410℃的脱附峰分别对应B酸和L酸。添加Ce后峰强度增大，结合XPS分析结果可知，Fe原子密度增加，促进L酸中强酸位点增多，从而使得表面酸度增强。从偏移角度分析，Ce改性稀土尾矿催化剂脱附峰初始温度向高温偏移，说明催化剂热稳定性提高，有助于抑制氨的氧化，提高了中温活性，这也是活性温度窗口拓宽的原因。

经计算，稀土尾矿NH_3吸附量为8.7mmol/g，5%Ce-稀土尾矿催化剂的NH_3吸附量为9.6mmol/g，7.5%Ce-稀土尾矿催化剂的NH_3吸附量为11.5mmol/g，10%Ce-稀土尾矿催化剂的NH_3吸附量为11mmol/g，分别对比3个Ce改性稀土尾矿催化剂的NH_3吸附量发现，7.5%Ce-稀土尾矿催化剂NH_3吸附量为11.5 mmol/g，与10%Ce-稀土尾矿催化剂相近，但脱硝活性相差较大，进一步结合图3-28分析得出，7.5%Ce-稀土尾矿催化剂的Brønsted酸位吸附峰强度明显大于10%Ce-稀土尾矿催化剂，这说明Ce改性稀土尾矿催化剂中B酸位点是硝酸盐物种及气相NO_2吸附的主要酸活性位点。所以当Ce改性量为7.5%时，Fe-Ce之间的相互作用最大化地增加了酸位点，利于NH_3吸附，是脱硝效率提高的关键因素。

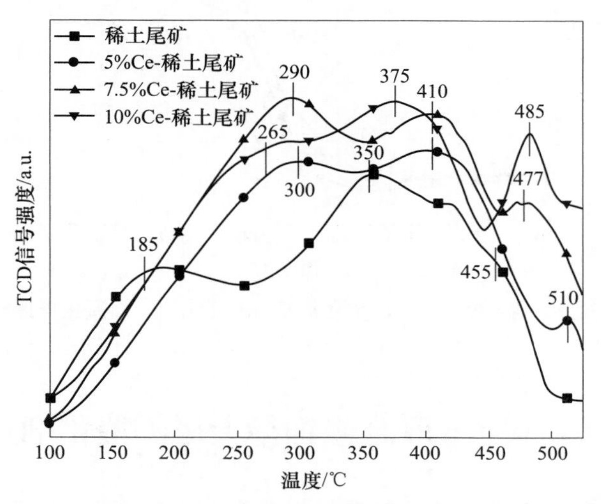

图3-28 稀土尾矿及Ce改性稀土尾矿催化剂表面NH_3吸附能力

3.4.2.6 催化剂氧化还原性能结果与分析

图3-29所示为催化剂H_2-TPR图谱，从图中看出，四种催化剂出峰形状大致

相同，均有 3 个还原峰。图 3-29 中 400℃左右的峰归属为催化剂表面氧的还原峰，550℃左右归属为 Fe_2O_3 转化为 Fe_3O_4 和表相 CeO_2 的还原峰，因为 Fe_3O_4→FeO 与 FeO→Fe 的活化能和速率常数很相近，则认为两步是一起完成的，所以 750℃左右的还原峰为 Fe_3O_4→Fe 的还原峰或体相 CeO_2 的还原峰。Ce 改性以后还原峰起始温度随着 Ce 添加量的增加依次向低温偏移，说明在 Ce 改性稀土尾矿催化剂中 Fe-Ce 的相互作用能够使得氧化还原反应更易进行。

稀土尾矿耗氢量为 7. 13mmol/g，5%Ce-稀土尾矿催化剂的耗氢量为 5. 03mmol/g，7. 5%Ce-稀土尾矿催化剂的耗氢量为 6. 64mmol/g，10%Ce-稀土尾矿催化剂的耗氢量为 8. 99mmol/g，10%Ce-稀土尾矿还原峰起始温度最低，耗氢量为 8. 99mmol/g，高于其他添加量的 Ce 改性稀土尾矿催化剂，因此其氧化还原能力较好，说明 Ce 的添加有利于在氧化脱氢方面提高 SCR 低温下的脱硝催化性能。但 10%Ce-稀土尾矿催化剂脱硝活性远低于 7. 5%Ce-稀土尾矿催化剂，因此氧化还原性能对稀土尾矿脱硝活性的影响力不如表面酸位点强，并且氧化还原能力过强易导致氨氧化，不利于脱硝效率的提高。

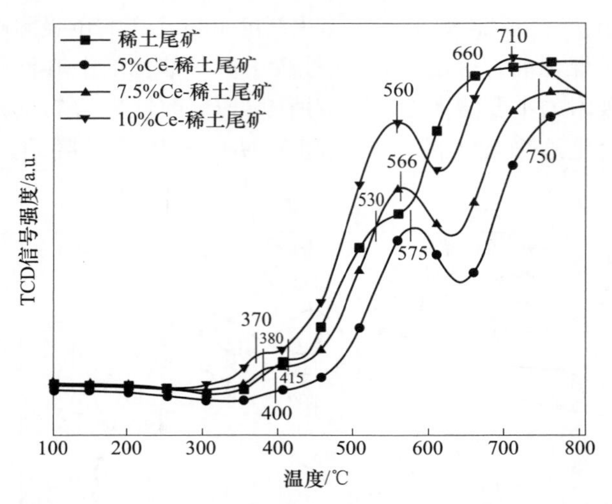

图 3-29　稀土尾矿及 Ce 改性稀土尾矿催化剂表面氧化还原能力

3. 5　Ce-W-Co 联合修饰稀土尾矿催化剂及性能

研究发现，双元素改性能改善催化剂表面活性组分的分散程度、表面酸性能和氧化还原性能，使催化剂的脱硝效果明显优于单元素改性，本节在 Ce 改性稀土尾矿的基础上，分别添加金属元素 W 和 Co 对稀土尾矿催化剂进行调控，考察了元素种类及元素比例对稀土尾矿催化剂脱硝性能的影响。

3.5.1 催化剂脱硝性能

图 3-30（a）所示为 Ce-W 改性稀土尾矿催化剂脱硝效率，添加 W 元素后温度窗口与 Ce 改性稀土尾矿催化剂相同，250～400℃脱硝效率均在 80%左右，350℃脱硝效率最高为 85%，比 Ce 改性稀土尾矿催化剂仅提升 5%，而对于 W 改性稀土尾矿催化剂脱硝效率提升较为明显，且温度窗口向低温移动。Ce：W＝2.5：1 和 Ce：W＝3：1 脱硝效率及温度窗口大致相同，但随着 Ce 的进一步添加，活性降低 20%，所以 Ce 的过量添加会抑制 Ce、W 之间的相互作用，导致脱硝效率降低。图 3-30（b）为 Ce-W 改性稀土尾矿催化剂 N_2 选择性，相比单元素改性稀土尾矿催化剂有 5%～15%的提升，反应温度范围内均在 95%以上。

图 3-30（c）为 Ce-Co 改性稀土尾矿催化剂脱硝效率，最佳 Ce：Co 为 2：1，

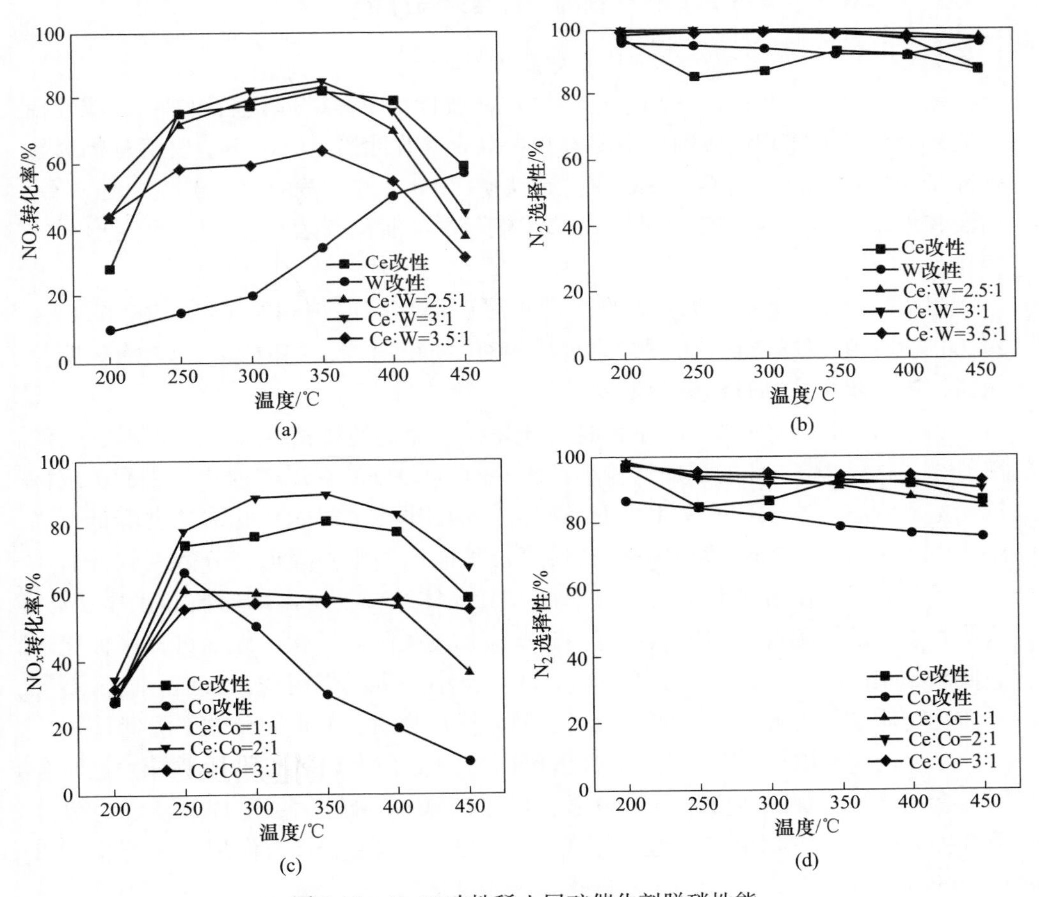

图 3-30 Ce-M 改性稀土尾矿催化剂脱硝性能

（a）（b）Ce-W 改性稀土尾矿催化剂；（c）（d）Ce-Co 改性稀土尾矿催化剂

与 Ce 改性稀土尾矿催化剂相比，脱硝效率提升 10%，在 350℃ 能够达到 90%以上，且比 Co 改性稀土尾矿催化剂的温度窗口拓宽 100℃，Ce : Co = 1 : 1 和 Ce : Co = 3 : 1 时脱硝活性及变化趋势一致。进一步分析发现，Ce 含量过高或过低都会降低催化剂脱硝效率，与 Ce 改性稀土尾矿催化剂研究结果一致，说明在 Ce-Co 改性稀土尾矿催化剂中，Ce 占主导地位，Co 对 Ce 起调节作用，活化活性组分，使得 Ce-Co、Ce-Fe 等之间的协同作用得到充分发挥，促进了脱硝活性的提高。图 3-30（d）所示为不同比例 Ce-Co 改性稀土尾矿催化剂的 N_2 选择性，较 Ce 改性稀土尾矿催化剂有小幅提升，均在 90%以上。

综上所述，Ce-Co 改性稀土尾矿催化剂同时具备优良的脱硝效率和 N_2 选择性，总体上优于 Ce-W 改性稀土尾矿催化剂。

3.5.2　Ce-M 改性稀土尾矿催化剂的表征结果与分析

3.5.2.1　催化剂物相组成结果与分析

图 3-31（a）和（b）所示分别为 Ce-W 改性稀土尾矿催化剂和 Ce-Co 改性稀土尾矿催化剂的物相组成图。由图可知，双元素改性稀土尾矿中主要组分仍为氟碳铈矿（$CeCO_3F$）、石英（SiO_2）、赤铁矿（Fe_2O_3）、萤石（CaF_2）、白云石，均没有出现 CeO_x 衍射峰，说明 CeO_x 均匀分散在催化剂表面，或以无定形形式存在。

图 3-31（a）所示为 Ce-W 改性稀土尾矿催化剂的物相组成图，在 22.82°、24.06°、25.9°、28.24°、33.15°出现了 WO_3 的衍射峰，同时 $CeCO_3F$ 峰强明显减弱，进一步提高活性组分分散度。

图 3-31（b）所示为 Ce-Co 改性稀土尾矿催化剂的物相组成图，未见 CoO_x 的衍射峰，这是由于 Co 的添加量较小，使 CoO_x 均匀分散在尾矿催化剂表面，或保持无定形状态。与 Ce-W 改性稀土尾矿催化剂相同，$CeCO_3F$ 的结晶度降低，当 Ce : Co = 2 : 1 时 35.63°处 Fe_2O_3 峰强度较其他比例略微降低，分散度较好。当活性组分处于高度分散和无定形状态时，其晶体结构处于高度扭曲和无序状态，这使其表面的缺陷位增多，从而有利于反应物的吸附和活化，因而可提高催化剂的低温 SCR 活性。Ce : Co = 3 : 1 时，Co 占比小，协同作用弱，CaF_2、白云石等非活性物质的衍射峰峰强减弱，覆盖了部分活性物质，使得脱硝效率降低。

结合两组 XRD 数据得出，没有出现明显的复合金属氧化物衍射峰，过渡金属元素的添加会促进活性组分的分散，但 Ce : M 比例过大会造成非活性组分分散性提高，进而占据更多活性吸附位点，抑制了活性组分的作用，不利于 SCR 反应的进行。

3.5.2.2　催化剂孔结构性能结果与分析

表 3-18 为 Ce-M 改性稀土尾矿催化剂的比表面积和孔结构汇总表。Ce-W 改

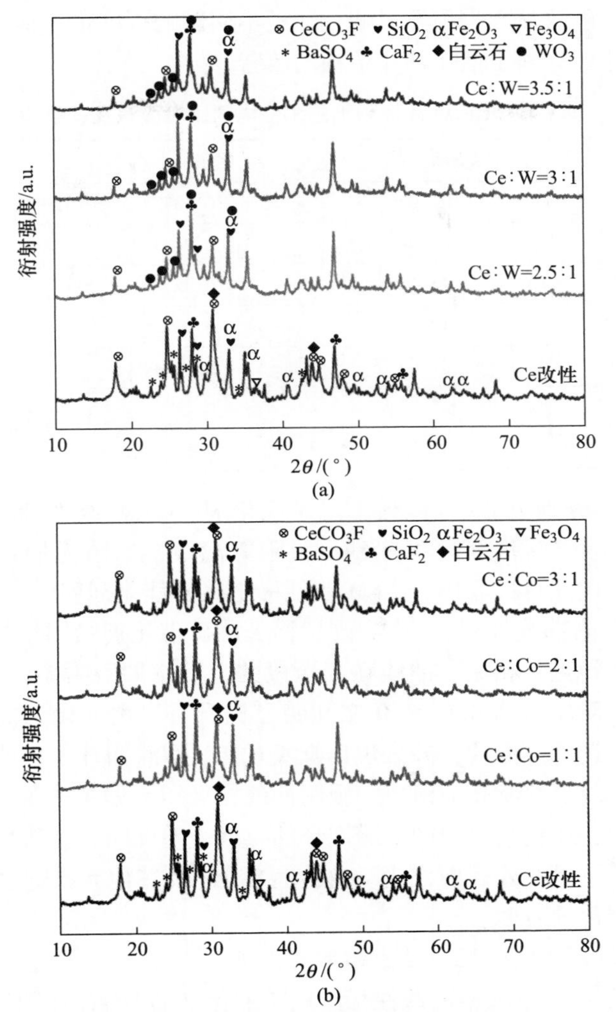

图 3-31 Ce-M 改性稀土尾矿催化剂物相组成

（a）Ce-W 改性稀土尾矿催化剂；（b）Ce-Co 改性稀土尾矿催化剂

性稀土尾矿催化剂的比表面积、孔体积和孔直径均比 Ce 改性稀土尾矿催化剂低，说明 Ce-W 同时作为活性组分加入催化剂时，对催化剂的比表面积以及孔容具有一定的抑制作用，但相比 Ce-Co 改性稀土尾矿催化剂，其孔直径较大，利于气态反应物和生成物的扩散、传质。Ce∶W=3∶1 的比表面积最大且活性最高，说明比表面积对 Ce-W 改性稀土尾矿催化剂有直接影响。Ce-Co 改性稀土尾矿催化剂比表面积明显增大，其中 Ce∶Co=2∶1 比表面积最大，Ce∶Co=1∶1 和 3∶1 的比表面积相近，变化规律与活性分析相符。对比两种 Ce-M 改性稀土尾矿催化剂比表面积发现，Ce-Co 改性稀土尾矿催化剂大于 Ce-W 改性稀土尾矿催化剂，表明比表面积对脱硝效率产生重要影响，元素不同影响程度也不同，并且活性组分的相互作用整体上有利于催化剂孔结构的改善。

表 3-18　Ce-M 改性稀土尾矿催化剂比表面积及孔结构

催化剂	比表面积/$m^2 \cdot g^{-1}$	孔体积/$m^3 \cdot g^{-1}$	孔直径/nm
Ce 改性	27.07	0.1349	19.92
Ce：W=2.5：1	16.94	0.0683	16.13
Ce：W=3：1	18.15	0.0727	16.03
Ce：W=3.5：1	17.94	0.0697	15.54
Ce：Co=1：1	31.60	0.1334	16.89
Ce：Co =2：1	42.20	0.1356	12.85
Ce：Co =3：1	31.50	0.1167	14.82

图 3-32 所示分别为 Ce 改性稀土尾矿催化剂、Ce-W 改性稀土尾矿催化剂和 Ce-Co 改性稀土尾矿催化剂的 N_2 吸附/脱附等温线，插图为催化剂孔径分布曲线。从孔径分布曲线可以看出，Ce-M 改性稀土尾矿催化剂同时存在微孔和介孔。观察 N_2 吸附/脱附曲线发现，Ce-W 改性稀土尾矿催化剂吸附量最小，吸附量与比表面积、孔体积呈正相关；曲线在高压段的上升率即吸附率，添加 Co 后催化剂的吸附率在相对压力为 0.6～1.0 之间明显提升。三种催化剂的氮气吸附脱附曲线相同，均为Ⅳ型等温线，并表现出典型的 H_3 型滞回环，表明样品中存在的介孔主要由狭缝或裂纹状孔隙组成。吸附曲线在低压区偏 *Y* 轴说明催化剂与氮气有较强的作用力，在较高压力区，滞回环的出现表明此时介孔表面出现毛细凝聚体系，吸附现象主要在外表面发生。这也说明 Ce 及其他元素通过相互作用可以更好地存在于催化剂表面。

3.5.2.3　催化剂氧化还原性能结果与分析

图 3-33（a）所示为 Ce-W 改性稀土尾矿催化剂的 H_2-TPR 图，从图中看出添加 W 后有 5 个氧化还原峰，并且据文献报道，从 W^{6+} 到 W^0 的多级还原过程有 3 个典型的还原峰，位于 607℃、707℃ 以及 857℃ 的还原峰分别对应于 $WO_3 \rightarrow WO_{2.9}$、$WO_{2.9} \rightarrow WO_2$ 和 $WO_2 \rightarrow W$ 的还原，同时还伴随着 FeO_x 的还原。由于 CeO_2 在 550℃ 和 750～850℃ 分别对应表相 CeO_2 和体相 CeO_2 的还原，所以 840～857℃是体相 CeO_2 中 $Ce^{4+} \rightarrow Ce^{3+}$ 和 WO_2 还原为 W 的重叠峰，体相 CeO_2 的峰较 Ce 改性稀土尾矿催化剂迅速上升，可归因于 WO_3 和 CeO_2 相互作用形成的 W—O—Ce 键。从耗氢量看，W 的加入使得耗氢量减少，调节了催化剂的氧化还原性，可能是 $Ce_2(WO_4)_3$ 的形成抑制了催化剂氧化还原性能，避免催化剂氧化性过强而将 NH_3 过度氧化产生 N_2O，这是 Ce-W 改性稀土尾矿催化剂 N_2 选择性较高的原因。

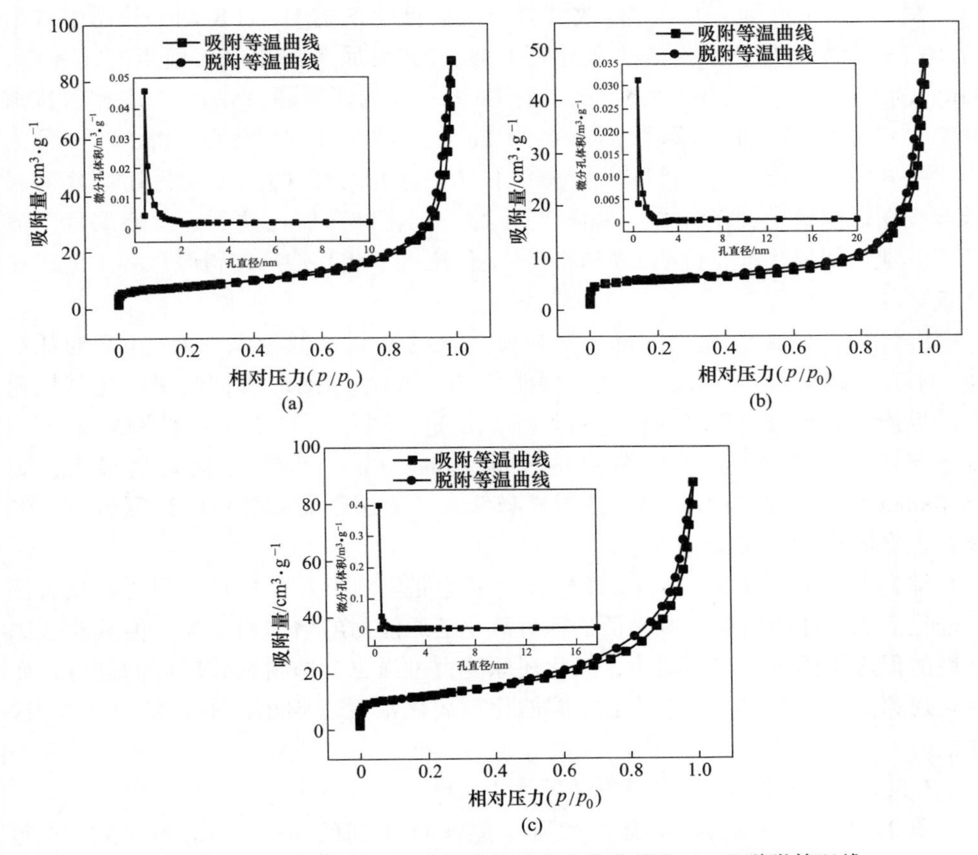

图 3-32 Ce-M 改性稀土尾矿催化剂孔径分布曲线和 N_2 吸脱附等温线

（a）Ce 改性稀土尾矿催化剂；（b）Ce-W 改性稀土尾矿催化剂；（c）Ce-Co 改性稀土尾矿催化剂

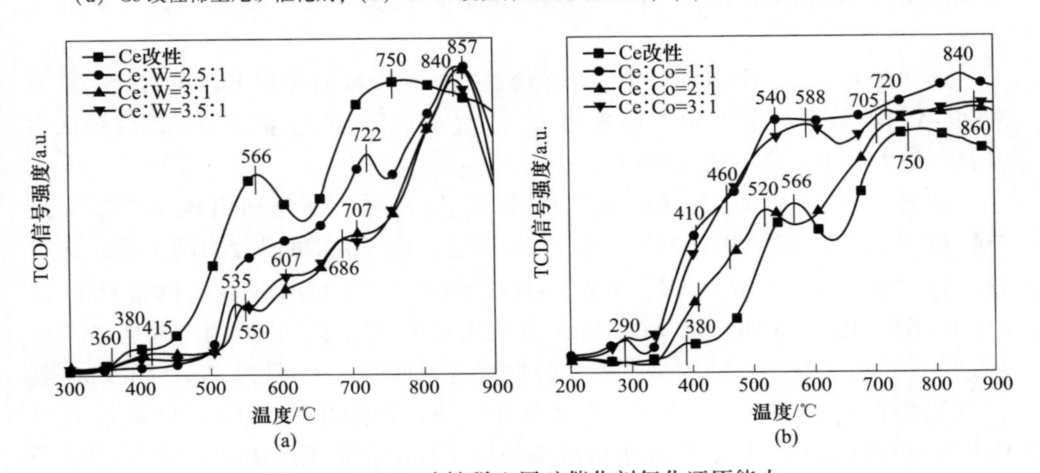

图 3-33 Ce-M 改性稀土尾矿催化剂氧化还原能力

（a）Ce-W 改性稀土尾矿催化剂；（b）Ce-Co 改性稀土尾矿催化剂

图 3-33（b）所示为 Ce-Co 改性稀土尾矿催化剂的 H_2-TPR 图，从图中看出 Ce：Co=2：1 时催化剂有 6 个氧化还原峰，290℃属于催化剂表面氧的还原峰，410℃为 $Co^{3+}\rightarrow Co^{2+}$的还原峰，460℃为 $Co^{2+}\rightarrow Co$ 的还原峰，520℃为表相氧化铈和 $Fe_2O_3\rightarrow Fe_3O_4$ 的还原峰，705℃为 $Fe_3O_4\rightarrow FeO$ 的还原峰，860℃归属为 $FeO\rightarrow Fe$ 的还原峰，同时伴随着体相氧化铈的还原。Co 的加入使得还原峰的起始温度向低温移动，而且 Ce：Co=2：1 时，氧化铈和氧化铁的还原峰温度明显低于其他比例催化剂，说明 Co 和 Ce 在最佳比例下相互作用使得改性稀土尾矿催化剂更易氧化还原。

经计算，添加 W 元素的稀土尾矿催化剂的耗氢量低于添加 Co 元素的耗氢量，调节了催化剂的氧化还原性，可能是 $Ce_2(WO_4)_3$ 的形成抑制了催化剂氧化还原性能，避免催化剂氧化性过强而将 NH_3 过度氧化产生 N_2O，这是 Ce-W 改性稀土尾矿催化剂 N_2 选择性较高的原因。Ce：Co=1：1 时耗氢量最大，为 15.08mmol/g，但此时对应的活性明显降低，氧化还原能力过强使得氨进一步氧化，也会影响 SCR 脱硝活性。

综合上述结果发现，Ce-Co 改性稀土尾矿催化剂中元素相互作用能够显著提升催化剂氧化还原性能，脱硝活性随着氧化还原能力的增加而增加，但其对脱硝活性的促进作用有一定的阈值，氧化还原能力过强也会抑制脱硝反应的进行；而氧化还原能力对 Ce-W 改性稀土尾矿催化剂脱硝活性影响小，主要影响其 N_2 选择性。

3.5.2.4 催化剂表面元素价态分析

图 3-34 所示分别为 Ce-M 改性稀土尾矿催化剂的 W 4f、Co 2p 的 XPS 光谱图，对各催化剂不同元素的特征峰进行分峰拟合，通过面积比计算催化剂表面各元素价态的原子比，表 3-19 为 Ce-M 改性稀土尾矿催化剂各元素价态占比。

从图 3-34（a）看出，W 4f 由两个峰组成，两个峰值分别出现在 35.58eV 和 37.66eV，这分别对应 W $4f_{7/2}$和 W $4f_{5/2}$，且都归属于 W^{6+}。低结合能的峰被认为是具有较大电子云密度的 W 物种。

从图 3-34（b）看出，Co $2p_{3/2}$及 Co $2p_{1/2}$的两个峰分别出现于 780.86～786.86eV 及 796.75～797.03eV。通过分峰拟合，Co $2p_{3/2}$可以分为两个峰，其中 780.86～780.91eV 对应 Co^{3+}，782.5～782.68eV 对应 Co^{2+}。各比例催化剂在 646.8～646.92eV 和 803.02～803.45eV 处均出现了卫星峰，它们的出现是 Co^{2+}物种存在于材料表面的一种信号，这些数据综合说明了 CoO_x是以 Co_3O_4和 CoO 混合的形式存在。从表 3-19 的原子占比看出，各比例催化剂中 Co 的存在形式以 Co^{3+}为主，说明 Fe^{3+}和 Ce^{4+}离子可以参与以下反应促进 Co^{2+}与 Co^{3+}之间的电子转移：

$$Co^{2+} + Ce^{4+} \rightleftharpoons Co^{3+} + Ce^{3+}$$

$$Co^{3+} + Fe^{2+} \rightleftharpoons Co^{2+} + Fe^{3+}$$

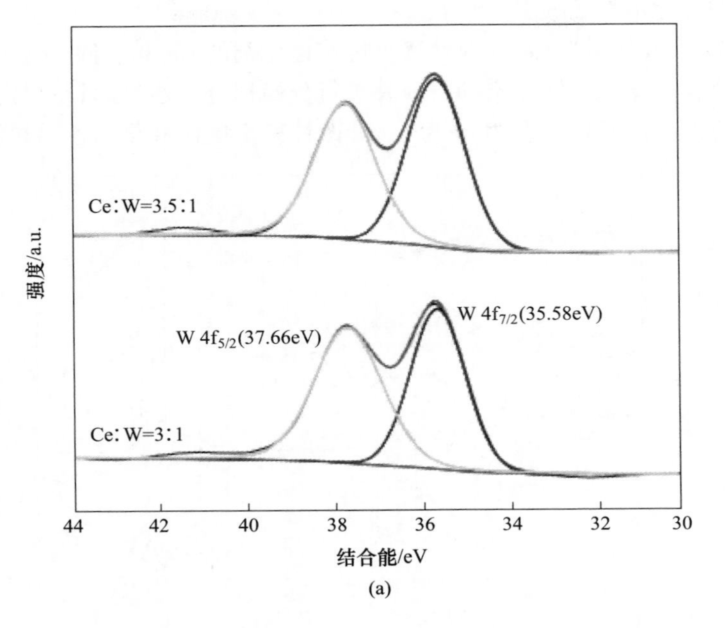

(a)

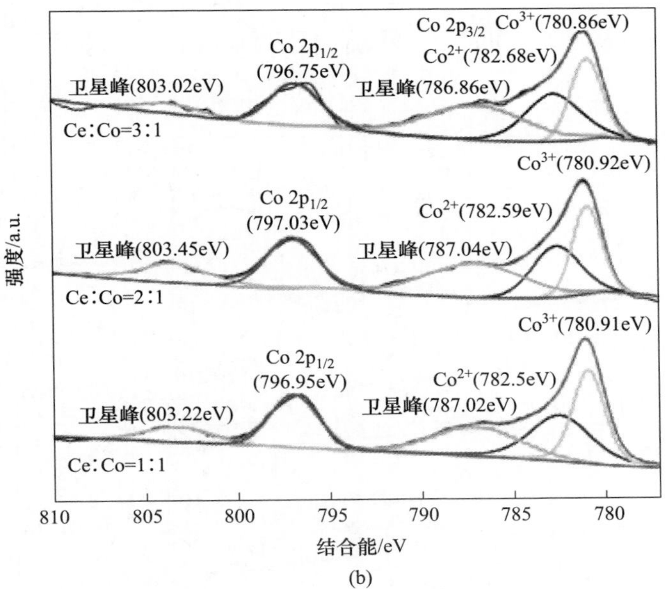

(b)

图 3-34　Ce-M 改性稀土尾矿催化剂活性元素 XPS 光谱

（a）W 4f；（b）Co 2p

使 Co^{3+} 恢复到原态参与催化反应，Co^{3+} 的大量存在能够增加表面酸量，这一结果表明，Co^{3+} 物种是所制备催化剂中的主要活性物种，并且 Co^{3+} 的占比对这一催化剂中催化活性的提升很重要。

图 3-35 所示分别为 Ce-M 改性稀土尾矿催化剂的 Ce 3d、Fe 2p、O 1s 的 XPS 光谱图，对各催化剂不同元素的特征峰进行分峰拟合，通过面积比计算催化剂表面各元素价态的原子比，表 3-19 为 Ce-M 改性稀土尾矿催化剂各元素价态占比。

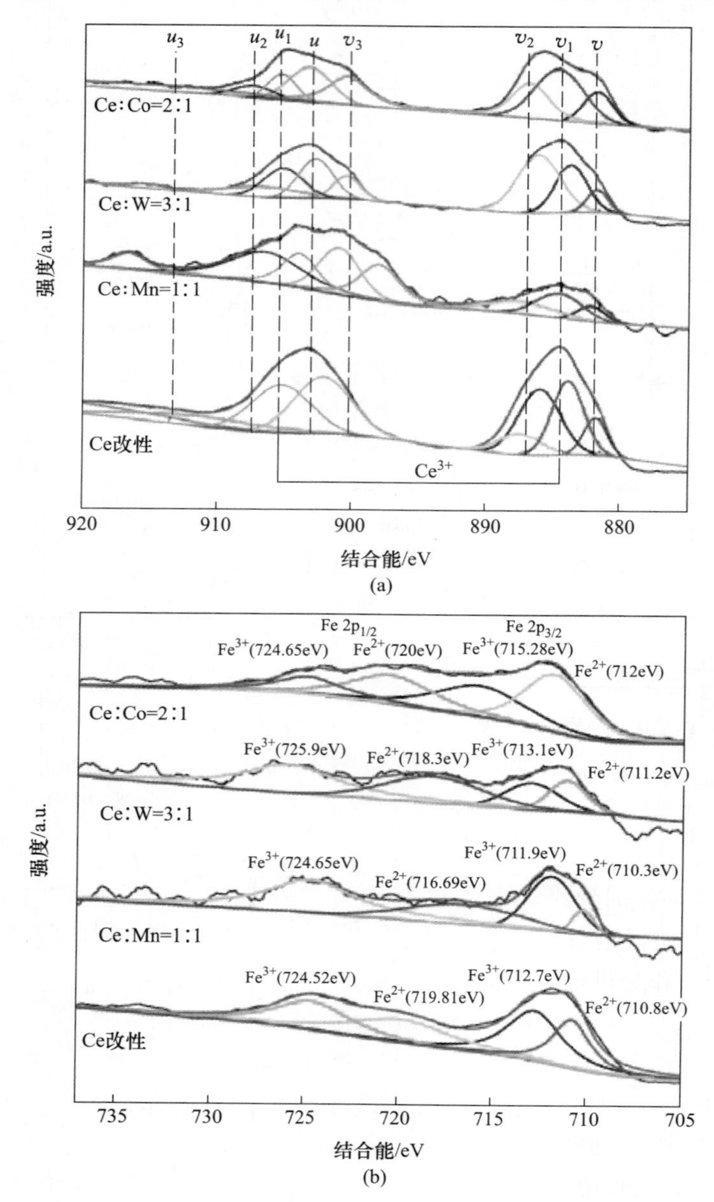

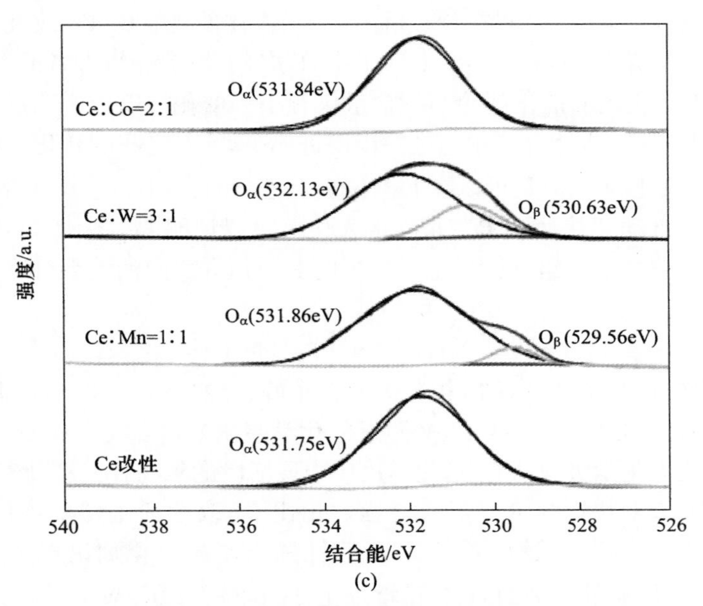

图 3-35 Ce-M 改性稀土尾矿催化剂活性元素 XPS 光谱

(a) Ce 3d; (b) Fe 2p; (c) O 1s

表 3-19 Ce-M 改性稀土尾矿催化剂各元素价态占比

原子占比/%	Ce 改性	Ce : W=3 : 1	Ce : Co=2 : 1
$Ce^{3+}/(Ce^{3+}+Ce^{4+})$	34.33	31.11	31.08
$Fe^{3+}/(Fe^{2+}+Fe^{3+})$	54	59.37	46.78
$O_\alpha/(O_\alpha+O_\beta)$	100	76.36	100

通过图 3-35（a）看出，Ce 3d 可以分为 8 个子峰，u_1、v_1归属于 Ce^{3+}的结合能峰，v、v_2、v_3、u、u_2、u_3 归属为 Ce^{4+}的结合能峰。从 XPS 能谱及表 3-19 可发现 Ce 在催化剂中主要以 Ce^{4+}形式存在。Ce-M 改性稀土尾矿催化剂中 Ce^{3+}的含量显著降低，促进了 $Ce^{3+}\rightarrow Ce^{4+}$的转移，进一步证明了氧化还原性是影响 Ce-M 改性稀土尾矿催化剂脱硝活性的关键因素。Ce-W 及 Ce-Co 改性稀土尾矿催化剂中 Ce^{3+}和 Ce^{4+}向低结合能偏移，这证明了 Ce-Co、Ce-W 之间发生了相互作用，同时说明 WO_3 作为供电子基团使得催化剂电子云密度增加。

通过图 3-35（b）可以看出，Fe 2p 在 724.52~725.9eV 和 711.9~715.28eV 归属为 Fe^{3+}的结合能峰，710.3~712eV 和 716.69~720eV 属于 Fe^{2+}的结合能峰，说明催化剂中 Fe^{3+}和 Fe^{2+}同时存在。从峰偏移角度分析，Ce-W 与 Ce-Co 改性稀土尾矿催化剂中 Fe 的结合能峰向高结合能偏移，添加 W、Co 后增强了 Ce 对 Fe 的强诱导作用，使得电子云排布发生变化，向 Ce 方向偏移，进而利于 Fe^{3+}-Fe^{2+}

之间的相互转化，增加氧空位。通过计算原子占比发现，Ce-Co 改性稀土尾矿催化剂中 Fe^{3+} 含量降低为 46.78%，说明促进 Co^{2+} 转化为 Co^{3+} 的离子主要为 Fe^{3+}。而 Ce-W 改性稀土尾矿催化剂的 Fe^{3+} 含量仅有小幅变化。以上说明过渡金属元素加入后能够与 Fe 发生相互作用，进一步促进 Fe 离子对之间的转化，在 NH_3-SCR 反应中，NO 氧化为 NO_2 是可以在 Fe^{3+} 位点上进行的，因此更多的 Fe^{3+} 可以促进 NO_2 的生成，推动"快速 SCR"反应的发生。可以证明 Fe_2O_3 是 Ce-M 改性稀土尾矿催化剂重要的活性组分，稀土尾矿中的 Fe 与 Co 之间的关系可以用以下反应式表示：

$$Fe^{2+} + Co^{3+} \rightleftharpoons Fe^{3+} + Co^{2+}$$

从图 3-35（c）看出，O 1s 被分为两个子峰，529.56~530.63eV 附近的晶格氧物种记为 O_β，531.75~532.13eV 附近的化学吸附氧（如 O^{2-} 和 O^-）记为 O_α。通常情况下认为化学吸附氧 O_α 是化学反应中最活泼的氧物种，有助于 NO 快速氧化成 NO_2，加快"快速 SCR"反应进程。相比 Ce 改性稀土尾矿催化剂，Ce-Co 改性稀土尾矿催化剂仍只有 O_α，Ce-W 改性稀土尾矿催化剂出现了小部分 O_β。Ce-W 改性稀土尾矿催化剂的 O_β 含量增加至 23.64%，说明 W 与 Ce^{3+} 反应促进了 Ce^{4+} 的生成，更易形成晶格氧，由于晶格氧的流动性弱于吸附氧，所以过多晶格氧使得氧化还原能力降低，进一步证实 H_2-TPR 的分析结果。

3.5.2.5　催化剂表面酸性能结果与分析

催化剂的表面酸度对 NO_x 的 NH_3-SCR 始终起着至关重要的作用。因此，对双元素改性稀土尾矿催化剂进行了 NH_3-TPD 测试。图 3-36 所示分别为 Ce-W 改性稀土尾矿催化剂以及 Ce-Co 改性稀土尾矿催化剂的 NH_3-TPD 曲线。

图 3-36（a）所示为 Ce-W 改性稀土尾矿催化剂的 NH_3-TPD 表征结果。添加 W 元素后脱附峰起始温度明显前移，在 110℃ 和 170℃ 出现了两个宽而弱的脱附峰，200~400℃之间的峰属于中强酸位，400℃以上的归属于强酸性位，由此看出弱酸性位也明显增加。对比三个比例催化剂之间的低温脱附峰强度可以得出，Ce：W＝3：1 有较多弱酸性位点，这对 Ce-W 改性稀土尾矿催化剂活性的提高很重要。

图 3-36（b）所示为 Ce-Co 改性稀土尾矿催化剂的 NH_3-TPD 表征结果。与前文相同，300℃以上的脱附峰对应 L 酸性位上配位态 NH_3 的解离。Co 的加入使脱附峰的起始温度随着 Ce：Co 的降低而向低温偏移，并促进了中强酸位点和部分弱酸位点的增加，表明 B 酸位在 Ce-Co 改性稀土尾矿催化剂表面占比增大，与 XPS 分析结果相符，这表明了中强酸位点的数量是决定 Ce-Co 改性稀土尾矿催化剂脱硝效率高于 Ce 改性稀土尾矿催化剂的重要因素，并且有文献已证实了中强酸位点对 NH_3-SCR 有明显的促进作用这一结论。综合图 3-36（a）和（b）的分析得出，W 的加入不同程度地增加了弱酸和强酸位点数量，Co 则增强了中酸位的强度。

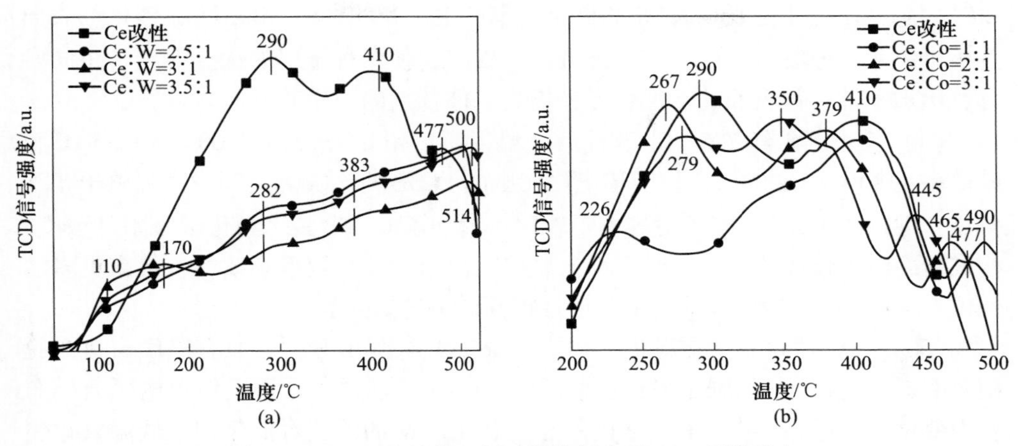

图 3-36 Ce-M 改性稀土尾矿催化剂表面 NH_3 吸附能力

（a）Ce-W 改性稀土尾矿催化剂；（b）Ce-Co 改性稀土尾矿催化剂

3.6 本 章 小 结

本章通过水热法在稀土尾矿中添加过渡金属 Cu、Ni、Ce、Co、W 制得衍生催化剂，来提高稀土尾矿催化剂对 NO_x 的脱除效果。对制得的催化剂样品粉体进行了脱硝效率测试和各种表征分析，得到以下结论：

（1）过渡金属 Cu 和 Ni 分别单独添加至稀土尾矿催化剂中，可大幅度提高催化剂的脱硝效率。其中，2.5%Cu-稀土尾矿催化剂在 300℃左右的温度范围内最高可达 75%，同时它的氮气选择性也是优于其他催化剂的。而且在 150~400℃温度范围内，6%Ni-稀土尾矿催化剂的脱硝效率最高，最高达 84%，优于过渡金属 Cu 改性的稀土尾矿催化剂。不仅如此，过渡金属 Cu 和 Ni 单独改性的催化剂其 N_2 选择性也较高。

（2）与稀土尾矿催化剂相比，过渡金属 Cu 和 Ni 都可大幅度提升催化剂的比表面积。稀土尾矿的比表面积只有 38.1m^2/g，而过渡金属 Cu 改性的稀土尾矿催化剂比表面积最大可为 59.7m^2/g，过渡金属 Ni 改性的稀土尾矿催化剂比表面积还要大一些，为 75.1m^2/g。两种过渡金属都在很大程度上提升了催化剂的比表面积，这为催化剂提供了更多的吸附位点。同时，催化剂的氧化还原能力和酸性位点也都优于过渡金属的改性作用而得到了增加。

（3）在稀土尾矿催化剂中，由于过渡金属的添加，其 XRD 图中的峰形变得更加尖锐，衍射角也发生了偏移。过渡金属与催化剂中的 Fe 原子发生了协同，在过渡金属 Cu 单独改性稀土尾矿催化剂中存在电子转移 $Fe^{3+} + Cu^{+} \rightleftharpoons Fe^{2+} +$

Cu^{2+}。而且在添加过渡金属 Ni 的催化剂中产生了新的物种 $NiFe_2O_4$，催化剂表面发生了氧化还原反应：$Fe^{2+} + Ni^{3+} \rightleftharpoons Fe^{3+} + Ni^{2+}$，使两种金属的优点得到了协同发挥，增加了催化剂表面的活性位点，提高了催化剂的脱硝效率。

（4）稀土尾矿经 7.5%Ce 改性后，温度窗口拓宽为 250~400℃，在 350℃脱硝效率达 80%。Ce 的引入使得稀土尾矿中的 Fe 元素与 CeO_x之间发生强电子相互作用，促进了 Fe、Ce 离子对的电子转移，增加了 Ce^{3+}、Fe^{3+}和化学吸附氧浓度，构成新的电子传递体系。同时，稀土尾矿表面结构和酸量得到改善，暴露更多活性位点，Brønsted 酸性位的增加是活性提高的关键因素。

（5）Ce-W 改性稀土尾矿催化剂中，Ce∶W＝3∶1 时，在原有温度窗口内脱硝效率提升 5%。W 增强了 Ce 对稀土尾矿中 Fe 的强诱导作用，使得电子云排布发生变化，促进了 Fe^{3+}、Fe^{2+}之间的相互转化。W 的添加对催化剂中低温氧化还原能力起抑制作用，避免了 NH_3 的过度氧化，N_2 选择性在反应温度范围内接近 100%，较 Ce 改性稀土尾矿催化剂有显著优势。

（6）在 Ce-Co 改性稀土尾矿催化剂中，最佳 Ce∶Co 为 2∶1，350℃脱硝效率达 90%以上，N_2 选择性在反应温度范围内也均大于 90%。Co 的加入使得稀土尾矿表面氧化还原反应更易进行，加速 Fe^{3+}和 Ce^{4+}将 Co^{2+}氧化为 Co^{3+}，Co^{3+}提供了大量 Brønsted 酸位点，使得催化剂表面 NH_3 吸附能力增强。因此，Ce-Co 改性稀土尾矿催化剂是整体性能最优良的 Ce-M 改性稀土尾矿催化剂。

4 酸活化联合元素修饰稀土尾矿制备催化剂

研究发现，锰元素改性可以为催化剂提供较为丰富的酸性位点和较好的氧化还原性能，使催化剂具有较高的活性和较好的低温活性。本章以硫酸活化后的尾矿为研究对象，对其进行 Mn 改性，并对催化剂的物相组成、表面元素价态、氨气的脱附能力和氧化还原能力等进行介绍。

4.1 Mn 修饰硫酸活化稀土尾矿催化剂及性能

研究不同改性量下的锰改性硫酸活化稀土尾矿催化剂的脱硝效率，并对催化剂进行表征分析。

4.1.1 催化剂脱硝性能

锰元素在改性时，改性量较大导致锰元素堆积不利于脱硝反应的进行，本节考察了改性量为 0%、2.5%、5%、7.5% 4 个水平。图 4-1 所示为不同锰元素改性量对催化剂的脱硝效率和 N_2 选择性的影响图。由图 4-1（a）可知，锰元素的改性使稀土尾矿催化剂的脱硝温度窗口向低温移动至 250~350℃；催化剂的脱硝效率在 100~200℃时几乎为 0；在 250~350℃时；锰改性的催化剂的脱硝率较高，且在锰元素改性量为 5%时表现出最佳的 NO_x 转化率，在 300℃时达 86%；在 350~

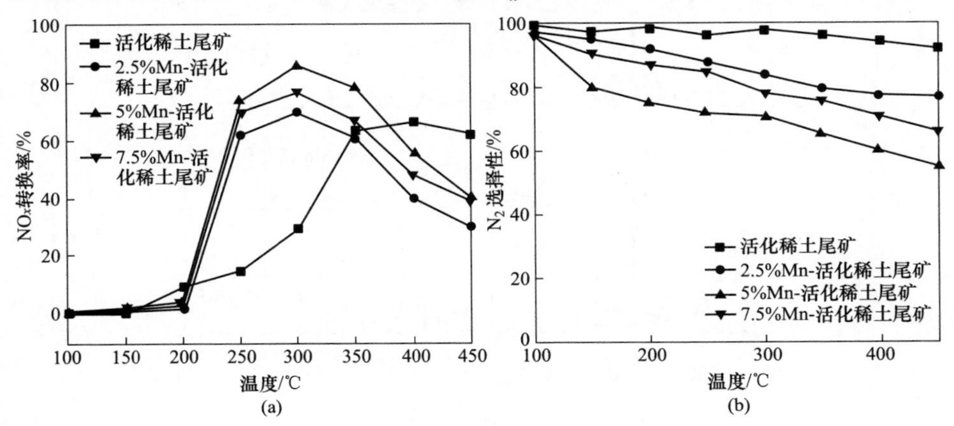

图 4-1 不同锰改性量下稀土尾矿催化剂的脱硝性能

（a）脱硝效率；（b）氮气选择性

450℃时，锰改性的催化剂脱硝效率有一定程度下降。由图 4-1（b）知，锰改性大幅度降低了催化剂的 N_2 选择性，随着锰改性量的增大 N_2 选择性逐渐变差；在 100~250℃时，锰元素改性量为 2.5%和 5%的催化剂 N_2 选择性下降缓慢保持在 80%以上，锰元素改性量为 7.5%的催化剂 N_2 选择性下降到 70%；在 300~450℃时，锰元素改性量为 2.5%和 5%的催化剂 N_2 选择性下降到 70%，锰元素改性量为 7.5%的催化剂 N_2 选择性下降 1/2。

4.1.2 催化剂表征

4.1.2.1 催化剂物相组成结果与分析

乙酸锰改性量为 0、2.5%、5%和 7.5%的催化剂的 XRD 谱图如图 4-2 所示。乙酸锰为前驱体浸渍法进行锰改性，焙烧后乙酸锰分解为锰氧化物。由图 4-2 可知，XRD 图谱中没有发现锰元素相关的衍射峰，说明氧化锰以非晶或无定形的形式存在；各物质的衍射峰强度随着乙酸锰的添加量增大逐渐减弱、衍射峰的宽度随着乙酸锰的添加量增大逐渐变宽。可能原因为硫酸活化后产生铁氧化物、硫酸镁和硫酸钙等物质附着在矿物表面，导致其衍射峰的半峰宽变宽、衍射峰强度减弱。焙烧时催化剂同时存在 Fe^{3+}、Fe^{2+} 和 Mn^{2+} 可能产生铁锰协同作用。硫酸活化时会产成一定量的硫酸锰，使高价态的锰含量较少，不利于催化剂的低温活性。这也是锰改性后，催化剂的低温脱硝活性依然较差的原因之一。

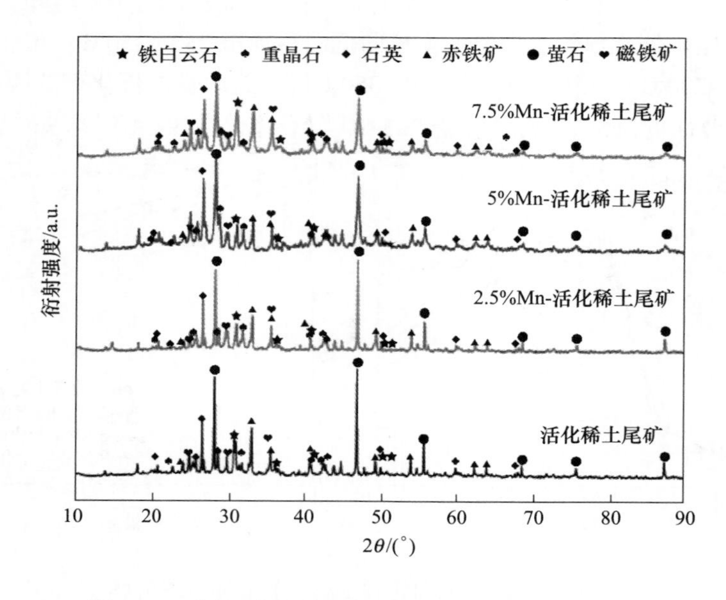

图 4-2 不同锰改性量下稀土尾矿催化剂的 XRD 谱图

4.1.2.2 催化剂酸性能结果与分析

图4-3所示为不同锰改性量下催化剂的NH_3程序升温脱附曲线。由图4-3可知，锰改性量为0%、2.5%、5%和7.5%的催化剂均具有4个脱附峰；在低温段（100~250℃内），改性量为0%的催化剂的脱附峰的位置在149℃左右，改性量为2.5%和5%的催化剂具有两个脱附峰，脱附峰的位置分别在97℃左右和208℃左右，改性量为7.5%的催化剂的脱附峰的位置在108℃左右；在中温段（250~400℃）内，只有改性量为0%和7.5%的催化剂有一个脱附峰，在277℃左右；在高温段（400℃以上），2.5%、5%和7.5%的催化剂均具有两个脱附峰，脱附峰的位置分别在435℃左右和480℃左右，且脱附峰的位置不随锰改性量变化而变化。整个脱附峰的面积随着锰改性量的升高逐渐增大，说明锰元素的改性提高了催化剂的酸性位点。

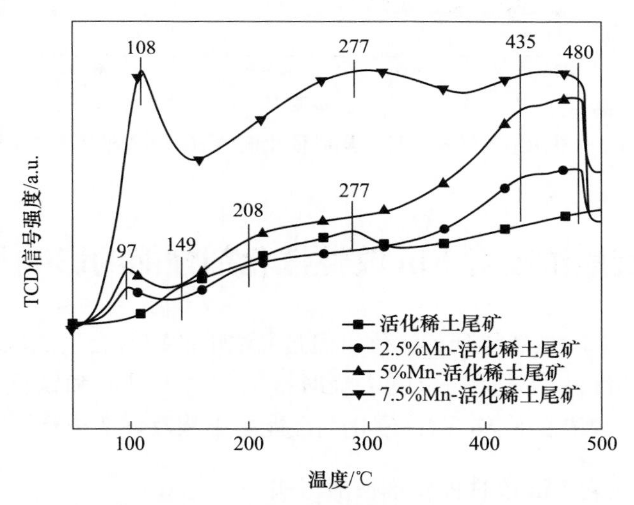

图4-3 不同锰改性量下稀土尾矿催化的NH_3脱附能力

4.1.2.3 催化剂氧化还原结果与分析

图4-4所示为不同锰添加量的催化剂在200~900℃的氧化还原性能。由图4-4可知，Mn元素的改性增大了催化剂的还原峰面积，即提高了催化剂的氧化还原能力；锰添加量为2.5%的催化剂分别在450℃、600℃和700℃出现还原峰；锰添加量为5%的催化剂分别在300℃、450℃和850℃出现还原峰，在500~700℃出现一个宽的还原峰；锰添加量为7.5%的催化剂分别在350℃、450℃、600℃、700℃和800℃出现还原峰。根据文献资料可知：在300℃的还原峰归因于催化剂的表面氧还原；在450℃的还原峰归因于Fe_2O_3-Fe_3O_4的还原；500~600℃的还原峰归因于Mn元素的系列还原；700℃以上的还原峰对应于进一步将FeO还原为Fe。整个还原峰的面积随锰添加量的增加而先增大后减小，在添加量为5%时具

有最佳的氧化还原能力。其余添加量脱硝率低的原因可能是锰添加量过高使得催化剂表面的氧化锰堆积，堵塞孔道，减少了气体与催化剂的接触。

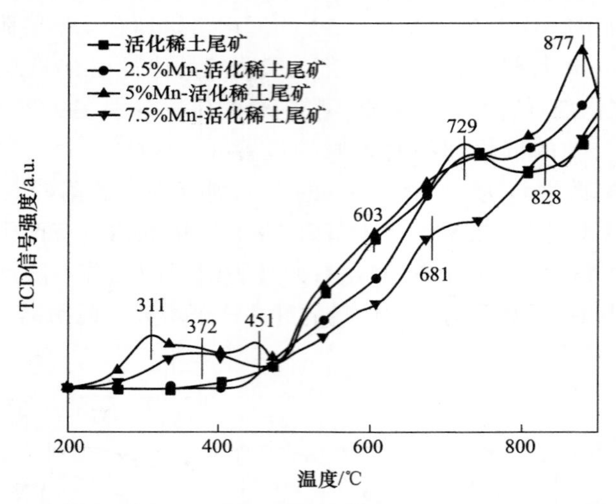

图 4-4　不同锰改性量下稀土尾矿催化剂的 H_2 程序升温还原曲线

4.2　硫酸浓度对 Mn 改性催化剂性能的影响及表征

硫酸处理后矿物虽然得到了活化，但是高浓度的硫酸会生成较多的 Ca 和 Mg 的硫酸盐等不具活性的物质，影响焙烧时锰氧化物的结晶和铁锰协同作用的形成。因此，对硫酸浓度对 Mn 改性催化剂性能的影响及表征进行探究。

4.2.1　硫酸浓度对 Mn 改性催化剂性能影响

考察硫酸浓度 0mol/L、0.5mol/L、1mol/L、3mol/L 四个水平。图 4-5 为不同浓度硫酸下锰改性催化剂的脱硝效率和 N_2 选择性情况。由图 4-5（a）知，硫酸浓度为 3mol/L、1mol/L、0.5mol/L 和 0mol/L 的温度窗口分别为 250～350℃、200～300℃、150～250℃和 150～250℃；硫酸浓度为 0.5mol/L 时催化剂表现出最佳的 NO_x 转化率，在 200℃为 92%，且温度窗口也向低温区移动。图 4-5（b）为不同硫酸浓度对锰改性催化剂 N_2 选择性的影响，由图可知，硫酸浓度为 3mol/L 时，催化剂的氮气选择性下降较为缓慢，在 100～350℃内保持在 80%以上；硫酸浓度为 0.5mol/L 和 1mol/L 时，催化剂的氮气选择性在 100～250℃内下降较为缓慢，保持在 80%以上，在 300～350℃内迅速降到 7/10 以下；硫酸浓度为 0mol/L 时，催化剂的氮气选择在 100～350℃内下降迅速，降到 1/2 以下。

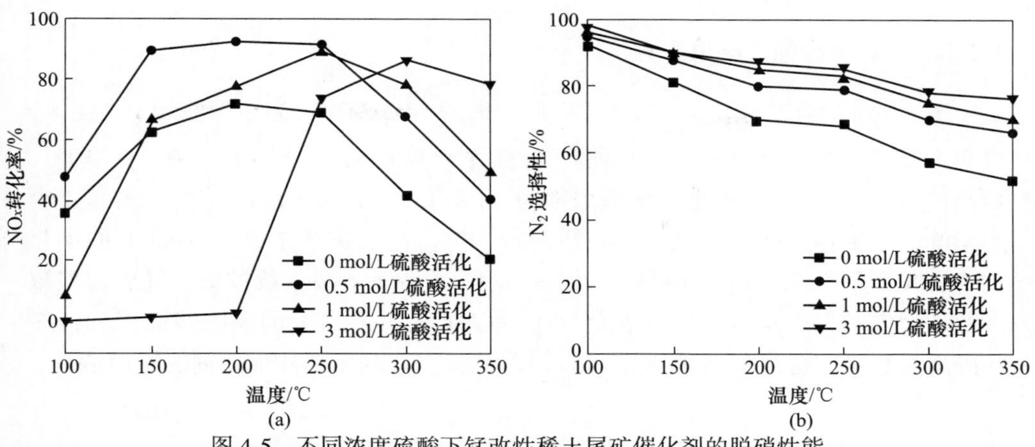

图 4-5　不同浓度硫酸下锰改性稀土尾矿催化剂的脱硝性能

（a）脱硝效率；（b）氮气选择性

4.2.2　催化剂物相组成结果与分析

硫酸浓度为 3mol/L、1mol/L、0.5mol/L、0 活化尾矿后锰改性催化剂的 XRD 谱图如图 4-6 所示。由图 4-6 可知，在硫酸浓度为 0.5mol/L 和 1mol/L 时，白云石、磁铁矿和赤铁矿的衍射峰强度有一定减弱，说明这两种浓度下硫酸与白云石、赤铁矿和磁铁矿会发生反应，为锰改性提供 Fe^{2+} 和 Fe^{3+}，有利于催化剂产生铁锰协同作用。由于硫酸浓度较小，生成的硫酸盐的量会减少，$MnSO_4$ 的生成量减少使得高价态 Mn 的比例升高，增强了催化剂的低温氧化还原能力，有利于提高催化剂的低温活性；$CaSO_4$ 和 $MgSO_4$ 的生成量减少，提高了铁氧化物和锰氧化物的分散度，有利于提高催化剂的脱硝活性。

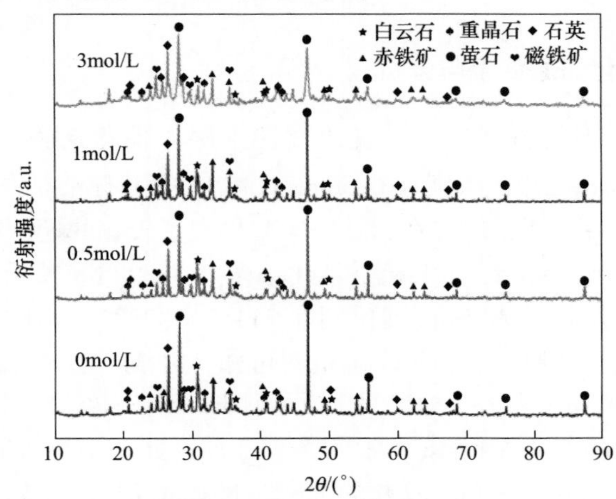

图 4-6　不同浓度硫酸下锰改性催化剂的 XRD 谱图

4.2.3 催化剂酸性能结果与分析

图 4-7 所示为不同浓度硫酸活化后催化剂的 NH_3 程序升温脱附曲线。由图 4-7 可知，硫酸浓度为 0.5mol/L 的催化剂有 5 个脱附峰，分别在 100℃、210℃、422℃、454℃和 474℃附近；硫酸浓度为 1mol/L 和 3mol/L 的催化剂均具有 4 个脱附峰，分别在 100℃、210℃、422℃和 474℃附近；硫酸浓度为 0mol/L 的催化剂具有 3 个脱附峰分别在 100℃、292℃和 474℃附近。脱附峰的面积随着硫酸浓度的增大先增大后减小，硫酸浓度为 0.5mol/L 时具有最大的脱附峰面积和最多的脱附峰数量，提高了催化剂的 NH_3 吸附能力，有利于提高催化剂的脱硝活性。

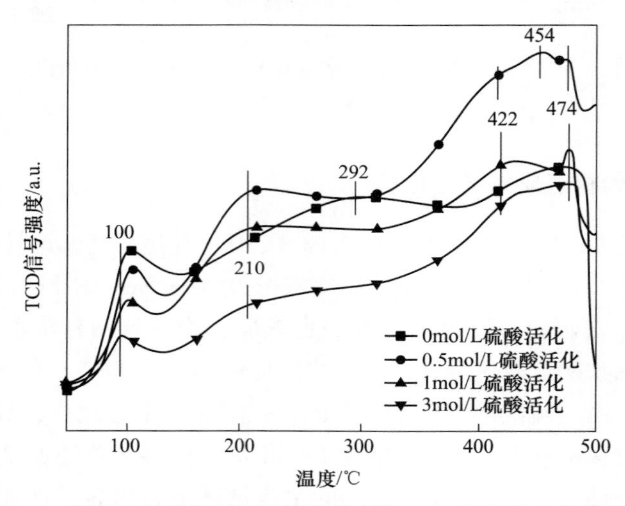

图 4-7 不同浓度硫酸下锰改性催化剂的 NH_3 程序升温脱附曲线

4.2.4 催化剂氧化还原结果与分析

图 4-8 所示为不同浓度硫酸下锰改性稀土尾矿催化剂在 100～900℃的 H_2-TPR 图谱。由图 4-8 可知，浓度为 0.5mol/L 和 1mol/L 硫酸活化后 Mn 改性催化剂在 451℃出现了一个还原峰、在 500～600℃出现了较宽的还原峰、850℃附近出现了一个还原峰，浓度为 1mol/L 硫酸活化催化剂在 808℃增加了一个还原峰；浓度为 3mol/L 硫酸活化后 Mn 改性催化剂在 311℃、372℃、451℃、500℃、600℃和 850℃分别出现了还原峰。根据文献资料可知，在 311℃和 372℃的还原峰归因于催化剂的表面氧还原；在 451℃的还原峰归因于 Fe_2O_3-Fe_3O_4 的还原；500～600℃的较宽的还原峰归因于 Mn 元素的系列还原；700℃以上的还原峰对应于进一步将 FeO 还原为 Fe。整个还原峰的面积，随硫酸浓度的增大先增大后减小，在 1mol/L 具有最大的还原峰面积。结合 NH_3-TPD 结果分析可知，硫酸浓度为

0. 5mol/L 时，催化剂同时具有一定的氨气吸附能力和氧化还原能力。

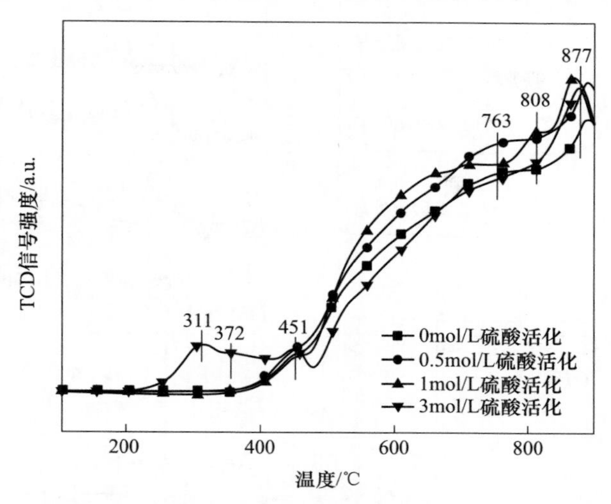

图 4-8 不同浓度硫酸下锰改性稀土尾矿催化剂的 H_2 程序升温还原曲线

4.2.5 催化剂表面元素价态分析

为了探究不同浓度硫酸活化对锰改性催化剂表面元素化合价态和相对含量的影响，对催化剂进行了 XPS 表征测试。对 Mn、Fe 和 O 等元素的 XPS 能谱进行分峰拟合，确定元素的价态分布及含量。图 4-9 所示分别为催化剂样品的 O 1s 谱图、Fe 2p 谱图和 Mn 2p 谱图，催化剂表面不同元素价态的相对含量见表 4-1。

由图 4-9（a）可知，对 O 1s 谱图进行分峰拟合后可以观察到在结合能为 529. 8eV 和 531. 8eV 附近有两个特征峰，它们分别归属于晶格氧（O_β）和表面化学吸附氧（O_α）。结合表 4-1，化学吸附氧 O_α 的占比随着硫酸浓度的增加而增大，3mol/L 硫酸活化锰改性催化剂的比值最高，为 87%。由图 4-9（b）可知，对 Fe 2p 图谱分峰拟合后得到了两种价态的 Fe 物种，分别为 Fe^{2+}（结合能在 711. 4eV 附近）和 Fe^{3+}（结合能在 714. 9eV 附近）。结合表 4-1，随着硫酸浓度的增加铁离子的占比先增大后减小，硫酸浓度为 1mol/L 时铁离子占比最大为 61%。由图 4-9（c）可知，催化剂的 Mn 2p 特征峰经过分峰拟合处理后，可以进一步分为不同的 Mn 物种，分别为 Mn^{2+}（结合能在 641. 2eV 附近）、Mn^{3+}（结合能在 642. 9eV 附近）和 Mn^{4+}（结合能在 643. 7eV 附近）。结合表 4-1，$Mn^{4+}/(Mn^{4+}+Mn^{3+}+Mn^{2+})$ 的值随着硫酸浓度的增加而先增大后减小，0. 5mol/L 硫酸活化锰改性催化剂的比值最高，为 29%。虽然 3mol/L 硫酸活化锰改性催化剂的表面氧的相对含量最大，但是其 Mn^{4+} 的含量较小，Mn^{4+} 越多脱硝活性越优异。

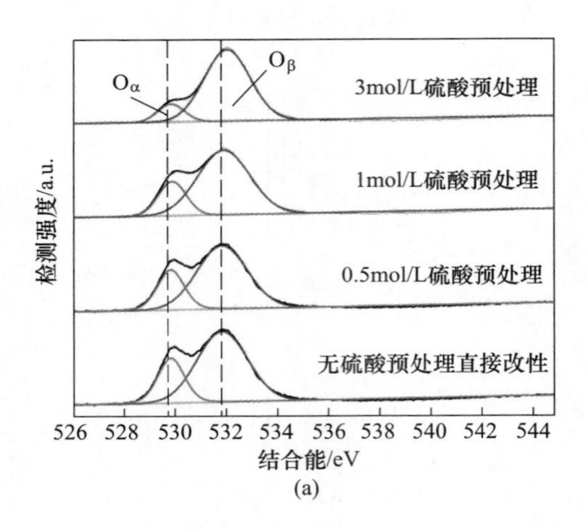

(a)

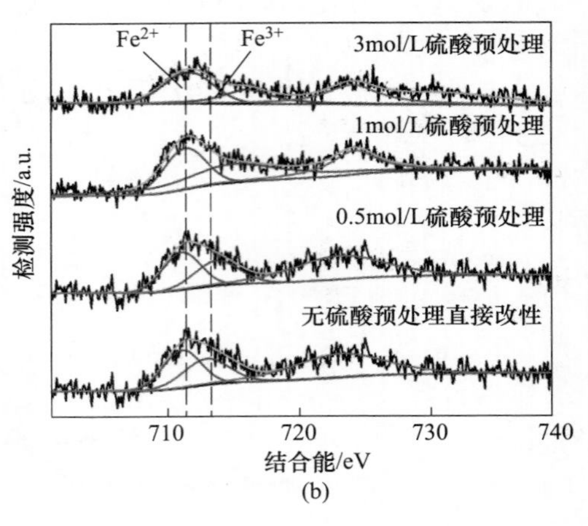

(b)

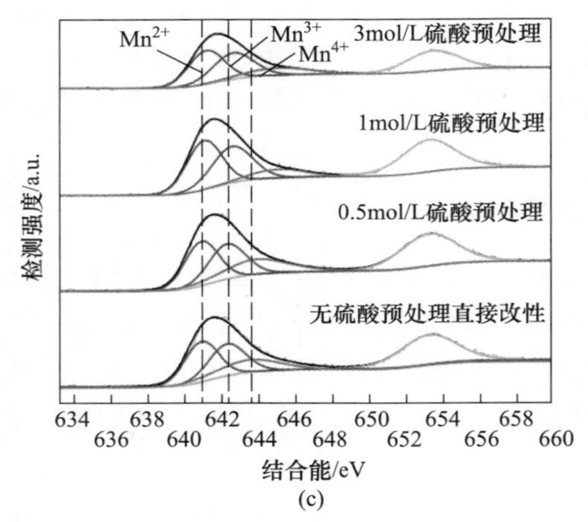

(c)

图 4-9　催化剂的谱图

(a) O 1s；(b) Fe 2p；(c) Mn 2p

表 4-1　催化剂表面元素价态与相对含量　(%)

催化剂	比例			
	$O_\alpha/(O_\alpha+O_\beta)$	$Fe^{3+}/(Fe^{2+}+Fe^{3+})$	$Mn^{4+}/(Mn^{4+}+Mn^{3+}+Mn^{2+})$	$SO_4^{2-}/(SO_3^{2-}+SO_4^{2-})$
0mol/L 硫酸活化	70	39	15	
0. 5mol/L 硫酸活化	73	44	29	30
1mol/L 硫酸活化	78	61	17	38
3mol/L 硫酸活化	87%	42%	13%	28

4.3 本 章 小 结

本章主要研究了锰改性对稀土尾矿的 NH_3-SCR 性能的影响，考察了锰的添加量和改性时的硫酸浓度。

(1) 由 XRD 分析得到催化剂中锰元素以非晶或无定形的形态存在，且有可能产生铁锰协同作用。锰的添加量为 5%、硫酸浓度为 0.5mol/L 时，催化剂的温度窗口前移到 150~250℃，在 200℃时催化剂的脱硝效率最佳为 92%。

(2) 锰元素改性为催化剂提供了丰富的酸位点和较好的氧化还原能力，提高了催化剂的活性；锰的添加量过高会导致锰元素堆积反而使活性降低；硫酸活化会产生 Fe^{3+} 和 Fe^{2+} 等离子，在焙烧后可能产生铁锰协同作用；硫酸浓度较高时生成较多的硫酸锰使得高价态的 Mn 变少，这是导致催化剂低温活性较差但氮气选择性相对较好的原因之一；硫酸浓度较高时会产生较多的 $CaSO_4$ 和 $MgSO_4$，这些硫酸盐附着在矿物表面会降低铁的氧化物和锰的氧化物在矿物表面的分散度，导致脱硝活性下降。

5 稀土尾矿催化剂脱硝机理分析

本章主要通过红外光谱分析硫酸改性以及 Ce 元素改性稀土尾矿催化剂的反应机理，包括 NH_3 和 $NO+O_2$ 在催化剂表面吸附态分析、以及 NH_3 和 $NO+O_2$ 催顺态反应分析等。

5.1 硫酸改性稀土尾矿催化剂脱硝机理

硫酸改性在一定程度上可以提升稀土尾矿的催化活性，为了研究硫酸活化的机理，本实验记录了 400℃ 条件下 NH_3 和 $NO+O_2$ 在硫酸改性稀土尾矿催化剂表面的吸附情况，并进一步对其吸附态进行分析。

5.1.1 NH_3 在催化剂表面吸附态分析

图 5-1 所示为酸处理尾矿制备的催化剂在 400℃ 条件下 NH_3 吸附随时间变化的红外谱图。从图 5-1 中可以看出，当 NH_3 通入 5min 时，催化剂表面在 $1148cm^{-1}$ 处出现一个较强的吸收峰，此处的吸收峰归属于 Lewis 酸性位上的 NH_3 物种，随着 NH_3 通入时间的增加，NH_3 物种稳定地存在于催化剂表面，且经过 N_2 的吹扫，物种也未发生分解，说明吸附稳定。除此之外，还在 $1650cm^{-1}$、$1520cm^{-1}$、$1374cm^{-1}$、$1310cm^{-1}$ 处观察到吸收峰，$1650cm^{-1}$ 处的吸收峰归属于 Lewis 酸性位上的 NH_3 物种，$1520cm^{-1}$ 处的吸收峰归属于 Brønsted 酸性位上吸附的 NH_4^+ 物种脱氢后 NH_3^+ 物种，二者也均以非常稳定的状态存在于催化剂表面参与反应。$1374cm^{-1}$ 和 $1310cm^{-1}$ 处的吸收峰分别归属于 Brønsted 酸性位点上吸附的 NH_4^+ 物种中 N—H 键的变形振动和活化 NH_3 脱氢生成的—NH_2 物种，当通入时间为 20min 时这两个吸收峰消失，出现在 $1458cm^{-1}$、$1388cm^{-1}$ 处的吸收峰，归属于 Brønsted 酸性位上吸附的 NH_4^+ 物种，两者的吸收峰强度较小，但稳定地存在于催化剂表面。相关文献表明，${SO_4}^{2-}$ 物种可以提供 Brønsted 酸性位点，Fe_2O_3 可以提供 Lewis 酸性位点。说明尾矿酸处理后表面存在的 SO_4^{2-} 和 Fe_2O_3 增加了稀土尾矿表面 Brønsted 酸性位点的数量和 Lewis 酸位点的强度，从而促进催化反应进行。

5.1.2 $NO+O_2$ 在催化剂表面吸附态分析

图 5-2 所示为酸处理尾矿制备的催化剂在 400℃ 条件下 $NO+O_2$ 随时间变化的

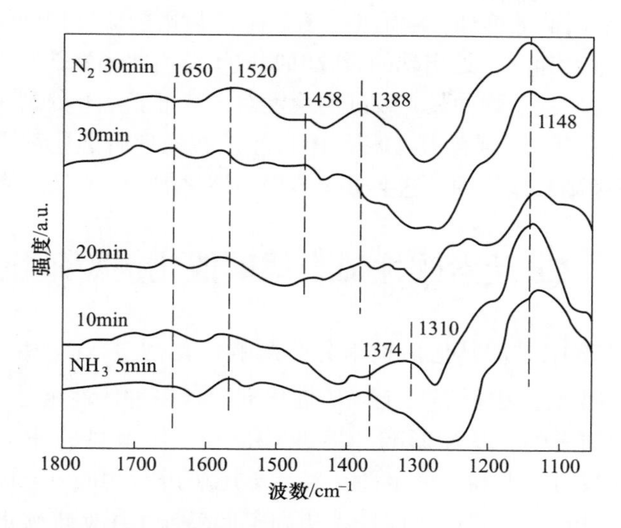

图 5-1 硫酸改性尾矿成型催化剂表面 NH_3 吸附的原位红外光谱

红外图谱。当 $NO+O_2$ 通入 5min 时，催化剂表面在 1496cm^{-1}、1322cm^{-1}、1148cm^{-1}处出现了吸收峰，1148cm^{-1}处的吸收峰归属于连二次硝酸盐物种，但在 10min 时，吸收峰减弱，在 20min 时消失，产生了桥式硝酸盐物种（1197cm^{-1}），随后又在 30min 时恢复但经过 N_2 吹扫发生了分解，说明 NO 易在稀土尾矿表面吸附产生桥式硝酸盐物种，但稳定性较差，所以不能较好地促进反应进行。1496cm^{-1}和 1322cm^{-1}处的吸收峰分别归属于单齿硝酸盐和双齿硝酸盐物种，单

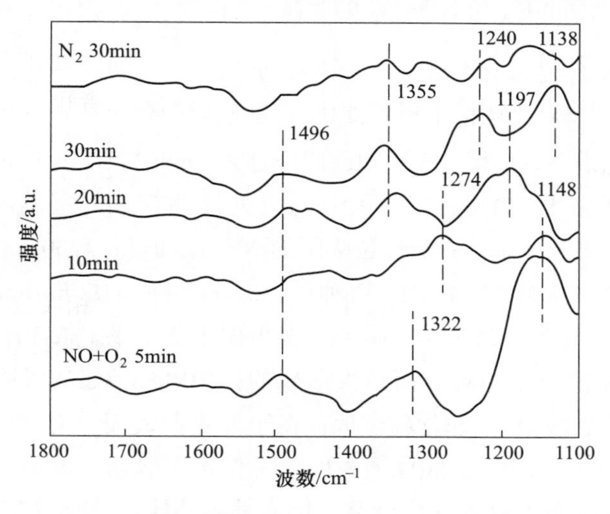

图 5-2 硫酸改性尾矿成型催化剂表面 NO+O_2 吸附的原位红外光谱

齿硝酸盐物种随着时间的增加，稳定地存在，而双齿硝酸盐物种则很快地发生了分解。在 1355cm^{-1}、1274cm^{-1}处出现的吸收峰归属于单齿亚硝酸盐物种和单齿硝酸盐物种，其中单齿亚硝酸盐物种具有较好的稳定性，其可能是酸处理尾矿制备的催化剂表面对 SCR 反应有利的硝酸盐物种。而且经过酸处理后催化剂表面出现了单齿亚硝酸盐以及双齿硝酸盐物种，这会进一步提高催化剂 NO 的吸附能力。

5.2 Ce 元素改性稀土尾矿催化剂脱硝机理

在 SCR 催化剂中添加其他活性组分会影响催化剂对 NH_3 和 NO 的吸附、硝酸盐-亚硝酸盐的生成。中低温稀土尾矿催化剂中含多种活性组分，对 NH_3 和 NO 吸附会产生不同的影响，从而影响 SCR 反应路径。本节目的在于研究中低温稀土尾矿催化剂的吸附能力和热稳定性，对稀土尾矿进行 Mn、Ce 单元素改性以及 Ce-Co、Ce-Mn、Mn-Co 元素联合改性，明确中低温稀土尾矿催化剂表面反应气体的反应机理。对具有优异脱硝性能的催化剂进行了 NH_3-$NO+O_2$ 的吸附实验、NH_3-$NO+O_2$ 的稳态实验和 NH_3-$NO+O_2$ 的瞬态 DRIFTS 实验。

由第 4 章活性测试结果可知，Ce 改性稀土尾矿催化剂和 Ce-Co 改性稀土尾矿催化剂在反应温度为 350℃时达到最佳脱硝效率，Ce-Mn 改性稀土尾矿催化剂在反应温度为 150℃时达到最佳脱硝效率。为了研究催化剂在最佳温度条件下 NH_3 吸附对脱硝效率的影响，本实验考察了三种不同催化剂在最佳脱硝温度条件下 NH_3 吸附态随时间的变化情况。

5.2.1 催化剂表面 NH_3 和 $NO+O_2$ 的吸附

5.2.1.1 NH_3 在催化剂表面吸附态分析

图 5-3 所示为 Ce 改性稀土尾矿催化剂在最佳脱硝温度条件下 NH_3 吸附随时间变化的红外光谱图。由图 5-3 可知，NH_3 通入 5min 后在 1650cm^{-1}、1552cm^{-1}、1488cm^{-1}、1361cm^{-1}、1230cm^{-1}和 1014cm^{-1}处检测到红外吸附峰。1650cm^{-1}和 1488cm^{-1}分别归属于 Brønsted 酸性位吸附的 NH_4^+振动峰；1230cm^{-1}、1552cm^{-1}归属为 Lewis 酸性位上吸附的 NH_3 物种；1361cm^{-1}则归属于 Brønsted 酸性位点—NH_2物种 N—H 键的变形振动，—NH_2 是低温下化学吸附的 NH_3 基团之间形成的氢键随着高温下 NH_3 的解吸而消失形成的；1014cm^{-1}处的吸附峰可以归属于 cis-$N_2O_2^{2-}$（顺式硝酸盐），非常稳定地存在于催化剂表面。有文献报道，在单独吸附 NH_3 的条件下，NH_3 在催化剂表面氧空位进行吸附，然后与催化剂内部的晶格氧进行反应从而生成顺式硝酸盐。随着通入 NH_3 时间的增加，大部分吸收物种不稳定存在于催化剂表面，NH_4^+物种的吸附峰在 1650~1670cm^{-1}和 1458~

1488cm^{-1}两个范围内发生小幅偏移；—NH_2 物种 N—H 键的变形振动峰在 1361~1371cm^{-1}之间发生偏移；配位态 NH_3 物种（1552cm^{-1}）在 20min 后偏移至 1539cm^{-1}处，归属于双齿硝酸盐的 V_3 分裂模式，是催化剂表面吸附态的 NH_3 被氧化形成的，而后在 1510cm^{-1}处形成新的吸附峰归属为 Brønsted 酸性位点上的 NH_4^+物种脱氢反应产生的—NH_2 物种。

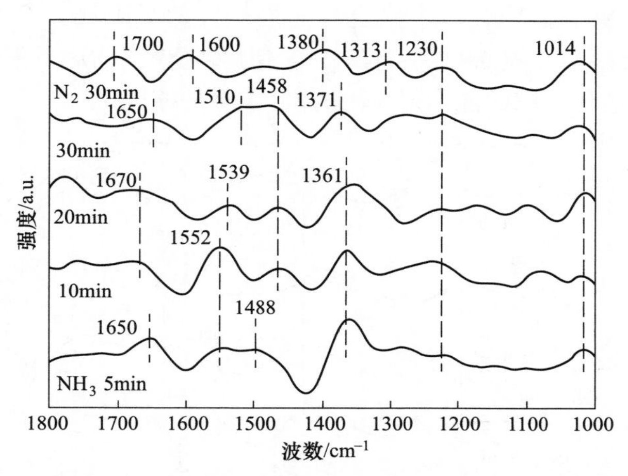

图 5-3 Ce 改性稀土尾矿催化剂在最佳温度条件下 NH_3 吸附原位红外谱图

停止通入 NH_3，N_2 吹扫 30min 后 Lewis 酸性位上吸附的 NH_3 物种，稳定地吸附在催化剂表面，而 Brønsted 酸性位点上的 NH_4^+物种（1650cm^{-1}、1458cm^{-1}）及其—NH_2 物种（1510cm^{-1}）消失，在 1700cm^{-1}和 1600cm^{-1}处出现新的 NH_4^+物种和配位吸附的 NH_3，1313cm^{-1}出现了 NH_3 活化脱氢生成的—NH_2 物种，参与到 NH_3-SCR 反应当中，表明越来越多的 NH_3 被吸附在催化剂的表面上，1371cm^{-1}处的峰偏移至 1381cm^{-1}。这可以说明 Lewis 酸性位和 Brønsted 酸性位同时存在于催化剂表面，与 NH_3-TPD 结果一致，Brønsted 酸性位点对于 NH_3-SCR 反应具有促进作用，Lewis 酸性位的大量存在可以促进 NO 的氧化，利于"快速 SCR"反应的进行。

图 5-4 所示为 Ce-Mn 改性稀土尾矿催化剂在最佳脱硝温度条件下 NH_3 吸附随时间变化的红外光谱图。由图 5-4 可知，NH_3 通入 5min 后在 1690cm^{-1}、1521cm^{-1}、1434cm^{-1} 和 1342cm^{-1} 处出现明显的红外吸收峰。1690cm^{-1} 和 1434cm^{-1}归属于 Brønsted 酸性位点上的 NH_4^+物种，其中 1690cm^{-1}的峰强随着时间变化略微增加，并且经 N_2 吹扫后偏移至 1676cm^{-1}处，稳定吸附于催化剂表面。1521cm^{-1} 归属于—NH_2 物种的弯曲振动模式，NH_3 通入 10min 后偏移至 1540cm^{-1}处以稳定形式存在；1342cm^{-1}为 Lewis 酸中心配位吸附的 NH_3 脱氢反应

产生的—NH_2 吸附物种，其峰型较宽，脱氢产物的峰位置与 Ce 改性稀土尾矿催化剂存在不同，推测出现 Mn^{4+}的 NH_3 吸附位点。Mn 元素添加后，相比 Ce 改性稀土尾矿催化剂而言，NH_3 吸附所产生的 NH_3、NH_4^+物种更加的稳定，不论是随着 NH_3 通入时间的增加还是 N_2 的吹扫，吸附物种均已非常稳定的状态存在于催化剂表面，从而促进 NH_3-SCR 反应的进行。从图谱中看出配位态的 NH_3 深度氧化脱氢生成的—NH_2 物种有两个稳定且峰强较大的吸附峰，而 Mn 具有强氧化性，大量的—NH_2 物种被氧化为—NH，与 NO 结合产生 N_2O，这可以作为添加 Mn 后 Ce-Mn 改性稀土尾矿催化剂 N_2 选择性骤降的原因。

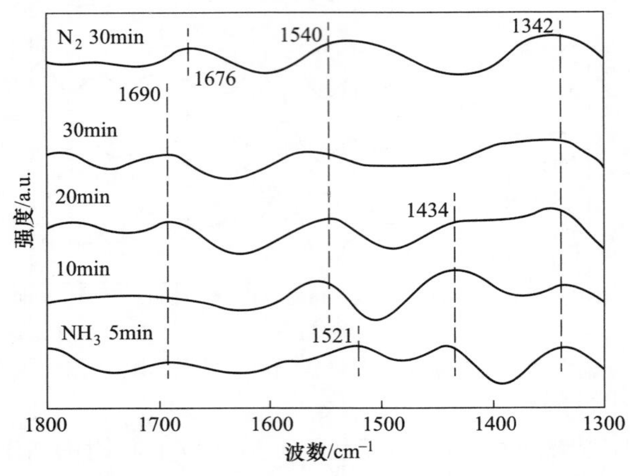

图 5-4　Ce-Mn 改性稀土尾矿催化剂在最佳温度条件下 NH_3 吸附原位红外谱图

图 5-5 所示为 Ce-Co 改性稀土尾矿催化剂在最佳脱硝温度条件下 NH_3 吸附随时间变化的红外光谱图。NH_3 通入 5min 后，在 $1647cm^{-1}$、$1569cm^{-1}$、$1481cm^{-1}$、$1371cm^{-1}$和 $1170cm^{-1}$处出现吸附峰，$1569cm^{-1}$和 $1170cm^{-1}$为 Lewis 酸中心配位吸附的 NH_3 物种，配位态的 NH_3 吸收峰位置与 Ce 改性稀土尾矿催化剂有着明显差异，所以推断 Co 的添加形成了新的 Co 离子 Lewis 酸性位。$1647cm^{-1}$、$1481cm^{-1}$归属于 Brønsted 酸性位吸附的 NH_4^+物种产生的振动峰，$1371cm^{-1}$处的红外吸收峰属于 Brønsted 酸性位点上 NH_4^+物种脱氢产物 N—H 键的变形振动，Brønsted 酸位吸附物种峰型较 Ce 改性稀土尾矿催化剂更为尖锐，所以可能存在 Co^{3+}上的 NH_3 吸附位点。随着通入 NH_3 时间的增加，$1647cm^{-1}$和 $1569cm^{-1}$处的峰消失，在 $1695cm^{-1}$、$1610cm^{-1}$和 $1251cm^{-1}$处出现 3 个新的吸附峰，分别为 Brønsted 酸性位点上 $NH_4{}^+$物种和 Lewis 酸中心配位吸附的 NH_3 物种，其中 $NH_4{}^+$物种稳定性明显强于 Ce 改性稀土尾矿催化剂，在 NH_3 通入 30min 后 $1251cm^{-1}$处的吸收峰偏移至 $1284cm^{-1}$。N_2 吹扫 30min 后，$NH_4{}^+$ 物种（$1481cm^{-1}$）和配位态的 NH_3 物种

（$1284cm^{-1}$、$1170cm^{-1}$）的峰明显减弱或消失，但较Ce改性稀土尾矿催化剂，NH_4^+物种仍有两个吸附峰存在催化剂表面，说明Co的添加能够提高Brønsted酸位点吸附物种随时间变化在催化剂表面的吸附强度，这有利于SCR反应的进行。

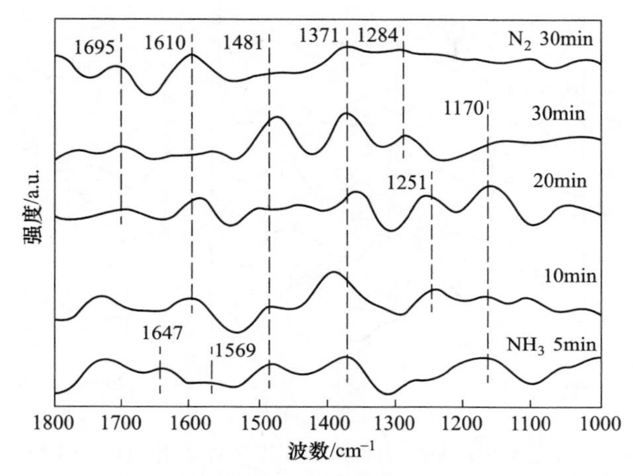

图5-5　Ce-Co改性稀土尾矿催化剂在最佳温度条件下NH_3吸附原位红外谱图

综合来看，中低温稀土尾矿催化剂有丰富的NH_3吸附物种，Brønsted-Lewis酸位点同时促进“快速SCR”反应的进行，但随着NH_3通入时间的增加，吸附物种稳定性较差；添加Mn元素后NH_3吸附物种稳定性明显增加，Mn^{4+}酸位上出现—NH_2物种；Co的添加明显增强了Lewis酸位点的数量和Brønsted酸位点吸附物种稳定性，提高了催化剂吸附NH_3的能力，利于SCR反应的进行。

5.2.1.2　$NO+O_2$在催化剂表面吸附态分析

考察三种不同催化剂在最佳脱硝温度条件下$NO+O_2$吸附随时间变化情况。图5-6所示为Ce改性稀土尾矿催化剂在350℃温度条件下$NO+O_2$吸附随时间变化的红外光谱图。$NO+O_2$通入5min后催化剂表面出现多种硝酸盐物种，在$1720cm^{-1}$处出现双齿硝酸盐物种，$1618cm^{-1}$处为气态吸附NO_2的特征峰，$1324cm^{-1}$、$1432cm^{-1}$和$1116cm^{-1}$分别归属为单齿亚硝酸盐和单齿硝酸盐物种，$1213cm^{-1}$处桥式硝酸盐物种的弱吸附峰极不稳定，在10min后消失。随着$NO+O_2$通入时间的增加，10min时，$1432cm^{-1}$处单齿硝酸盐发生偏移（$1415cm^{-1}$），在$1550cm^{-1}$和$1259cm^{-1}$出现了两个新的单齿硝酸盐物种吸收峰，$1550cm^{-1}$处的吸收峰在$NO+O_2$通入20min时偏移至$1515cm^{-1}$处，并且峰强有所增加，说明此时NO_3^-与Ce离子成键形成更多单齿硝酸盐物种（Fe^{3+}—Ce^{4+}—ONO_2）。30min后$1618cm^{-1}$处的峰消失，分裂为$1677cm^{-1}$和$1596cm^{-1}$两个峰，分别为由N_2O_4重排

的 NO_2 引起和桥式硝酸盐物种的特征峰。N_2 吹扫后催化剂表面单齿硝酸盐吸收峰全部消失，并且在 1303cm^{-1} 和 1143cm^{-1} 处出现了双齿硝酸盐和桥式硝酸盐的特征峰，这表明单齿硝酸盐稳定性较差。

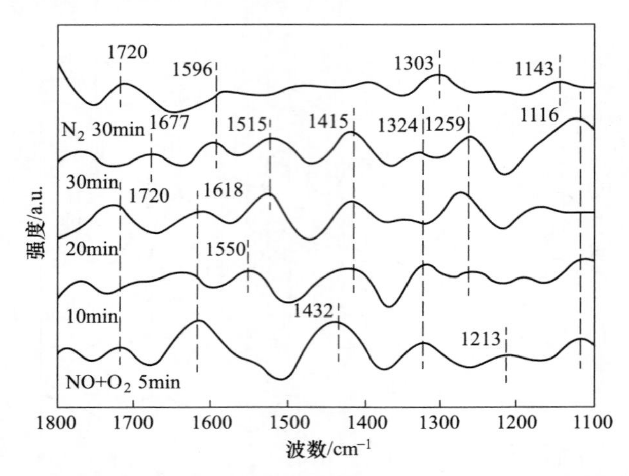

图 5-6　Ce 改性稀土尾矿催化剂在最佳温度条件下 NO+O_2 吸附原位红外谱

图 5-7 所示为 Ce-Mn 改性稀土尾矿催化剂在 150℃ 温度条件下 NO+O_2 吸附随时间变化的红外光谱图。从图 5-7 中看出 Mn 的加入使得吸附物种整体稳定性比 Ce 改性稀土尾矿催化剂高。NO+O_2 通入 5min 后，在 1710cm^{-1}处出现双齿硝酸盐物种的特征峰、1610cm^{-1}为气态吸附 NO_2 的特征峰，1155cm^{-1}、1350cm^{-1}、1274cm^{-1}和 1469cm^{-1}分别归属为桥式硝酸盐、单齿亚硝酸盐和单齿硝酸盐的吸收峰。随着时间的增加，在 1540cm^{-1}、1446cm^{-1}和 1377cm^{-1}出现了单齿硝酸盐和亚硝基（M-NO_2）的吸收峰，单齿硝酸盐吸附峰的增加说明此时 Mn 离子与 O 离子成键参与吸附反应。经 N_2 吹扫后，除 M-NO_2 和部分单齿硝酸盐（1540cm^{-1}）脱附以外，大部分吸附物种均能够稳定地存在于催化剂表面，在 1407cm^{-1}处出现新的单齿硝酸盐物种。与图 5-4 相比，Mn 过强的氧化还原能力促进了亚硝基物种形成，并且根据 XPS 分析，晶格氧大量增加使得 NO 被氧化为 NO_2，所以 M-NO_2 的出现则可能是 Ce^{3+}—Mn^{3+}与形成的 NO_2 反应产生 Ce^{4+}—Mn^{4+}—NO_2，引起催化剂表面硝酸盐物质的增加，同时增强了各硝酸盐物种和气态吸附 NO_2 的吸附稳定性。此外，NO_2 的活性高于 NO，NO_2 参与“快速 SCR”反应，促进了反应进行。

图 5-8 所示为 Ce-Co 改性稀土尾矿催化剂在 350℃ 温度条件下 NO+O_2 吸附随时间变化的红外光谱图。NO+O_2 通入 5min 后出现多个吸附峰，1517cm^{-1}、1386cm^{-1}、1313cm^{-1}、1211cm^{-1}、1081cm^{-1}和 1134cm^{-1}分别为单齿硝酸盐、亚硝基（M-NO_2）化合物、双齿硝酸盐、桥式硝酸盐和连二次硝酸盐（cis-$N_2O_2^{2-}$），

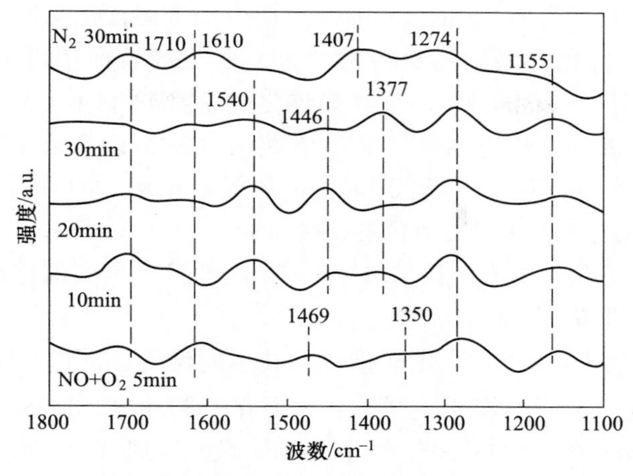

图 5-7　Ce-Mn 改性稀土尾矿催化剂在最佳温度条件下 $NO+O_2$ 吸附原位红外谱

其余峰与图 5-5 相似。随着时间的增加，$1517cm^{-1}$偏移至 $1510cm^{-1}$而后消失；亚硝基（$M-NO_2$）在 $1386\sim1375cm^{-1}$之间发生偏移，30min 后稳定存在于催化剂表面；随时间增加氧化还原能力减弱，双齿硝酸盐分解。$NO+O_2$ 通入 10min 后出现单齿硝酸盐（$1270cm^{-1}$、$1421cm^{-1}$），在 $1170cm^{-1}$、$1186cm^{-1}$出现较图 5-4 和图 5-5 不同位置的桥式硝酸盐物种，说明 Co^{3+}与 NO_3^- 存在桥式双齿配位的配位方式，但经 N_2 吹扫后二者及 $1081cm^{-1}$处的桥式硝酸盐物种消失，$1135cm^{-1}$处又出现了连二次硝酸盐的吸收峰，与图 5-4 相比，$1270cm^{-1}$处单齿硝酸盐仍能存在于催化剂表面。这说明添加 Co 元素后单齿硝酸盐稳定性增加，硝酸盐种类较 Ce 及 Ce-Mn 改性稀土尾矿催化剂有明显增加且分配均匀，各吸附物种共同促进 SCR 反应，具有更好的 NO 吸附能力。

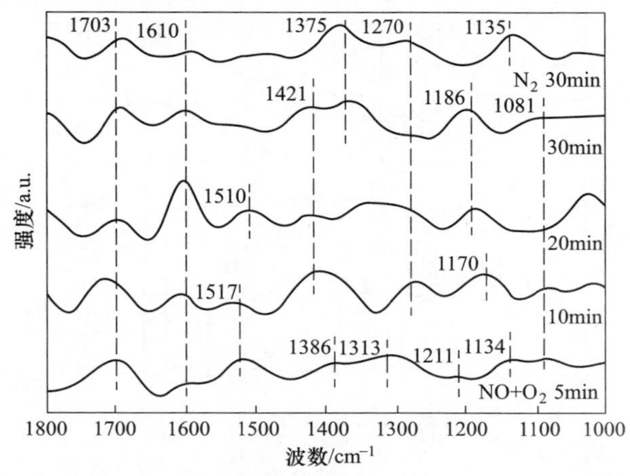

图 5-8　Ce-Co 改性稀土尾矿催化剂在最佳温度条件下 $NO+O_2$ 吸附原位红外谱

比较三种催化剂得出，Mn、Co 的添加使得中低温稀土尾矿脱硝催化剂中单齿硝酸盐物种在催化剂表面的稳定性增加，催化剂表面出现 Ce^{4+}-Mn^{4+}-Co^{3+}-ONO_2 等吸附物种。Ce-Mn 改性稀土尾矿催化剂中，Mn 利用自身的强氧化性产生了更多的 NO_2，促进"快速 SCR"反应的发生；Ce-Co 改性稀土尾矿催化剂中硝酸盐种类较 Ce 及 Ce-Mn 改性稀土尾矿催化剂更为丰富，NO 吸附能力增强。

5.2.1.3　NH_3在催化剂表面稳态吸附分析

本实验通过原位红外光谱技术研究 Ce-M 改性稀土尾矿催化剂在不同温度条件下 NH_3物种在催化剂表面的存在形式。

图 5-9 所示为 Ce 改性稀土尾矿催化剂在不同温度区间内 NH_3吸附原位红外谱图。反应温度为 50~200℃时，催化剂表面在 1697cm^{-1}、1575cm^{-1}、1471cm^{-1}、1398cm^{-1}、1334cm^{-1}、1255cm^{-1} 和 1188cm^{-1} 处出现了红外吸收峰，其中 1697cm^{-1}、1471cm^{-1}和 1398cm^{-1}归属为 Brønsted 酸性位吸附的 NH_4^+ 振动峰，1575cm^{-1}、1334cm^{-1}、1255cm^{-1}和 1188cm^{-1}为 Lewis 酸中心配位吸附的 NH_3 物种。在温度为 250~300℃时，所有 NH_4^+ 吸附峰发生偏移，仅有 1697cm^{-1}处的峰稳定存在，而配位吸附的 NH_3物种稳定存在于催化剂表面，说明在高温段 Lewis 酸位点较 Brønsted 酸位点稳定。此温度段内 Brønsted 酸性位点大量增加，1388cm^{-1} 和 1471cm^{-1} 处 NH_4^+ 吸附物种偏移至 1436cm^{-1}、1492cm^{-1}，在 1388cm^{-1}、1517cm^{-1}处出现 NH_4^+ 脱氢反应产生的酰胺（—NH_2）物种，随温度增加前者偏移至 1348cm^{-1} 和 1378cm^{-1} 处；温度为 350℃时，1378cm^{-1} 和 1492cm^{-1}处的 NH_3吸附物种在 1444cm^{-1}形成一个宽而强的吸收峰，归为 Brønsted 酸性位吸附的 NH_4^+ 物种，而此时脱硝效率最高。温度升高至 400℃时，1697cm^{-1}、1255cm^{-1}和 1188cm^{-1}一直稳定存在于催化剂表面，1546cm^{-1}处形成了一个 Lewis 酸位—NH_2 的 N—H 键宽振动峰。结合脱硝活性结果分析，250~

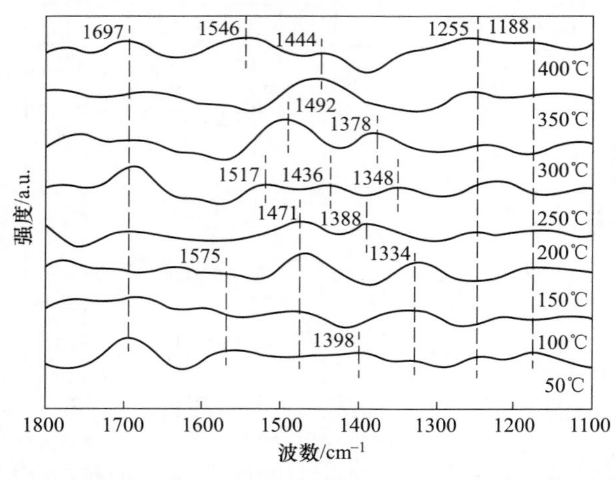

图 5-9　Ce 改性稀土尾矿催化剂在不同温度条件下 NH_3吸附原位红外谱

400℃温度窗口内脱硝效率随 Brønsted 酸性位点增加而增加，说明 Brønsted 酸性位点能够促进 NH_3-SCR 反应的进行。

图 5-10 所示为 Ce-Mn 改性稀土尾矿催化剂在不同温度区间内 NH_3 吸附原位红外谱图。在低温段，1581cm^{-1}、1294cm^{-1}、1209cm^{-1}、1126cm^{-1}和 1101cm^{-1}处的吸收峰归属为 Lewis 酸中心配位吸附的 NH_3 物种；1689cm^{-1} 和 1479cm^{-1} 为 Brønsted 酸性位吸附的 NH_4^+ 物种，后者在 200℃形成宽峰；1386cm^{-1}则为 NH_4^+ 脱氢中间产物—NH_2 的 N—H 键振动峰，较 Ce 改性稀土尾矿催化剂形成的温度低，这说明 Mn 的添加提高了催化剂的氧化能力和 Brønsted 酸性位强度。温度大于 250℃时，在 1637~1519cm^{-1}内出现了两个新的 Lewis 酸中心配位吸附的 NH_3 物种的吸收峰，并且随着温度的增加向低波数偏移，其中 1560cm^{-1}处为 Lewis 酸性位—NH_2 物种的弯曲振动模式。而当温度升高至 350℃ 时，仅在 1600cm^{-1}、1519cm^{-1}、1294cm^{-1}和 1166cm^{-1}处有较弱的 Lewis 酸中心的吸收峰，1423cm^{-1}处出现了 NH_4^+ 吸附物种的强吸收峰，此时脱硝效率也迅速下降，说明在 Ce-Mn 改性稀土尾矿催化剂表面 Lewis 酸性位比 Brønsted 酸性位更有利于反应进行，所以 Lewis 酸位点是 Ce-Mn 改性稀土尾矿催化剂的重要吸附位点。

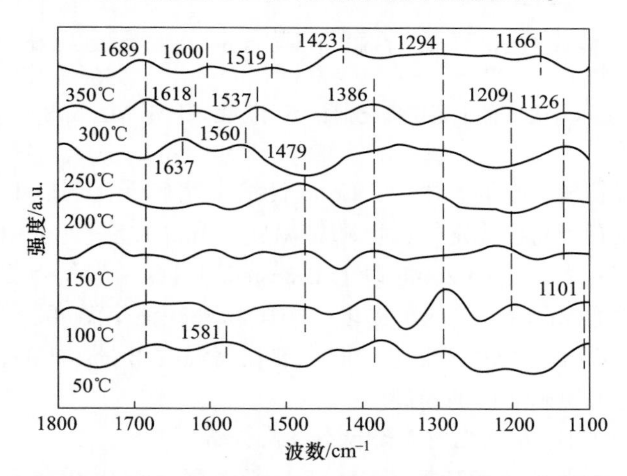

图 5-10　Ce-Mn 改性稀土尾矿催化剂在不同温度条件下 NH_3 吸附原位红外谱

图 5-11 所示为 Ce-Co 改性稀土尾矿催化剂在不同温度区间内 NH_3 吸附原位红外谱图。在 50~200℃温度段内，1685cm^{-1}、1658cm^{-1}、1471cm^{-1}、1402cm^{-1}和 1359cm^{-1}处为 Brønsted 酸性位吸附的 NH_4^+ 物种，1606cm^{-1}、1525cm^{-1} 和 1292cm^{-1}处为 Lewis 酸性位配位吸附的 NH_3 物种，1076cm^{-1}则归属为—NH_2 的 N—H 振动峰，形成的温度也比 Ce 改性稀土尾矿催化剂低，表明 Co 的加入使得催化剂氧化能力增强，与 H_2-TPR 分析相符。整体来看，NH_3 吸附物种随着温度

的升高易发生分解或偏移，Co 添加后容易生成 $CoO\text{-}H^+$ 酸性位，在 1664cm^{-1}、1342cm^{-1}、1323cm^{-1} 处出现新的峰为 Brønsted 酸性位吸附的 NH_4^+ 物种，1577cm^{-1}、1544cm^{-1}、1269cm^{-1}和 1051cm^{-1}处归属为 Lewis 酸性位配位吸附的 NH_3物种。使得 250~400℃内 Brønsted 酸性位点数量较 Ce 改性稀土尾矿催化剂进一步增加，Ce-Co 改性稀土尾矿催化剂的 NH_3吸附物种更为丰富，所以在该温度窗口内脱硝效率显著提升。

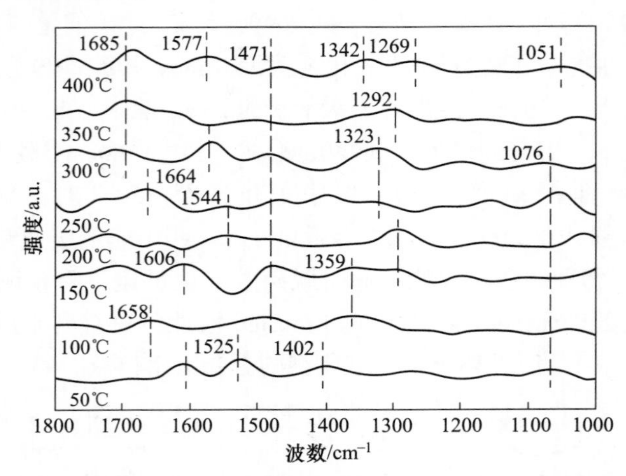

图 5-11 Ce-Co 改性稀土尾矿催化剂在不同温度条件下 NH_3吸附原位红外谱

从以上分析发现，在低温段中，Ce 改性稀土尾矿催化剂以 Lewis 位点为主，且在整个温度段有较高热稳定性，但随着温度的升高发现，Brønsted 酸位点数量与脱硝效率呈正相关，说明 200℃以上 Brønsted 比 Lewis 酸位点更有利于催化活性的提高；而添加 Mn 后，出现了更多—NH_2 物种，整个温度段以 Lewis 酸位为主要酸吸附位；Ce-Co 改性稀土尾矿催化剂在高温时 Brønsted 酸位点明显增加，利于 250~400℃内脱硝活性的提高。

5.2.1.4 $NO+O_2$ 在催化剂表面稳态吸附分析

通过原位红外光谱技术研究 Ce-M 改性稀土尾矿催化剂在不同温度条件下 $NO+O_2$吸附物种在催化剂表面的存在形式。图 5-12 所示为 Ce 改性稀土尾矿催化剂在不同温度区间内 $NO+O_2$ 吸附原位红外谱图。在低温段，出现许多硝酸盐吸收峰，但极其不稳定，易分解，1390cm^{-1}为亚硝基（$M\text{-}NO_2$），在 150℃分解；1728cm^{-1}、1569cm^{-1}为双齿硝酸盐物种，随温度增加分别偏移至 1672cm^{-1}和 1535cm^{-1}处；1155cm^{-1} 归属为桥式硝酸盐，在整个温度区间发生偏移（1213cm^{-1}、1230cm^{-1}），400℃时又回到初始位置。大于 150℃时，吸附峰逐渐稳定，150℃、250℃和 300℃时，在 1323cm^{-1}、1479cm^{-1}和 1569cm^{-1}处出现了单齿亚硝酸盐、单齿硝酸盐和双齿硝酸盐的红外吸收峰，350℃时吸收峰最强，尤其单齿硝酸盐。温度升高至 400℃ 时单齿硝酸盐和单齿亚硝酸盐发生偏移（1442cm^{-1}、1369cm^{-1}），并且所有硝酸盐物种的吸收峰均明显减弱。这说明在 Ce 改性稀土尾矿催化剂中单齿硝酸盐是 250~400℃ 重要的吸附物种，与其他硝酸盐物种协同促进反应的进行。

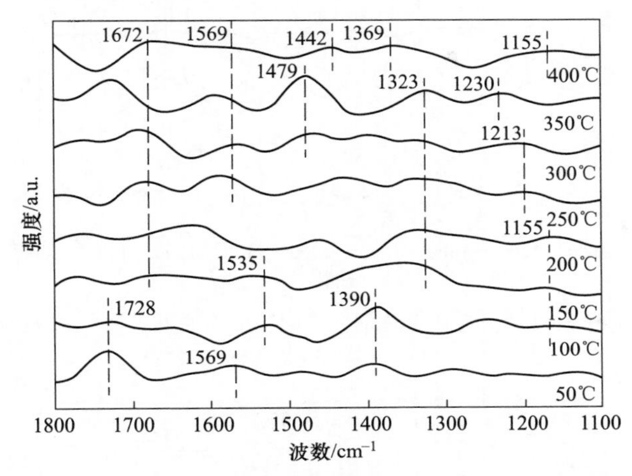

图 5-12 Ce 改性稀土尾矿催化剂在不同温度条件下 $NO+O_2$ 吸附原位红外谱

图 5-13 所示为 Ce-Mn 改性稀土尾矿催化剂在不同温度区间内 $NO+O_2$ 吸附原位红外谱图。在低温段 50~150℃ 温度范围内，1508cm^{-1}、1703cm^{-1}、1726cm^{-1} 归属为双齿硝酸盐物种的吸收峰，1641cm^{-1} 则归属为气态吸附的 NO_2，1463cm^{-1} 和 1421cm^{-1} 归属为单齿硝酸盐物种，1153cm^{-1}、1369cm^{-1} 分别为桥式硝酸盐、单齿亚硝酸盐物种，在 1066cm^{-1} 处出现连二次硝酸盐吸收峰，随温度的升高而减弱，但仍稳定存在于催化剂表面。这说明 Mn 的加入使得催化剂表面硝酸盐物种的丰富度明显增加，尤其是单齿硝酸盐（Mn^{4+}-ONO_2）。温度升高至 200~300℃ 时，在 1558cm^{-1} 和 1315cm^{-1} 处出现双齿硝酸盐，低温段的单齿硝酸盐和桥式硝酸盐分别偏移至 1411cm^{-1} 和 1174cm^{-1} 处，并且此温度段的所有 NO 吸附物种能够稳定存在于催化剂表面，有较强热稳定性。350℃ 时在 1594cm^{-1}、1502cm^{-1}、1367cm^{-1} 和 1272cm^{-1} 出现双齿硝酸盐、单齿亚硝酸盐和单齿硝酸盐物种，较高的热稳定性使得硝酸盐物种可持续留存在催化剂表面，而过多硝酸盐物种，尤其双齿硝酸盐的覆盖会占据更多的活性位点，所以 Ce-Mn 改性稀土尾矿催化剂在温度≥350℃ 时活性迅速降低，并且已有研究发现了在 MnO_x-Al_2O_3 催化剂表面双齿硝酸盐物种导致了活性部分丧失的现象。

图 5-14 所示为 Ce-Co 改性稀土尾矿催化剂在不同温度区间内 $NO+O_2$ 吸附原位红外谱图。在 50~200℃ 温度范围内，1687~1718cm^{-1} 之间偏移的峰为双齿硝

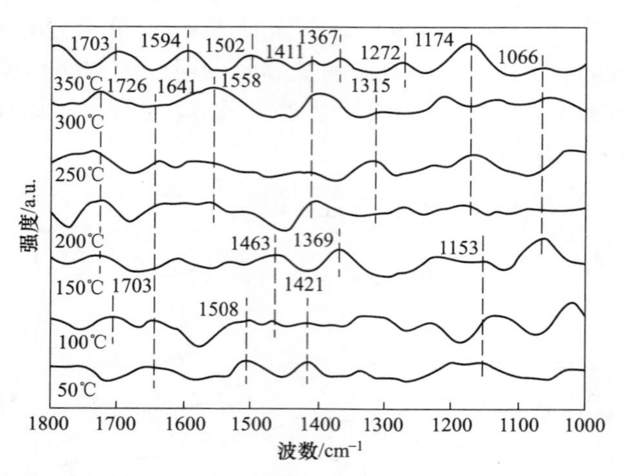

图 5-13 Ce-Mn 改性稀土尾矿催化剂在不同温度条件下 $NO+O_2$ 吸附原位红外谱

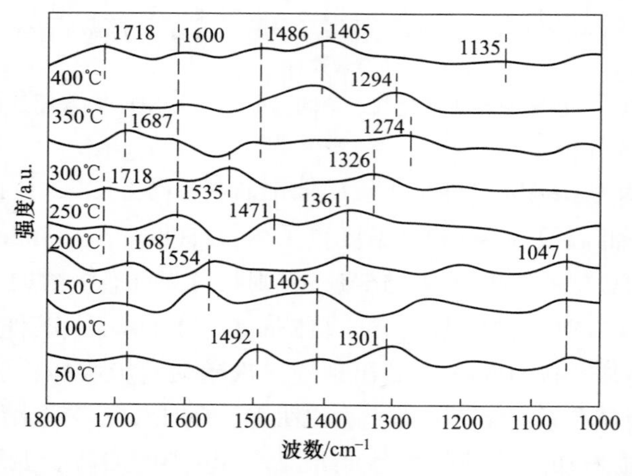

图 5-14 Ce-Co 改性稀土尾矿催化剂在不同温度条件下 $NO+O_2$ 吸附原位红外谱

酸盐物种，$1047cm^{-1}$处的峰归属为 cis-$N_2O_2^{2-}$，随温度增加而分解，$1361cm^{-1}$为单齿亚硝酸盐物种，其余均为单齿硝酸盐物种（$1554cm^{-1}$、$1492cm^{-1}$、$1471cm^{-1}$、$1405cm^{-1}$、$1301cm^{-1}$）。与图 5-9 和图 5-10 不同的是，200℃在$1600cm^{-1}$处出现了气态吸附 NO_2 的特征峰，发现其不受温度影响，一直存在于催化剂表面，这利于反应快速地进行。随着温度的进一步升高，$1471cm^{-1}$处单齿硝酸盐的峰偏移至$1535cm^{-1}$处归属为双齿硝酸盐，但由于此时 M—O 键极不稳定，随着温度的升高，又转化为单齿硝酸盐（$1486cm^{-1}$）。其余单齿硝酸盐随温度的增加发生不同程度偏移，但在每个温度下都有至少一个单齿亚硝酸盐或单齿硝酸盐物种

(1326cm^{-1}、1274cm^{-1}、1405cm^{-1})，在1294cm^{-1}出现新的双齿硝酸盐的峰，400℃时消失，并在1135cm^{-1}处发现微弱的cis-$N_2O_2^{2-}$物种的特征峰。与图5-12相比，Co的添加使得整个温度段的单齿硝酸盐数量显著增加，结合脱硝效率分析，350℃有较高脱硝效率是稳定吸附的NO_2和众多单齿硝酸盐共同作用的结果，在该温度下吸收峰最强，与Ce改性稀土尾矿催化剂相同。这说明Co离子与NO_3^-配位方式以单齿配位为主，并且单齿硝酸盐是Ce-Co改性稀土尾矿催化剂中起主要促进作用的硝酸盐物种。

Ce改性稀土尾矿催化剂中，在350℃峰强最强，尤其是单齿硝酸盐，与其他硝酸盐物种协同促进反应的进行；随着Mn元素的添加，中温段吸附物种稳定性显著提高，所以温度窗口较Ce改性稀土尾矿催化剂前移，但过多硝酸盐物种覆盖了催化剂表面活性位，抑制了催化剂高温活性；对比前两者，在整个温度段内Co加入后，单齿硝酸盐显著增加，并且能够使吸附的NO_2稳定存在于催化剂表面，这可以作为Co改性稀土尾矿催化剂与Ce改性稀土尾矿催化剂具有相同温度窗口但活性明显提高的原因之一。

5.2.2 稀土尾矿催化剂表面NH_3和$NO+O_2$瞬态反应分析

5.2.1节系统分析了NH_3和$NO+O_2$在催化剂表面的吸附情况，本节在此基础上为进一步研究催化剂的NH_3-SCR反应机理，在最佳脱硝温度条件下对Ce改性稀土尾矿催化剂、Ce-Mn改性稀土尾矿催化剂和Ce-Co改性稀土尾矿催化剂等中低温稀土尾矿催化剂进行了瞬态反应实验。

5.2.2.1 NH_3预吸附后催化剂表面瞬态反应分析

图5-15所示为Ce改性稀土尾矿催化剂在350℃条件下$NO+O_2$与预先吸附的NH_3物种反应的原位红外谱图。向红外反应池中通入NH_3气体60min后，在1677cm^{-1}、1473cm^{-1}和1361cm^{-1}处出现NH_4^+吸附物种及—NH_2的强振动峰，而在1566cm^{-1}、1205cm^{-1}和1026cm^{-1}处的弱吸附峰分别对应着配位态NH_3及其脱氢中间产物—NH_2的N—H键变形振动峰。关闭NH_3，通入$NO+O_2$气体5min后，所有NH_3吸附峰消失，说明Ce改性稀土尾矿催化剂中NH_3吸附物种均参与到反应中去，因B酸位点吸附峰强，则以NH_4^+为主要吸附物种与NO-NO_2反应，生成NH_3HNO-NH_4NO_2，进一步反应为NH_2NO，最后分解成N_2和H_2O，遵循E-R反应机理。结合上一小节B酸位点与脱硝效率呈正相关的趋势得出，Ce改性稀土尾矿催化剂以B酸吸附物种为主要反应物遵循E-R机理。在1699cm^{-1}和1577cm^{-1}处出现了双齿硝酸盐物种的吸收峰，1199cm^{-1}和1083cm^{-1}归属为桥式硝酸盐，前者最终偏移至1166cm^{-1}，而1431cm^{-1}和1344cm^{-1}则分别归属为单齿硝酸盐和单齿亚硝酸盐物种。随着时间的增加，1699cm^{-1}、1649cm^{-1}和

1431cm^{-1}处双齿硝酸盐和单齿硝酸盐发生偏移或消失，在图 5-6 中，双齿硝酸盐物种本就随时间变化不稳定存在，而单齿硝酸盐物种随时间变化能够较稳定存在于催化剂表面，所以在图 5-14 中，双齿硝酸盐此时可能不参与反应，但 20min 时单齿硝酸盐物种的消失是与配位态的 NH_3 或 NH_4^+ 发生反应而分解有关，则该催化剂同时还遵循 L-H 机理，反应物种主要为 Fe^{3+}-Ce^{4+}-ONO_2、NH_3-NH_4^+。随着 NO+O_2 通入时间进一步增加，在 1483cm^{-1}和 1297cm^{-1}处出现了单齿硝酸盐的吸收峰。

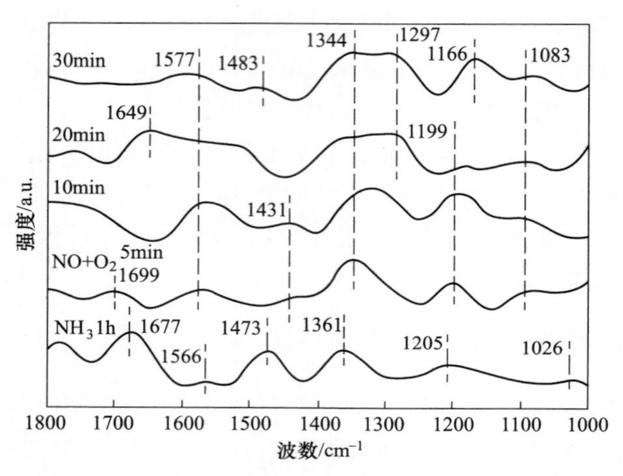

图 5-15 Ce 改性稀土尾矿催化剂 NH_3 预吸附后通 NO+O_2 的原位红外谱

图 5-16 所示为 Ce-Mn 改性稀土尾矿催化剂在 150℃条件下 NO+O_2 与预先吸附的 NH_3 物种反应的原位红外谱图。NH_3 通入 60min 后，1679cm^{-1}、1450cm^{-1}和 1375cm^{-1}处出现 NH_4^+ 的吸收峰及—NH_2 的振动峰，1575cm^{-1}、1205cm^{-1}和 1070cm^{-1}归属为配位态的 NH_3 物种。关闭 NH_3 通入 NO+O_2 气体 5min 后，在 1425cm^{-1}、1270cm^{-1}、1093cm^{-1}处出现了 3 个新的吸附峰，分别对应单齿硝酸盐和桥式硝酸盐物种，B 酸位吸附物种及 1205cm^{-1}和 1070cm^{-1}处配位态的 NH_3 完全消失，能够快速与 NO 反应，所以此催化剂表面遵循 E-R 机理。而 1575cm^{-1}处配位态的 NH_3 仍存在于催化剂表面，并且峰宽有一定程度增加，说明在 NO 存在条件下，部分 NH_4^+ 吸附的红外峰消失可能是由于转化为了配位态的 NH_3，直到 NO+O_2 通入 10min 后，配位态 NH_3 与 NO 发生反应而被消耗，达到新的吸附平衡。继续通入 NO+O_2 气体后出现了气态吸附的 NO_2（1600cm^{-1}），在 20min 后消失，并出现双齿硝酸盐物种的吸收峰（1571cm^{-1}），但 30min 后又转化为气态吸附的 NO_2（1606cm^{-1}），同时伴随着单齿硝酸盐（1400cm^{-1}）较大幅度的偏移，推测此时吸附态氮氧化物、单齿硝酸盐都与部分吸附态的 NH_3 发生反应，生成

NH_2NO 或 NH_4NO_3，最终分解为 N_2 和 H_2O 或 N_2O，所以 Ce-Mn 改性稀土尾矿催化剂表面同时遵循 L-H 机理。

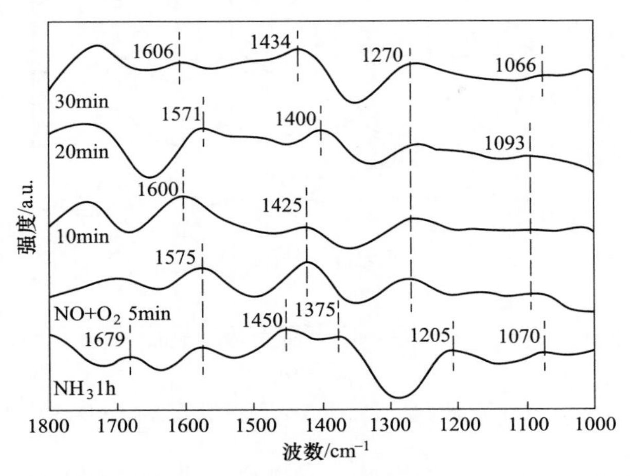

图 5-16　Ce-Mn 改性稀土尾矿催化剂 NH_3 预吸附后通 $NO+O_2$ 的原位红外谱

图 5-17 所示为 Ce-Co 改性稀土尾矿催化剂在 150℃ 条件下 $NO+O_2$ 与预先吸附的 NH_3 物种反应的原位红外谱图。NH_3 通入 60min 后，在 1674cm^{-1} 和 1479cm^{-1} 出现 NH_4^+ 物种的吸收峰，1247cm^{-1} 和 1141cm^{-1} 归属为配位吸附的 NH_3，而 1371cm^{-1}、1029cm^{-1} 分别归属为 NH_4^+ 和 NH_3 脱氢反应后中间产物的 N—H 键振动。关闭 NH_3，通入 $NO+O_2$ 后，出现了单齿硝酸盐（1342cm^{-1}、1510cm^{-1}）和气态吸附的 NO_x（1647cm^{-1}），1247cm^{-1} 处配位态的 NH_3 与 Brønsted 酸性位的吸附物种全部消失，说明 Co 添加后 NH_4^+ 及其脱氢中间产物较配位态的 NH_3 活性高，能够全部与 NO 反应，增强了 E-R 机理。随着时间增加，气态吸附的 NO_x 偏移至 1679cm^{-1}、1668cm^{-1}，持续存在于催化剂表面，10min 后，配位态的 NH_3 吸附峰及 1342cm^{-1} 处单齿硝酸盐同时消失，表明配位态的 NH_3 与单齿硝酸盐反应，产生 NH_4NO_3，再与 NO 反应，分解为 N_2 和 H_2O 并产生气态吸附的 NO_2，遵循 L-H 机理。通入 10min 后，在 1421cm^{-1}、1286cm^{-1} 和 1124cm^{-1} 出现单齿硝酸盐的吸收峰；1510cm^{-1} 处单齿硝酸盐氧化，转化为双齿硝酸盐（1577cm^{-1}），随着时间的增加，氧化还原能力减弱，又转化为单齿硝酸盐（1523cm^{-1}）。通入 $NO+O_2$ 气体 30min 后出现微弱的桥式硝酸盐（1220cm^{-1}）吸收峰，催化剂表面 NO 吸附物仍以单齿硝酸盐为主。

5.2.2.2　$NO+O_2$ 预吸附后催化剂表面瞬态反应分析

图 5-18 所示为 Ce 改性稀土尾矿催化剂在 350℃ 条件下 NH_3 与预先吸附的 $NO+O_2$ 物种反应的原位红外谱图。向红外反应池通入 $NO+O_2$ 气体 60min 后，出

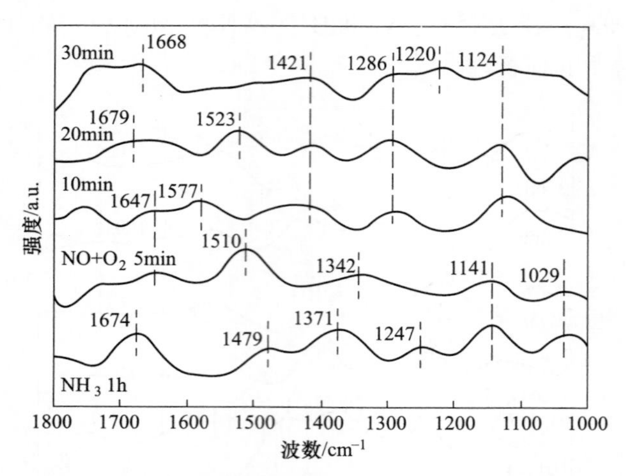

图 5-17 Ce-Co 改性稀土尾矿催化剂 NH_3 预吸附后通 $NO+O_2$ 的原位红外谱

现了单齿硝酸盐（1436cm^{-1}、1110cm^{-1}）、单齿亚硝酸盐（1323cm^{-1}）和双齿硝酸盐物种（1691cm^{-1}、1560cm^{-1}）。关闭 $NO+O_2$ 后通入 NH_3 气体，所有硝酸盐吸收峰均消失，并形成配位态的 NH_3（1608cm^{-1}、1238cm^{-1}、1128cm^{-1}、1022cm^{-1}）和—NH_2（1510cm^{-1}、1396cm^{-1}、1346cm^{-1}）物种。当 NH_3 通入 10min 后，仅在 1695cm^{-1} 出现了 NH_4^+，1290cm^{-1} 处配位态 NH_3 物种的出现伴随着 1346cm^{-1} 处—NH_2 物种和 1128cm^{-1} 处 NH_3 物种的消失，形成的 NH_3 物种和 NH_4^+ 能够快速与部分硝酸盐物种发生反应。随着时间的增加，配位态的 NH_3 物种发生偏移（1263cm^{-1}、1168cm^{-1}）或消失（1510cm^{-1}），说明单齿硝酸盐和配位吸附的 NH_3 作为主要吸附物种，参与 L-H 机理。

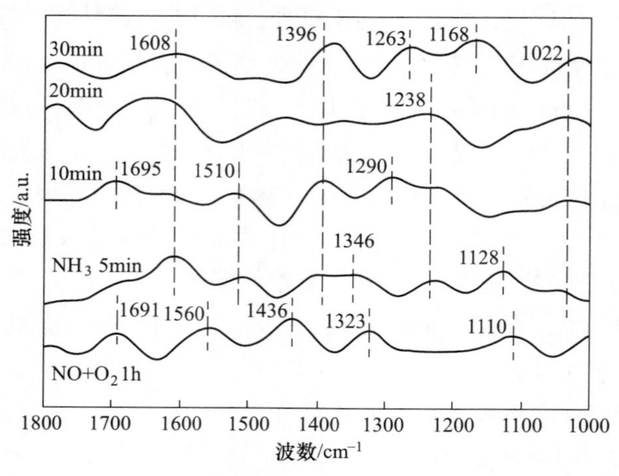

图 5-18 Ce 改性稀土尾矿催化剂 $NO+O_2$ 预吸附后通 NH_3 的原位红外谱

图5-19所示为Ce-Mn改性稀土尾矿催化剂在150℃条件下NH_3与预先吸附的$NO+O_2$物种反应的原位红外谱图。先通入$NO+O_2$气体60min，催化剂表面观察到了比Ce改性稀土尾矿催化剂更为丰富的硝酸盐物种：双齿硝酸盐（1697cm^{-1}、1567cm^{-1}）、单齿硝酸盐（1446cm^{-1}、1278cm^{-1}）、单齿亚硝酸盐（1369cm^{-1}）、桥式硝酸盐（1147cm^{-1}）以及cis-$N_2O_2^{2-}$（1051cm^{-1}）的吸收峰。关闭$NO+O_2$通入NH_3 5min后，除了1278cm^{-1}处单齿硝酸盐的吸收峰外，其余硝酸盐吸收峰均消失，并出现配位态NH_3（1114cm^{-1}、1278cm^{-1}）、NH_4^+（1641cm^{-1}、1477cm^{-1}）和—NH_2（1357cm^{-1}）的吸收峰。这表明催化剂表面遵循L-H机理，NO吸附物与相邻的被吸附的NH_4^+或NH_3迅速反应生成更多的反应中间体（NH_4NO_2、NH_2NO），这些中间体可以进一步反应生成N_2和H_2O，促进SCR反应的进行。NH_3通入10min后，出现了配位态NH_3脱氢反应中间体（—NH_2）的N—H键振动峰；同时1278cm^{-1}（单齿硝酸盐）处的峰逐渐减弱，参与到反应中去，直到20min后完全消失，并在1240cm^{-1}处出现了一个较宽的配位态NH_3的吸附峰。NH_3通入30min后配位态的NH_3深度氧化脱氢，产生更多—NH_2物种（1301cm^{-1}），Mn^{4+}对其进一步氧化后与NO反应，产生N_2O。

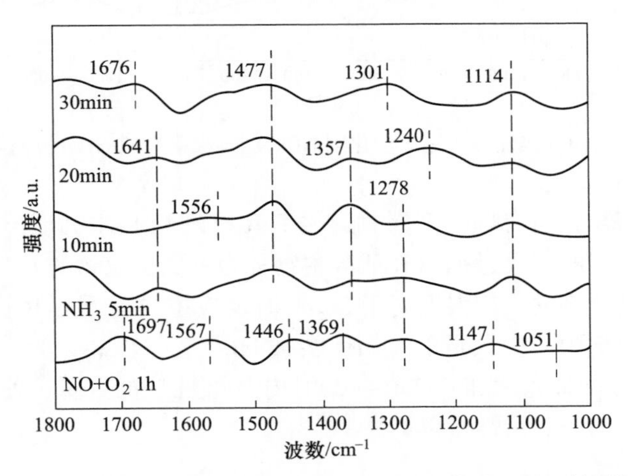

图5-19 Ce-Mn改性稀土尾矿催化剂$NO+O_2$预吸附后通NH_3的原位红外谱

图5-20所示为Ce-Co改性稀土尾矿催化剂在350℃条件下NH_3与预先吸附的$NO+O_2$物种反应的原位红外谱图。通入$NO+O_2$气体60min后，在1697cm^{-1}和1035cm^{-1}出现双齿硝酸盐物种，1544cm^{-1}和1400cm^{-1}处则归属为单齿硝酸盐，1207cm^{-1}处较弱的峰为桥式硝酸盐。随后关闭$NO+O_2$气体，通入NH_3气体5min后，在1593cm^{-1}和1215cm^{-1}处出现了配位态的NH_3物种，在1448cm^{-1}处出现NH_4^+物种，1317cm^{-1}和1095cm^{-1}则归属为配位态NH_3氧化脱氢的中间产物

（—NH_2）。单齿硝酸盐和双齿硝酸盐作为活性中间体与 NH_3 吸附物种反应，所有硝酸盐很快消失，与 Ce 及 Ce-Mn 改性稀土尾矿催化剂相同，反应还遵循 L-H 机理。随着 NH_3 通入时间的增加，NH_4^+ 在 1409～1492cm^{-1} 之间发生偏移，并且随时间增加而减弱，而在图 5-5 中发现 NH_4^+ 不随时间发生变化，说明此时 NH_4^+ 偏移的原因是其能够一直存在于催化剂表面与 NO 吸附物种发生反应；1095cm^{-1} 处—NH_2 的峰偏移至 1037cm^{-1}，峰强有所增加，并且稳定于催化剂表面，更多的—NH_2 参与到反应中去。

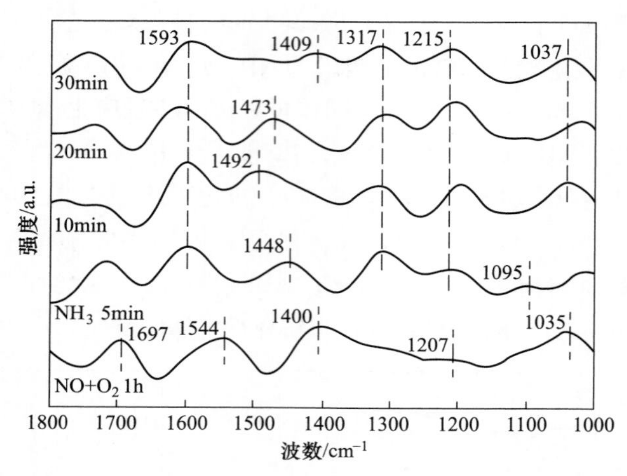

图 5-20　Ce-Co 改性稀土尾矿催化剂 $NO+O_2$ 预吸附后通 NH_3 的原位红外谱

以上分析得出，所有催化剂同时遵循 E-R 机理和 L-H 机理，Ce 改性稀土尾矿催化剂在中高温时主要遵循以 B 酸吸附物种为重要反应物的 E-R 机理，并且根据文献报道，催化剂的反应温度高于 200℃时反应主要遵循 E-R 机理；Ce-Mn 改性稀土尾矿催化剂中产生大量的—NH_2 会被 Mn^{4+} 进一步氧化为—NH，与 NO 反应生成 N_2O；Co 的加入增加了 250～400℃内 B 酸性位的数量，使得 E-R 机理增强，此温度段内的脱硝活性得以提高。

5.3　本 章 小 结

本章通过对比 Ce 改性稀土尾矿催化剂、Ce-Mn 改性稀土尾矿催化剂和 Ce-Co 改性稀土尾矿催化剂等中低温稀土尾矿催化剂表面在不同温度及时间下的 NH_3 吸附、$NO+O_2$ 吸附以及 NH_3 与 $NO+O_2$ 预吸附的物种变化，研究了中低温稀土尾矿催化剂表面吸附物种及机理的影响。得出以下结论：

（1）Ce 及 Ce-M（Mn、Co）改性稀土尾矿催化剂表面同时存在 B 酸吸附和 L 酸吸附，NO 则以气态吸附的 NO_2、单齿硝酸盐（M^{n+}-ONO_2）、桥式硝酸盐

($[2M^{n+}]=O_2NO$)、亚硝酸盐（M^{n+}-ONO）的形式参与SCR反应，所有改性稀土尾矿催化剂表面同时遵循E-R机理和L-H机理。Ce改性稀土尾矿催化剂中，在200℃以上时，NO主要以单齿硝酸盐的形式参与反应，双齿硝酸盐占据活性位点，不利于反应进行。Brønsted酸性位点数量与脱硝效率呈正相关，NH_4^+为该催化剂重要反应物，在Ce^{4+}和稀土尾矿中Fe^{3+}的活性中心形成—NH_2与NO反应，产生NH_2NO这一重要中间产物，E-R机理占主导。

（2）添加Mn后，稀土尾矿表面气态吸附的NO_2参与反应，促进“快速SCR”反应，形成了NH_2NO及NH_4NO_3等重要中间产物，低温活性提高。此外，在Mn^{4+}活性中心形成配位NH_3，Lewis酸增加，配位态的NH_3与NO反应的同时，被Mn^{4+}过氧化为—NH，—NH与NO反应产生N_2O，降低N_2选择性。

（3）添加Co后，250~400℃内硝酸盐种类、Brønsted酸位点吸附强度及单齿硝酸盐稳定性进一步增加，在Co酸位点形成较多NH_4^+和—NH_2，NH_4^+及Co^{3+}—NH_2能够优先与NO反应，增强了E-R机理。与Ce-Mn改性稀土尾矿催化剂相比，中间产物NH_4NO_3能够继续与NO反应生成NO_2、N_2和H_2O，提高N_2选择性。

6 SO_2/H_2O 对机械力-微波联合活化稀土尾矿催化剂性能的影响

本章通过球磨、微波焙烧制备了稀土尾矿催化剂，结合物相组成、表面元素价态、氨气的脱附能力和氧化还原能力分析，研究了稀土尾矿催化剂 NH_3-SCR 脱硝的 SO_2 耐受性能，探讨了稀土尾矿催化剂脱硝的 SO_2 耐受机理。

6.1 微波活化稀土尾矿对脱硝性能的影响

在 50~500℃ 温度范围，φ_{NO} 和 φ_{NH_3} 为 500×10^{-6}，$\varphi_{O_2}=6\times10^{-2}$，$\varphi_{SO_2}$ 分别为 0、300×10^{-6}、500×10^{-6}、700×10^{-6}、900×10^{-6} 的条件下研究 SO_2 对催化剂催化脱硝活性的影响。结果如图 6-1 所示。

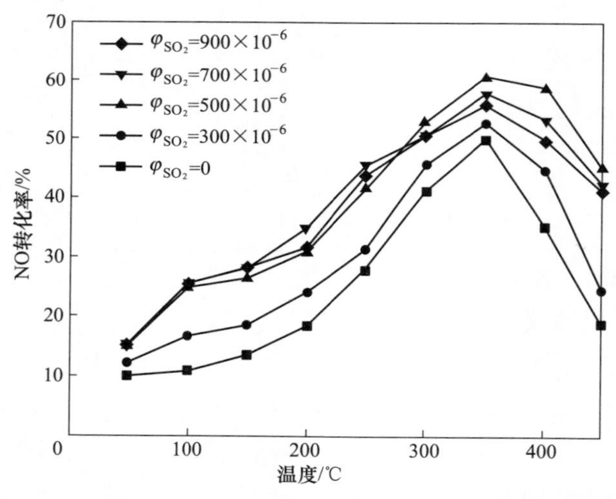

图 6-1 不同温度下 SO_2 对稀土尾矿催化剂脱硝效率的影响

由图 6-1 可知，未通入 SO_2 时，稀土尾矿催化剂在 200~400℃ 区间，脱硝效率呈现先增加再降低的趋势，350℃ 时最高可达 48.03%。400℃ 后，NO 转化率下降显著，其原因可能是还原剂 NH_3 被氧化的量减少，催化剂氧化还原能力下降所致。350~450℃ 脱硝效率较高的原因是该温度段正处于铁基催化剂的活性温度范围，而稀土尾矿中活性金属元素 Fe 占比达到 17.3%，由此推断稀土尾矿催化剂主活性组分可能为铁氧化物。φ_{SO_2}为 300×10^{-6}、500×10^{-6}、700×10^{-6}、900×10^{-6} 时，NO 转化率均有所提升，在 400℃ 时分别为 50.6%、66.6%、63.01%、61.8%。300℃以下，SO_2 对催化剂脱硝效率有 10%~20%的提升，300℃以上，高浓度 SO_2（$\varphi_{SO_2}\geqslant500\times10^{-6}$）对 NO 转化率增幅可达 10%以上。说明稀土尾矿催化剂 SO_2 耐受性能良好，且对 NO 转化率提升较为明显。

6.2 稀土尾矿催化剂 SO_2 耐受性能分析

6.2.1 孔结构（BET）和微观形貌及元素分布（SEM & EDS）结果分析

为研究稀土尾矿催化剂 SO_2 耐受前后物理结构变化，分析了稀土尾矿催化剂（样品 1）、吸附 SO_2 后稀土尾矿催化剂（样品 2，条件：400℃、φ_{SO_2}为 500×10^{-6}、φ_{O_2}为 6×10^{-2}、N_2 为平衡载气、气体总流量 100mL/min、吸附时间为 180min）和 SO_2 参与脱硝后稀土尾矿催化剂（样品 3，条件：φ_{NO}为 500×10^{-6}、φ_{NH_3}为 500×10^{-6}、反应时间 100min，其余条件同样品 2）的比表面积、孔体积和平均孔径，结果见表 6-1 所示。

表 6-1 稀土尾矿催化剂 SO_2 耐受性测试前后 BET 结果

样品	比表面积/$m^2\cdot g^{-1}$	孔体积/$cm^3\cdot g^{-1}$	平均孔径/nm
1	1.602	0.004	9.490
2	1.502	0.004	11.184
3	1.846	0.009	19.499

由表 6-1 可知，各条件下稀土尾矿催化剂比表面积变化较小，孔体积无明显变化，平均孔径增加较为明显。稀土尾矿催化剂比表面积变化不大的原因应是稀土尾矿本身的矿物稳定性所致。

进一步研究稀土尾矿催化剂 SO_2 耐受前后形貌特征变化，对 BET 分析中样品 1 和 SO_2 参与脱硝过程后的稀土尾矿催化剂（条件：φ_{SO_2}分别为 500×10^{-6} 和 700×10^{-6}、其余条件同上述样品 3）进行了 SEM 和 EDS（面扫）分析，结果如图 6-2 和表 6-2 所示。

表 6-2 稀土尾矿催化剂 SO_2 耐受性测试前后 EDS 分析 （%）

元素质量分数	w(Fe)	w(Ca)	w(Ce)	w(Si)	w(O)	w(F)	w(S)	其他
(a)	54.5	4.4	2.1	2.2	32.1			4.8
(b)	5.6	32.6		1.1	22.8	36.6		1.4
(c)	38.2	4.1	5.3	9.6	34.7		2.1	6

续表 6-2

元素质量分数	w(Fe)	w(Ca)	w(Ce)	w(Si)	w(O)	w(F)	w(S)	其他
(d)	4.7	31.8		2.6	26.8	25.6	1.3	7.1
(e)	36.0	5.2	4.8	10.1	31.5		4.4	8
(f)	4.3	27.3		2.4	27.2	33.6	2.4	3

注：(a)(b)：稀土尾矿催化剂；(c)(d)：$\varphi_{SO_2}=500\times10^{-6}$；(e)(f)：$\varphi_{SO_2}=700\times10^{-6}$。

图 6-2 稀土尾矿催化剂 SO_2 耐受前后 SEM 图

(a)(b)稀土尾矿催化剂；(c)(d)$\varphi_{SO_2}=500\times10^{-6}$；(e)(f)$\varphi_{SO_2}=700\times10^{-6}$

结合图 6-2 和表 6-2 分析，图 6-2（a）和（b）为稀土尾矿催化剂中的不同主要成分，图 6-2（a）可能是赤铁矿（Fe_2O_3），图 6-2（b）可能是萤石（CaF_2），这与物相组成分析（XRD）分析结果相一致（见图 6-3）。赤铁矿表面呈现为凹凸不平的坑洼状形貌，经 SO_2 参与脱硝后，赤铁矿［图 6-2（c）（e）］表现有一定的流动性，呈堆积片层状。萤石表面较为光滑平整，有少许微细颗粒附着，经 SO_2 参与脱硝后，萤石表面有较大体积的片状颗粒堆积，SO_2 浓度提高后，片状颗粒连结在催化剂表面［图 6-2（f）］。SEM&EDS 结果发现，稀土尾矿催化剂 SO_2 耐受前后的表面形貌发生了一定的改变，这些改变是在 SO_2 提高催化剂脱硝性能的基础上发生的，同时也验证了图 6-1 分析中铁氧化物为主活性组分的猜测。

6.2.2 XRD 结果分析

为研究稀土尾矿催化剂 SO_2 耐受前后化学组成变化，选择 BET 分析中所述样品 1、2、3 进行 XRD 分析，结果如图 6-3 所示。

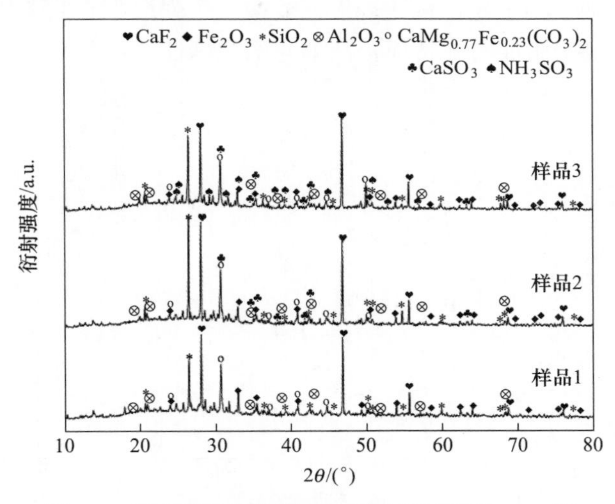

图 6-3 稀土尾矿催化剂 SO_2 影响测试前后 XRD 图

由图 6-3 可以看出，3 种样品中主要检测到萤石（CaF_2），石英（SiO_2），铁白云石［$CaMgFe(CO_3)_2$］和赤铁矿（Fe_2O_3）等物质的衍射峰，含稀土元素物质可能是由于其分散度较好致使未检出。与样品 1 相比，样品 2、3 中 $CaMgFe(CO_3)_2$ 和 CaF_2 的衍射峰峰强减弱，出现了低峰强的 $CaSO_3$ 衍射峰。样品 3 中 $CaSO_3$ 衍射峰强要低于样品 2，且出现了低峰强的 NH_3SO_3 衍射峰，3 个样品中其他物质的衍射峰未发生明显变化。说明稀土尾矿催化剂仅吸附 SO_2 和 O_2 后，有部分 $CaMgFe(CO_3)_2$ 或 CaF_2 与 SO_2 和 O_2 反应生成 $CaSO_3$；SO_2 参与脱硝后，

可能是部分 SO_2 吸附、转化过程中生成了氨基磺酸（NH_3SO_3）（详见图 6-5 红外分析结果），同时减弱了 $CaSO_3$ 生成。未检测出活性金属硫酸盐和铵盐特征峰，可能是形成的活性金属硫酸盐和铵盐并未形成结晶，而是分散在催化剂表面所致。XRD 检测出的 $CaSO_3$ 和 NH_3SO_3 应该是导致 SEM 中样品表面形貌发生变化的原因。

6.2.3　NH_3-TPD 结果分析

为研究稀土尾矿催化剂吸附特性，选择 BET 分析中的样品 1 和样品 2，在 200℃，30mL/min N_2 气氛下预处理 60min，冷却至室温后升温至 100℃，通入 NH_3 预吸附 60min，再用 N_2 吹扫 30min，进行程序升温 NH_3-TPD 吸附特性实验，温度范围为 0～600℃，结果如图 6-4 所示。

由图 6-4 可知，样品 1、2 的脱附峰峰值温度分别位于 135/142℃、355℃ 和 510℃，可分别归属于弱酸中心、中强酸中心和强酸中心。低温段，样品 2 弱酸酸位点峰面积大于样品 1；中高温段，中强酸酸位点峰强样品 2 大于样品 1。说明 SO_2 的存在增加了稀土尾矿催化剂表面弱酸、中强酸中心的酸位点，因此提升了催化剂对 NH_3 的吸附能力，从而提高催化剂脱硝性能。

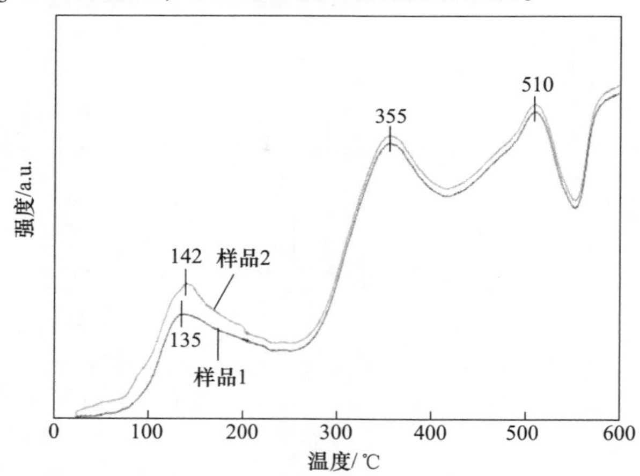

图 6-4　稀土尾矿催化剂 SO_2 耐受性能测试前后的 NH_3-TPD

6.3　SO_2/H_2O 对稀土尾矿催化剂脱硝性能影响机理

6.3.1　O_2 对稀土尾矿催化剂表面吸附 SO_2 影响的红外光谱（FT-IR）实验

SO_2 在催化剂表面吸附 30min 后，采集原位红外光谱图。再同时通入 O_2，分别采集不同时间 O_2 对催化剂表面 SO_2 吸附影响的原位红外光谱图，结果如图 6-5 所示。

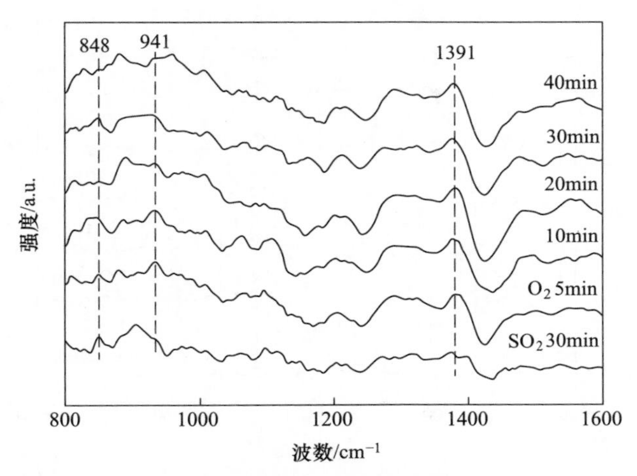

图 6-5 O_2 对催化剂表面 SO_2 吸附影响的原位红外图谱

图 6-5 中，848cm^{-1}、904cm^{-1}为硫酸盐中 S—O 键伸缩振动峰，941cm^{-1}为亚硫酸盐反对称伸缩振动，亚硫酸盐物种的出现与 XRD 结果相吻合。1391cm^{-1}振动峰归属为焦硫酸盐类物种，随着 O_2 通入时间增加，其振动峰逐渐增强，其原因可能是 SO_2 在稀土尾矿催化剂表面被氧化成 SO_3，并在催化剂表面以焦硫酸盐类物种累积，O_2 通入后硫酸盐振动峰不稳定或消失，说明硫酸盐物种应该参与了焦硫酸盐物种的生成。总体来看，O_2 的存在有助于 SO_2 在催化剂表面的吸附和化学转化以及新物种的生成。

6.3.2 稀土尾矿催化剂表面 SO_2 吸附对 NH_3 吸附影响的 FT-IR 实验

NH_3在催化剂表面吸附 30min 后，采集原位红外光谱图。再同时通入 SO_2 和 O_2，分别采集不同时间 SO_2 对催化剂表面 NH_3吸附影响的原位红外光谱图，结果如图 6-6 所示。

图 6-6 中，1215cm^{-1}特征峰为催化剂表面 Lewis 酸位点上吸附的 NH_3 物种，1392cm^{-1}特征峰归为 Brønsted 酸位点上吸附的 NH_4^+ 中 N—H 键的变形振动，1475cm^{-1}特征峰为 Brønsted 酸位点上的 NH_4^+ 物种。通入 SO_2 和 O_2 后，1392cm^{-1}特征峰消失，可能是催化剂表面游离的 NH_4^+ 与 SO_2 吸附后产生的焦硫酸盐物种反应生成氨基磺酸类物种导致，此过程也应该是新特征峰出现的原因。新出现的 1109cm^{-1}特征峰归属为吸附在 Brønsted 酸位点上的 NH_4^+ 物种，1147cm^{-1}处出现的特征峰与磺酰基部分的 O ═ S ═ O、S—O 的不对称和对称振动有关，这可能是与阳离子配位的亚硫酸盐离子形成的基团，1528cm^{-1}特征峰则归为催化剂 Lewis 酸位点上吸附的—NH_2，—NH_2 是 NH_3-SCR 反应的重要中间反应物。出现

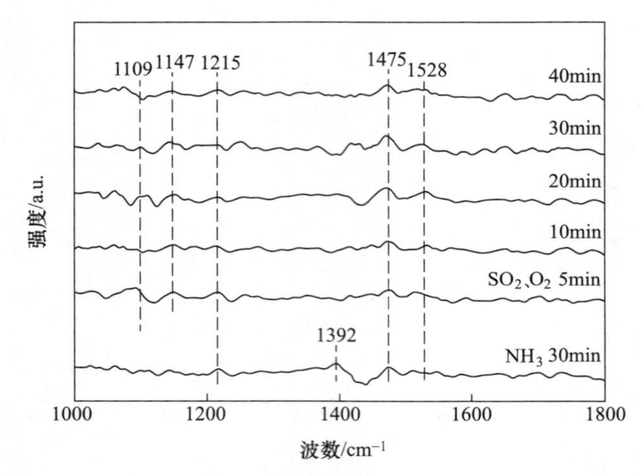

图 6-6　稀土尾矿催化剂表面 SO_2 吸附对 NH_3 吸附影响的原位红外图谱

这些新特征峰，其原因是 SO_2、O_2 在催化剂表面吸附产生了强 Lewis 酸位点，并与 NH_3 吸附产物在转化为（NH_4）$_2SO_4$ 的过程中增加了 Brønsted 酸位点数量，同时提高了 Lewis 酸位点的强度，且（NH_4）$_2SO_4$ 没有堆积在催化剂表面影响到催化剂活性，这与 XRD、NH_3-TPD 结果一致。这一结果表明 SO_2 对稀土尾矿催化剂表面吸附 NH_3 具有促进作用，且提高了可还原 NO 的 NH_4^+、—NH_2 物种的生成。

6.3.3　稀土尾矿催化剂表面 SO_2 吸附对 NO/O_2 吸附影响的 FT-IR 实验

NO/O_2 在催化剂表面吸附 30min 后，采集原位红外光谱图。再同时通入 SO_2，分别采集不同时间 SO_2 对催化剂表面 NO/O_2 吸附影响的原位红外光谱图，结果如图 6-7 所示。

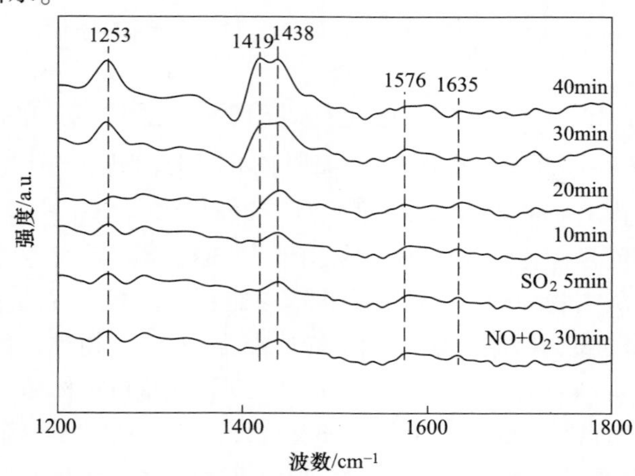

图 6-7　催化剂表面 SO_2 吸附对 $NO+O_2$ 吸附影响的原位红外图谱

图 6-7 中，$1253cm^{-1}$ 特征峰为催化剂表面 NO 吸附的单齿硝酸盐物种，$1419cm^{-1}$、$1438cm^{-1}$ 特征峰为单齿亚硝酸盐物种，$1576cm^{-1}$、$1635cm^{-1}$ 特征峰为催化剂上金属氧化物表面 NO_2 吸附物种。结果表明通入 SO_2 后增加了 $1253cm^{-1}$、$1419cm^{-1}$ 和 $1438cm^{-1}$ 处单齿硝酸盐、单齿亚硝酸盐物种特征峰的峰强，其中单齿亚硝酸盐物种可以和 Brønsted 酸位点上吸附的 NH_4^+ 进行“快速 SCR”反应，因此提高催化剂脱硝性能。

6.4 稀土尾矿催化剂 SO_2 耐受机理分析

国内外学者对常规 NH_3-SCR 脱硝机理已基本形成共识，NH_3 分子在催化剂表面上对活性中心发生化学吸附，可形成配位态的 NH_3^-、NH_2^-，可以把 NO 分子或已经吸附的 NO 分子氧化成过渡态 NO_2、单齿 NO_2^- 和双齿 NO_3^-，即遵循 E-R（Eley-Rideal）机理和 L-H（Langmuir-Hinshelwood）机理两种途径。本书在此基础上，基于 SEM&EDS、XRD、NH_3-TPD 分析和 FT-IR 实验结果，主要对 SO_2 参与下的稀土尾矿催化剂 NH_3-SCR 脱硝过程的 SO_2 耐受机理过程进行分析。稀土尾矿中主活性组分应为铁氧化物（Fe_2O_3），Fe^{3+} 与 Fe^{2+} 之间的转化为催化剂 SCR 脱硝提供活性位点。SO_2 参与脱硝反应过程时，与 O_2 在催化剂表面的吸附提供更多的强 Lewis 酸位点，SO_2 与 H_2O 和 O_2 反应生成 SO_4^{2-} 基团，也会与催化剂表面部分吸附氧生成吸附态 SO_3，吸附态 SO_3 和 SO_4^{2-} 基团反应生成焦硫酸根（$S_2O_7^{2-}$）基团，如反应（6-3）~反应（6-5）所示，这一系列过程中，$S_2O_7^{2-}$ 基团可以为催化剂表面提供更多的强 Lewis 酸位点，同时也增强了 Brønsted 酸位点的数量，增强了催化剂对 NH_3 的吸附能力。在 NH_3 作用下，$S_2O_7^{2-}$ 基团与 Lewis 酸位点吸附的 NH_3 反应生成—NH_2 和 $S_2O_7{}^{2-}H^+$（式（6-6）），同时 $S_2O_7^{2-}H^+$ 与 NH_3 进一步反应生成 NH_4^+（式（6-7））。与空位结合的 $S_2O_7^{2-}$ 基团最后以 NH_3SO_3 晶体和非晶态的 $(NH_4)_2SO_4$ 出现在 XRD 结果当中（式（6-8））。式（6-6）和式（6-7）促进生成的—NH_2 和 NH_4^+ 与催化剂表面 NO 吸附产生的单齿硝酸盐、单齿亚硝酸盐、NO_2 及 NO 反应生成 N_2 和 H_2O（式（6-9）~式（6-12）），最终完成 NH_3 还原 NO 的过程。式（6-1）~式（6-12）是 SO_2 参与稀土尾矿催化剂 NH_3-SCR 脱硝过程的主要反应步骤，同时遵循 L-H 机理和 E-R 机理，可以解释稀土尾矿催化剂 SO_2 耐受性和提高催化脱硝效率的机理。稀土尾矿催化剂 NH_3-SCR 脱硝 SO_2 耐受机理可总结为图 6-8 所示。

$$Fe^{3+} \rightleftharpoons Fe^{2+} + \Delta \tag{6-1}$$

$$O_2(g) + 2\Delta \longrightarrow 2O - \Delta \tag{6-2}$$

$$2SO_2(g) + 3/2O_2(g) + H_2O \longrightarrow 2SO_4^{2-} + 2H^+ \tag{6-3}$$

$$SO_2(g) + O - \Delta \longrightarrow \Delta - SO_3 \tag{6-4}$$

$$SO_4^{2-} + \Delta - SO_3(g) \longrightarrow \Delta - S_2O_7^{2-} \tag{6-5}$$

$$\Delta - SO_7^{2-} + NH_3(g) \longrightarrow NH_2(a) + \Delta - SO_7^{2-}H^+ \tag{6-6}$$

$$\Delta - SO_7^{2-}H^+ + NH_3(g) \longrightarrow \Delta - SO_7^{2-} + NH_4^+(a) \tag{6-7}$$

$$2H^+ + NH_3(g) + \Delta - SO_7^{2-} \longrightarrow NH_3SO_3 + (NH_4)_2SO_4 + \Delta \tag{6-8}$$

$$-NH_2(a) + NO(g) \longrightarrow N_2(g) + H_2O \tag{6-9}$$

$$-NH_2(a) + NO_2(g) \longrightarrow N_2(g) + H_2O \tag{6-10}$$

$$NH_4^+ + NO_2^- \longrightarrow N_2(g) + 2H_2O \tag{6-11}$$

$$3/2NH_4^+ + NO_3^- \longrightarrow 5/4N_2(g) + 3H_2O \tag{6-12}$$

其中，Δ 代表活性金属中心的活性空位，$\Delta-SO_3$代表与空位结合的吸附态 SO_3，$\Delta-S_2O_7^{2-}$代表与空位结合的 $S_2O_7^{2-}$基团，（g）代表 NH_3、NO、NO_2、SO_2、O_2 和 N_2 的气态，（a）代表—NH_2 和 NH_4^+ 在表面的吸附态。

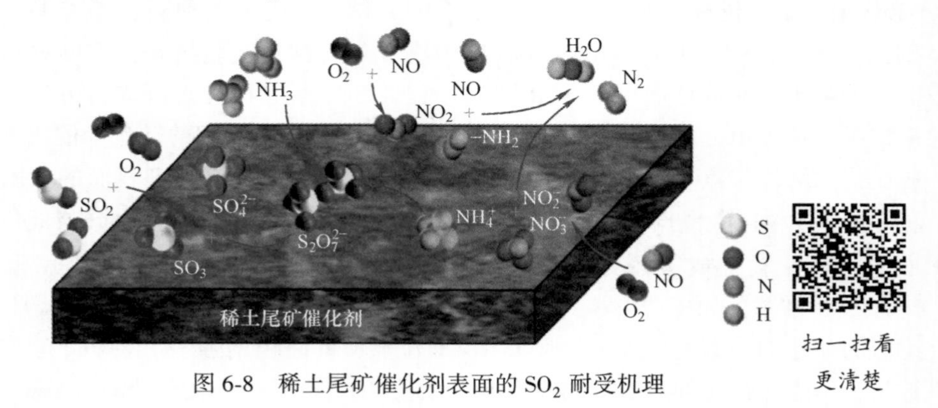

图 6-8　稀土尾矿催化剂表面的 SO_2 耐受机理

6.5　本 章 小 结

（1）稀土尾矿经球磨和微波焙烧可制备具有催化脱硝能力的催化剂，300℃以下，SO_2 对催化剂脱硝效率有 10%～20%的提升，300℃以上，高 SO_2 浓度（$\varphi_{SO_2} \geqslant 500\times10^{-6}$）对 NO 转化率提高幅度可达 10%以上，稀土尾矿催化剂 SO_2 耐受性能良好，且 SO_2 可以提高催化剂的脱硝活性。

（2）催化剂在吸附 SO_2 或 SO_2 参与脱硝过程后，其表面虽出现沉积物 $CaSO_3$ 和 NH_3SO_3，但其形貌特征变化甚微，物理结构和化学组成较为稳定。稀土尾矿催化剂中主活性组分应为铁氧化物（Fe_2O_3），通入 SO_2 可以增加催化剂表面弱酸和中强酸中心的酸性位点，进而提升催化剂对 NH_3的吸附能力。

（3）催化剂中铁氧化物（Fe_2O_3）的电子转移提供了催化活性位点，NH_3、SO_2 和 O_2 在催化剂表面吸附产生了强 Lewis 酸位点；吸附产物 $S_2O_7^{2-}$ 基团在系列转化过程中促进生成的—NH_2 和 NH_4^+ 将 NO 吸附产物还原为 N_2 和 H_2O，并在最终转化为 NH_3SO_3 和（NH_4）$_2SO_4$ 的过程中增加了 Brønsted 酸位点的数量，从而提高催化剂催化脱硝活性。

7 硫酸活化稀土尾矿整体式催化剂成型及性能

本章以硫酸机械力联合活化的稀土尾矿催化剂为基础，通过添加造孔剂、黏结剂、润滑剂、强度剂，制备出具有较好的机械强度和脱硝性能的蜂窝状催化剂。

7.1 催化剂成型助剂及设备

挤压催化剂会破坏其原本的宏微观结构，性能不如粉末状催化剂，但是由于催化剂的活性窗口一般在200~400℃之间，在应用于燃煤锅炉脱硝系统时，有受到粉尘的磨损和撞击的情况，这就要求催化剂成型且具备一定的机械强度。

7.1.1 催化剂成型助剂

催化剂粉末成型较为复杂，需要借助多种助剂才可制备出性能优异的成型催化剂，包括载体、水、造孔剂、润滑剂和黏结剂等。催化剂常用的载体是锐钛矿 TiO_2 粉末，能够为催化剂提供一定的比表面积和机械强度。

水的加入使物料有着更好的流动性，物料所承受的压力可以更好地传递，在挤出成型过程中保持压力的均衡，且水的存在使得物料之间形成一层水膜，使粉料之间有较好的结合力，降低物料之间产生的摩擦力，使得粉料能够团聚，方便制备成不同的形状。但在干燥和焙烧后，水分挥发，粉料之间的结合力也会消失。

若物料过于分散，经过成型后催化剂难以定型，这时需要添加一定量的黏结剂，通过黏结剂和水的共同作用，使得催化剂能够顺利挤压成型并具有一定的抗压能力，但添加量过多易导致成型困难、坯体易变形等问题。常用的黏结剂有羧甲基纤维素、田菁粉、瓜尔胶等。

黏结剂的加入会出现黏性较强的胶状物，增加挤出成型的难度，需要添加润滑剂以降低粉料间的内摩擦力和粉料与模具间的外摩擦力，常用的润滑剂有油酸、甘油等。

在挤压过程中，表面孔结构受到挤压，催化剂颗粒之间的缝隙会变小，导致反应气体与催化剂接触的面积降低，影响到催化剂的性能。此时需要添加一定量的造孔剂，造孔剂在经过焙烧后分解留下孔隙结构，增大了催化剂的比表面积，但造孔剂添加量过多使得催化剂骨架结构遭到破坏，降低催化剂的机械强度，使得催化剂寿命降低，常用的造孔剂有活性炭、淀粉等。

由于添加了造孔剂后，会造成催化剂机械强度下降，所以需要添加一定量的结构增强剂，以维持催化剂的机械强度。常用的有玻璃纤维、碳纤维等。

7.1.2 催化剂成型制备

7.1.2.1 蜂窝状催化剂

以一定的比例称取载体、活性组分前驱体、水、助剂（造孔剂、黏结剂、强度剂），充分混合研磨，混料时先对混合粉料进行一定时间的干混，充分混合均匀后加入黏结剂、水、润滑剂等，待物料完全混合均匀，形成具有一定光泽和湿度的可塑性泥团。混料均匀后进行陈腐，使泥团中的水分分散均匀，进一步使内部的水在毛细管力的作用下分散更加均匀，也可以提高泥料的可塑性，有利于挤压成型。将坯体放入成型机中挤压，同时打开真空泵，排除多余的空气，提高坯体的密度；在挤压成型过程中，要保持匀速挤出，让挤出的催化剂有足够的时间定型，若挤压太快会导致催化剂变形或出现裂缝、不连续的情况。具体过程如图7-1所示；成型后的坯体存留许多水分，需要对其进行干燥，干燥太快会使水分快速挥发，坯体出现开裂的现象，因此需要分段恒温干燥；干燥完成后进行焙烧，以发挥造孔剂的作用。

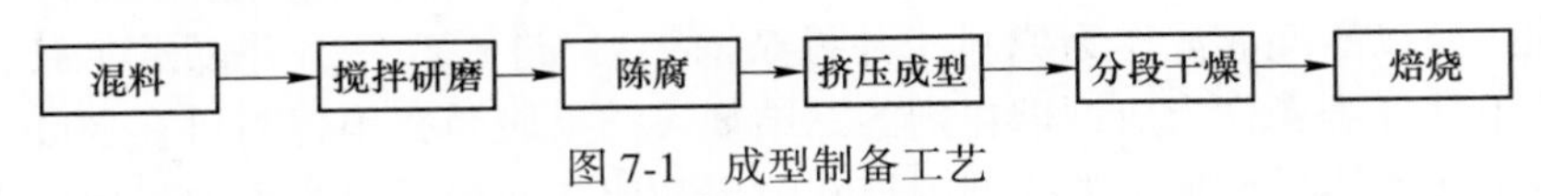

图7-1 成型制备工艺

7.1.2.2 板式催化剂

板式催化剂以涂覆法进行制备，一方面将载体和活性组分进行混合凝练，再将这部分泥团均匀地涂覆在骨架结构上，之后进行干燥和焙烧。板式催化剂所选用的骨架结构一般为金属骨架，可提供较大的机械强度，但由于涂覆法自身的缺陷，在使用一段时间后，表面涂覆的活性组分会被磨损，进而使催化剂失效。

7.1.3 成型催化剂研究现状

众多实验证明，催化剂粉末在挤出成型制备之后，改变了催化剂内部的微观结构，使得成型催化剂容易开裂、强度低。脱硝效率也低于其对应的粉末催化剂。为了减少这种负面影响同时提升成型催化剂性能，需要添加多种助剂，成型助剂一般包含水、黏结剂、润滑剂、增强剂、造孔剂等。成型制备的目的就是通过调配各种助剂的种类和用量，制定合理的干燥、焙烧温度，得到最优的催化剂配方和制备流程。

在成型制备之后，催化剂的孔隙结构会发生较大的改变，比表面积、孔径等会下降。所以在成型过程中添加一些易分解的物质作为造孔剂，通过高温焙烧后，这类物质分解产生气态物质逸出，留下大量孔洞，裸露出更多催化剂表面，有助于气体的吸附和反应。陈邱谆以酸预处理的赤泥为原料，考察了成型添加剂对蜂窝状赤泥催化剂成型及脱硝性能的影响规律，并优选出最佳的成型配方：羧甲基纤维素 3%（质量分数），中性硅溶胶 30%+适量胶溶剂醋酸，玻璃纤维 15%，活性炭 1%，油酸 5%，此时蜂窝状赤泥催化剂的脱硝效率最高可达到 91.2%。在 XRD 中，添加了 1%和 3%活性炭的催化剂相比于添加 5%和不添加活性炭的催化剂中的衍射峰更圆整。晶粒直径与晶格衍射峰的半峰宽成反比。所以，添加适量活性炭可降低 α-Fe_2O_3的结晶度，改善催化剂的微观形貌。

杨超选取燃煤电厂的排放物——粉煤灰作为催化剂载体，负载了 Mn，Ce 两种金属，将膨润土作为黏结剂，并添加了淀粉、甘油等助剂制备蜂窝状脱硝催化剂。选用淀粉作为造孔剂时催化剂比表面积最大，脱硝效果最好，且对催化剂强度影响较小，最优添加量为 6%；硅溶胶添加量为 6%时，能够明显提升催化剂机械强度，同时不影响脱硝效率；当水粉比为 14%时，挤出最为流畅且催化剂表面光滑，成型效果最好；在甘油添加量为 6%时，催化剂挤出最为流畅，裂纹较少。

黏结剂的种类、用量会直接影响挤出难易程度。常用的黏结剂主要为有机黏结剂。

施庆龙以酸洗赤泥作为原料，并掺杂 Cr、Co 进行改性，并以瓜尔胶、田菁粉、羧甲基纤维素作为成型催化剂的黏结剂。结果表明，田菁粉可在 300~400℃完全分解成气体，增加了催化剂内部孔隙率和比表面积。因此添加了田菁粉的催化剂表现出最高的脱硝效率，其中田菁粉添加量为赤泥用量的 15%时效果较好。经过测试得到较优的成型配方为 100g 酸洗赤泥配比 15g 田菁粉、7.5g 催化剂纤维、2g 活性炭、2g 甘油、40g 水。

闫东杰等人选择浸渍法制备 Mn-Ce/TiO_2 粉末状催化剂，再混合一定量的拟薄水铝石作为黏结剂和活性炭作为造孔剂，挤压出整体式成型催化剂。拟薄水铝石添加量为 10%可使催化剂的机械强度最大。但加入了黏结剂和造孔剂后，使得催化剂的活性组分降低，导致整体式成型催化剂的脱硝效率低于粉末状催化剂。

满雪以 TiO_2 作为催化剂载体，加入质量比为 4%的 MnO_x，质量比为 10%的 CeO_2 作为活性组分进行挤条成型。发现当水粉比为 1∶2 时，粉料湿度刚好，挤出顺利，成型催化剂表面光滑无裂缝，机械强度最大为 73N/cm。当选用磷酸为成型助剂时，发现催化剂、磷酸、水的配比为 10∶3∶2 时，物料湿度适当，捏合时物料明显团聚，不容易分散，挤出顺滑，成型催化剂均匀光滑。这是因为磷酸经强热作用分解生成链状结构的三磷酸和环状结构多聚偏磷酸，这为催化剂提供了更多的孔结构，且具有一定的骨架支撑作用，提高催化剂的机械强度。

虽然添加黏结剂和造孔剂能够改善成型催化剂的微观结构、降低挤出难度，但在焙烧之后留下大量孔洞，会使催化剂受力不均、机械强度得不到保证。

张长亮对酸改性的 $Mn\text{-}Co\text{-}Ce/TiO_2\text{-}SiO_2\text{-}SO_4^{2-}$ 三金属粉末状催化剂进行成型制备。通过改变成型助剂的添加量，得出当玻璃纤维添加量为15%、黏结剂添加量为20%、水添加量为25%时，催化剂仍保持较好的脱硝效率和抗硫性能并具有较好的力学性能。

Forzatti 等人借助陶瓷浆料的流变性能，以 TiO_2 为载体挤压成型，证明了毛细管流变测定法在严格应用时是预测陶瓷浆料可挤出性的有用工具。并提出了干燥必须在小心控制温度和湿度的情况下以适当的速度进行，这能够防止破裂和裂缝；在选定的温度下煅烧可以烧掉有机添加剂，有时原料会发生固态反应，形成最终产品的结构。有机黏合剂能够增强催化剂黏结，无机添加剂如黏土和玻璃纤维可以提高催化剂的机械强度。

孙科等人研究了成型过程中助剂对 Ce 掺杂 Mn/TiO_2 催化剂（$Ce\text{-}Mn/TiO_2$）的物理性质和脱硝效率的影响。实验结果表明，适量的甘油可以降低催化剂泥团和挤压模具之间的黏性，起到润滑作用，使得催化剂能够顺利挤出成型；添加玻璃纤维可以使催化剂机械强度成倍增加，当添加量为15%（质量分数）时催化剂机械强度可增加3倍以上；添加5%拟薄水铝石不仅能够提升催化剂的脱硝效率与 N_2 选择性，还可以提高催化剂机械强度；添加2.5%活性炭可以提高催化剂在低温下的脱硝效率，使 NO 脱除率在80℃时大幅提高。

干燥温度和焙烧温度对成型催化剂外观形貌和机械强度、脱硝效率有明显的影响。

刘祥祥制备压片成型改性的菱铁矿 SCR 脱硝催化剂，其载体为菱铁矿粉末，掺杂 Mn，Ce 元素进行改性。发现 Mn 掺杂量会影响压片成型催化剂比表面积、结晶度进而影响脱硝效率。当掺杂3%Mn 和1%Ce 时催化剂具有最好的低温脱硝效率。在焙烧过程中会带来一个有利影响：水和有机物会挥发和分解产生孔隙结构，但也会带来一个不利影响：活性组分结晶。对催化剂进行 BET 测试发现，Mn 掺杂催化剂在450℃焙烧成型时有利影响大于不利影响；Mn/Ce 掺杂的催化剂在550℃时有利影响大于不利影响。通过 XRD 图对比550℃和450℃焙烧的催化剂衍射峰强度和角度，发现550℃焙烧的催化剂 $\alpha\text{-}Fe_2O_3$ 的晶格没有受到破坏，但是已经发生变形，以无定型形式存在的 $\alpha\text{-}Fe_2O_3$ 含量略有下降，更多的 $\alpha\text{-}Fe_2O_3$ 负载在载体 TiO_2 表面上。

李游以堇青石为载体，添加了30%的水，2.5%的低温黏结剂甲基纤维素，10%的高温黏结剂拟薄水铝石，10%的结构增强剂杆状玻璃纤维，3%的润滑剂甘油。通过分段干燥（60℃，1h；80℃，3h）和分段焙烧（300℃，3h；550℃，

5h）能够防止催化剂载体在焙烧过程中开裂变形同时可以产生适宜的孔结构，考虑到羧甲基纤维素在60~70℃会发生固化，依靠CMC分子之间的氢键和范德华力形成网状结构，有定型的作用，微波中火、1~2min，能够把分散在蜂窝体内的网络状纤维素迅速固化，达到定型的效果，再通过缓慢升温至300℃并停留3h焙烧，再升温至550℃焙烧5h，这样产品的成品率更高没有破损现象，而且最终产品的比表面积更大孔径分布更合理，制备了高温共混式蜂窝状催化剂。在空速 $10000h^{-1}$、温度240℃、$NH_3/NO=1$、NO浓度为 1000×10^{-6}、氧气浓度为1%、SO_2 浓度为 1000×10^{-6}、水蒸气为10%的条件下的脱硝效率达到87%。

张雄飞等人提出了三步干燥的方法（升温下通风干燥，干燥箱80℃干燥，微波干燥），并选用两段程序升温焙烧法（200℃之前1.0℃/min，200℃之后2.0℃/min），能够制备出形态良好的蜂窝状催化剂。

活性组分的添加量也会对成型催化剂脱硝效率产生影响。金丽丽为了将载体与活性组分以层状结构负载于基底表面，分别采用原位沉淀和浸渍法制备了整体型Cr-V/TiO_2/堇青石SCR催化剂。发现原位沉淀法制备的 TiO_2 涂层能够致密、均匀地负载于堇青石基底表面，同时具有较好的黏结性能。当 TiO_2 添加量为10%，同时负载5.5%Cr-V作为活性组分，成型前后的脱硝效率及抗硫性能基本一致，脱硝效率达到90%以上。

Yue Qiu等人采用 TiO_2 纳米溶胶对堇青石蜂窝陶瓷进行表面改性。通过改变活性组分的比例和浓度，将 V_2O_5-MoO_3/TiO_2 浸渍于堇青石上制备整体催化剂。随着钼钒比的增加，钒氧钒在 TiO_2 支撑体上的分散性得到改善，导致钒2p1/2和钒2p3/2的XPS峰发生负移，而钛2p1/2和钛2p3/2的XPS峰发生正移，表现出优异的催化性能以及机械强度，特别是钼/钒比为8的 $V_{0.9}Mo_{7.2}$ 催化剂脱硝效率达到100%。

展宗城等人以稀土基料发明了中低温SCR催化剂，其制备方法为：将催化剂粉末、有机黏结剂、结构增强剂加入混料机中混合0.5~2h，再加入成型剂和水进行混合，经过真空炼泥、过滤、陈腐、挤压成一定形状，最后进行干燥及焙烧，得到稀土基中低温SCR催化剂，该催化剂脱硝效率可达95%以上。

董长青等人发明了板式脱硝催化剂的成型助剂，是由聚乙烯醇、黏结剂、高岭土、玻璃粉组成。其中聚乙烯醇、有机黏结剂、高岭土、玻璃粉经过机械混合后可有效帮助催化剂顺利成型。

通过以上文献可知，催化剂粉末制备成型催化剂，是一个复杂的过程，需要搭配不同成型助剂，如添加合适的造孔剂（活性炭、淀粉等）、黏结剂（羧甲基纤维素、膨润土等）、强度剂（玻璃纤维、硅溶胶等）、润滑剂等助剂，找出能够相互协调的最佳助剂添加量，配合适宜的干燥、焙烧温度，才可制备出高脱硝效率、高氮气选择性、机械强度良好的催化剂，这对本书的研究内容有借鉴作用。

7.2 条状催化剂成型及性能

催化剂可以做成各种形状，但最终目的都是增大其比表面积以达到更高的催化活性，并且需要有一定的机械强度。本节以条形催化剂为例，研究其成型及性能，以便于对粉末状、条状、蜂窝状催化剂进行比较。

7.2.1 条状催化剂成型

将稀土尾矿与8mol/L硫酸按照尾矿与硫酸的比为2∶1放入球磨罐中混合，在球磨机中以300r/min球磨2h，球料比为1∶1；将球磨后的尾矿进行干燥，干燥后放入微波焙烧仪器中，以1100W、250℃焙烧20min，完成粉末催化剂的制备。

实验选用天大北洋化工实验设备公司的TBL-2型催化剂成型挤出装置进行挤条成型，如图7-2所示，设备结构为螺杆传输，能够使催化剂粉末在多孔模板挤出。将制备好的粉末状催化剂放入研磨罐中，混合适量的水和成型助剂，充分研磨成黏稠状泥团，放入挤条机中挤出；将挤出后的条状催化剂坯体放入烘箱中烘干，再放入马弗炉中焙烧。实验所用到的试剂见表7-1，实验设备见表7-2。

图7-2 条状催化剂成型机

表7-1 实验试剂

序号	名称	规格	试剂厂家
1	硫酸	AR	北京化工厂
2	碳酸铵	AR	天津科密欧化学试剂有限公司
3	淀粉	AR	上海麦克林生化科技有限公司
4	聚乙二醇	AR	江西益普生

续表 7-1

序号	名称	规格	试剂厂家
5	活性炭	AR	恒晟环保材料
6	田菁粉	食品级	上海旺旺实业有限公司
7	羧甲基纤维素	AR	天津科密欧化学试剂有限公司
8	羧甲基纤维素钠	USP	上海阿拉丁生化科技有限公司
9	瓜尔胶	食品级	青州荣美尔
10	丙三醇（甘油）	AR	天津致远化学试剂有限公司
11	无碱玻璃纤维	0.074mm	广东矿物新材料

表 7-2 仪器设备型号

序号	设备	仪器型号	归属公司
1	电子天平	MAX-C3002	贝士德科技有限公司
2	行星式球磨机	BM04	南京康烨光学科技有限公司
3	电热鼓风干燥箱	101 型	北京市永光明医疗仪器厂
4	微波焙烧仪	CY-R01000C-S	湖南长仪微波科技有限公司
5	烟气分析仪	GASMET-DX4000	北京承天来优科技有限公司
6	混气箱	GX-6	南京博蕴通仪器科技有限公司
7	立式管式炉	VTL1600	南京博蕴通仪器科技有限公司
8	比表面及孔径分析仪	3H-2000PS1	贝士德仪器科技有限公司
9	程序升温化学吸附仪	PCA-1200	北京彼奥德电子有限公司

7.2.2 条状催化剂性能

7.2.2.1 造孔剂的选择

图 7-3 所示为硫酸改性稀土尾矿催化剂粉末与成型样品的脱硝性能。由图 7-3 可知，挤压成型后，在 300~500℃ 范围内，脱硝效率大幅下降，在 400℃ 时，粉末催化剂可达 96%，但经过挤压成型后，仅有 56%，降低了 40%。故需要添加一定比例的造孔剂，在高温焙烧后，能够分解产生更多的孔隙结构，以填补粉末催化剂挤压成型造成的不良影响。本研究选用碳酸铵、淀粉、活性炭、聚乙二醇四种造孔剂，以探究造孔剂对成型催化剂的影响。为了防止在高温焙烧造孔剂时，对催化剂的活性组分带来不利影响，选择的焙烧温度应尽量低，因此，本书添加造孔剂为碳酸铵、淀粉、聚乙二醇时的焙烧温度为 350℃；造孔剂为活性炭时的焙烧温度为 400℃。

粉末催化剂经过挤压成型后，会破坏其原本的宏观及微观形貌，具体体现在比表面积降低、微孔坍塌、孔隙率下降等，进而对脱硝效率产生负面影响。对比粉末催化剂和未添加任何助剂直接成型的催化剂的微观结构发现（见表 7-3），成型后催化剂比表面积从 3.70m^2/g 下降到 1.22m^2/g，孔体积也相应降低，这是由于水的黏结作用和受到外力挤压，粉末之间距离更加紧密导致比表面积降低，相应的催化剂表面的活性位点数量也会减少，最终影响脱硝效率。

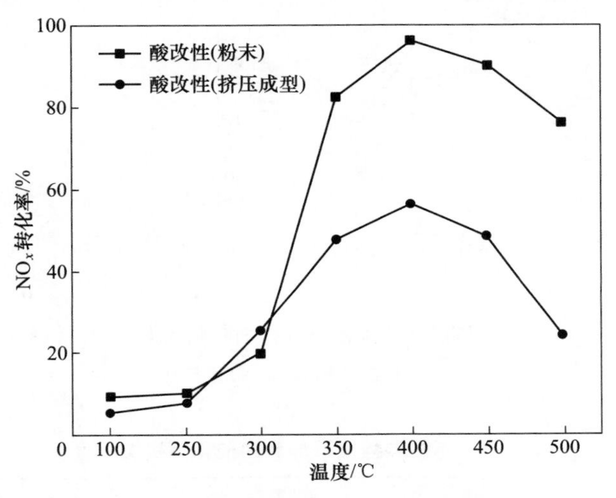

图 7-3 粉末催化剂与成型催化剂的脱硝效率

表 7-3 粉末催化剂与成型催化剂的比表面积及孔结构

催化剂类型	比表面积/$m^2 \cdot g^{-1}$	孔体积/$m^3 \cdot g^{-1}$	孔直径/nm
粉末催化剂	3.70	0.0151	16.15
成型催化剂	1.22	0.0087	28.52

A 碳酸铵对催化剂成型及性能的影响

图 7-4 所示分别为添加碳酸铵后催化剂的脱硝效率和 N_2 选择性。碳酸铵添加量为 5%、10%、15%。由图 7-4 可知，催化剂添加了碳酸铵后脱硝效率具有一定的提升。当碳酸铵添加量为 10%时，脱硝效率从 400℃的 56.1%提升到 70%，提高了 13.9%，在 300℃时，脱硝效率提升将近 30%。碳酸铵添加量为 15%与添加量为 10%相比，在 400℃脱硝效率下降了 10%，这是由于碳酸铵的添加量过多，导致催化剂中的活性组分占比和暴露度降低，催化剂添加过量的碳酸铵，生成的微孔过多导致坍塌或者部分碳酸铵在焙烧过程中没有分解，堵塞孔结构，未能起到造孔作用。添加碳酸铵后，催化剂的 N_2 选择性出现小幅度的降低，但在中低温段仍有较高的 N_2 选择性。表 7-4 为添加碳酸铵后催化剂的机械强度，随着碳酸铵添加量的增加，催化剂的机械强度由添加量为 5%的 4.83MPa 下降到

15%的 1. 7MPa。这是因为焙烧后微孔增加，改变了催化剂内部的骨架结构，催化剂的抗压能力就会下降，机械强度会随之下降。因此，综合考虑，碳酸铵的最佳添加量为 10%。

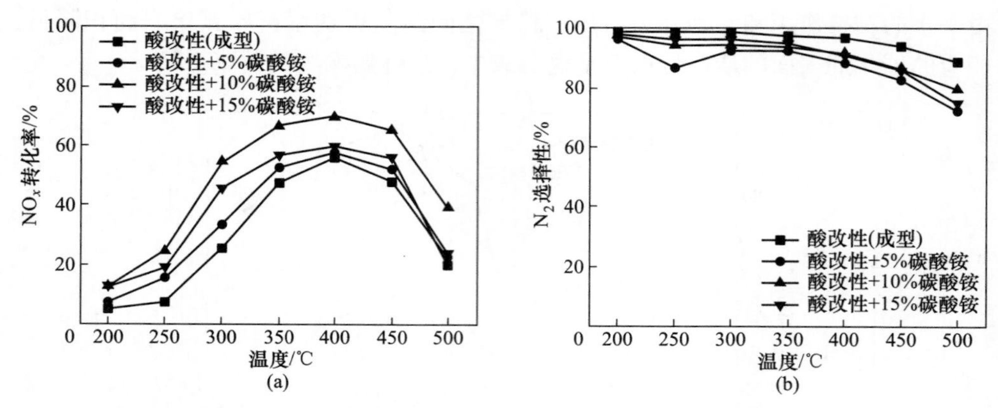

图 7-4　不同碳酸铵添加量的催化剂脱硝效率及 N_2 选择性

（a）脱硝效率；（b）N_2 选择性

表 7-4　不同碳酸铵添加量的催化剂机械强度

添加量	机械强度/MPa
未添加造孔剂	7. 5
添加 5%碳酸铵	4. 83
添加 10%碳酸铵	2. 09
添加 15%碳酸铵	1. 7

B　淀粉对催化剂成型及性能的影响

图 7-5 所示分别为添加淀粉后催化剂的脱硝效率和 N_2 选择性。淀粉在高温时被氧化，产生 CO_2 气体逸出，可以为成型催化剂留下大量微孔。本研究淀粉添加量选择为 2. 5%、5%、7. 5%。由图 7-5 可知，添加了淀粉后催化剂的脱硝效率具有一定幅度的提升，同时保持着较高的 N_2 选择性。其中，淀粉添加量为 2. 5%时，脱硝效率提升最多，相比未添加淀粉的催化剂高了 11%，在 200~400℃的中低温区间内均有明显提升，在 300℃时提升了 25%。淀粉添加量为 5%和 7. 5%的催化剂在高温度段的提升效果并不明显，结合机械强度（见表 7-5）分析，随着淀粉添加量的增加，催化剂机械强度由 7. 5MPa 下降到 3. 7MPa，这是由于焙烧后产生的孔隙结构较多，造成微孔坍塌，反而降低了催化剂与反应物的接触面积，对催化反应带来不利影响。

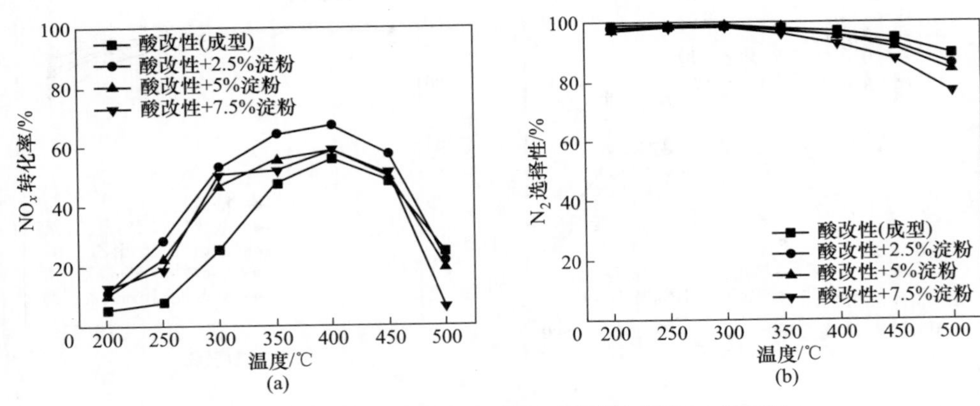

图 7-5 不同淀粉添加量的催化剂脱硝效率及 N_2 选择性

（a）脱硝效率；（b）N_2 选择性

表 7-5 不同淀粉添加量的催化剂机械强度

添加量	机械强度/MPa
未添加造孔剂	7.5
添加 2.5%淀粉	4.2
添加 5%淀粉	4.5
添加 7.5%淀粉	3.7

C 聚乙二醇对催化剂成型及性能的影响

图 7-6 所示分别为添加聚乙二醇后催化剂的脱硝效率和 N_2 选择性。由图 7-6 可知，添加了 2.5%、5%、10%聚乙二醇的催化剂脱硝效率都有提升，添加 5%聚乙二醇的催化剂脱硝效率提升最明显，在 350℃时脱硝效率可达 74%，提升了 18%。同时，在 300~450℃温度区间的仍然保持较高的脱硝效率，具有较宽的温度窗口。这原因在于部分聚乙二醇溶于水后，以乙二醇的形式存在，乙二醇被硫酸氧化生成 CO_2、SO_2 和水，生成的产物会对脱硝效率产生有利影响。添加了不同含量的聚乙二醇后，催化剂均能保持较好的 N_2 选择性，在200~450℃温度区间内可达 90%以上。

结合强度测试结果（见表 7-6），BET 测试结果（见表 7-7），随着聚乙二醇添加量增加，机械强度下降，比表面积增加，说明聚乙二醇起到了造孔的作用，在催化剂内部留下发达的孔隙结构。由表 7-7 可知，添加聚乙二醇后的催化剂比表面积、总孔体积、孔直径均有所提高，与添加量呈正相关。结合添加了 7.5%聚乙二醇催化剂的机械强度和孔直径分析，由于添加量过多，孔直径反而降低，这是由于焙烧后留下的微孔过多，无法支撑催化剂的整体结构，因此机械强度会

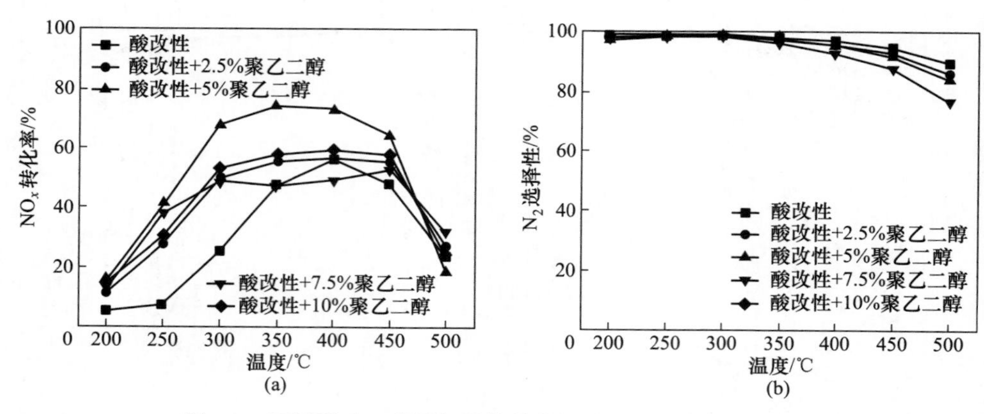

图 7-6　不同聚乙二醇添加量的催化剂脱硝效率及 N_2 选择性

（a）脱硝效率；（b）N_2 选择性

随之下降；同时会造成催化剂微孔坍塌，将催化剂表面的活性位点覆盖，最终导致催化剂的脱硝效率降低。可见，聚乙二醇的添加量不是越多越好，添加量为5%时整体效果最佳。

表 7-6　不同聚乙二醇添加量的催化剂机械强度

添加量	机械强度/MPa
未添加造孔剂	7.5
添加 2.5%聚乙二醇	4.02
添加 5%聚乙二醇	3.6
添加 7.5%聚乙二醇	3.1
添加 10%聚乙二醇	2.48

表 7-7　不同聚乙二醇添加量的比表面积及孔结构

添加量	比表面积/$m^2 \cdot g^{-1}$	总孔体积/$m^3 \cdot g^{-1}$	孔直径/nm
未添加造孔剂	1.22	0.0087	28.52
2.5%聚乙二醇	3.03	0.0257	33.95
5%聚乙二醇	3.70	0.0308	33.30
7.5%聚乙二醇	4.98	0.0372	29.87

图 7-7 所示为添加聚乙二醇后催化剂的氧化还原性能，研究表明，在 400～800℃之间的还原峰来源于 FeO_x的还原，出峰位置在 400～600℃区间的还原峰可归属于 Fe^{3+}还原为 Fe^{2+}产生的还原峰，出峰位置高于 600℃时的还原峰可归因于 Fe^{2+}还原为 Fe^0产生的还原峰和 Ce^{4+}还原为 Ce^{3+}产生的还原峰。

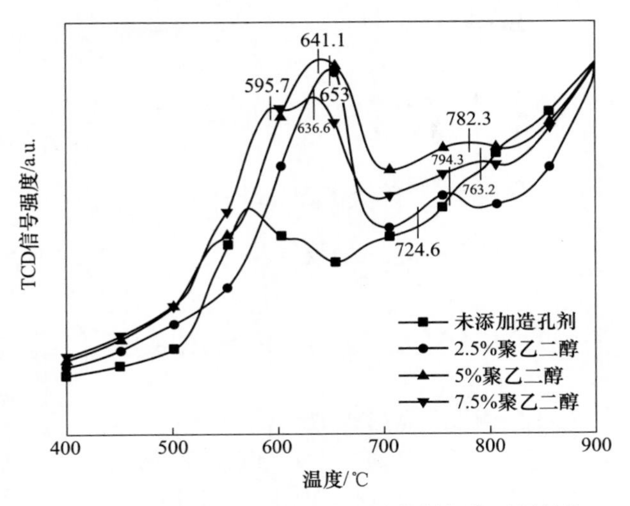

图 7-7 不同聚乙二醇添加量的催化剂氧化还原性能

由图 7-7 可知，添加了聚乙二醇后的催化剂均检测到两个还原峰，位于600～700℃出现的还原峰可归因于 Fe_3O_4 还原为 FeO 而产生的还原峰，出峰位置向低温偏移且峰面积明显增大，说明添加了聚乙二醇后，催化剂更容易发生还原反应。这归因于聚乙二醇［分子式：$HO(CH_2CH_2O)_nH$］在水溶液中呈蛇形结构，能够深入水溶液中，且容易与尾矿中的氧化铝表面建立较强的氢键，氢键的作用使得聚乙二醇易于吸附在微粒表面，形成一层高分子保护膜，使固体颗粒表面的电荷增加，当带有同性电荷的粒子相互接近时，就会产生静电斥力。因此，这种蛇形结构加上氢键的作用，在尾矿微粒中产生空间位阻效应，达到分散矿物中活性组分的作用，使之分布均匀合理，从而增强了催化剂的氧化还原性能；位于700～800℃出现的还原峰可归因于体相 Ce^{4+} 还原为 Ce^{3+} 而产生的还原峰。从两个还原峰看出，聚乙二醇添加量为 5%的催化剂均具有面积最大的还原峰，因此具有较好的氧化还原能力。

图 7-8 所示为聚乙二醇不同添加量的催化剂的物相组成。由图 7-8 可知，在尾矿表面的活性物质 Fe_2O_3 和 $Ce(CO_3)F$ 的衍射峰位置基本没有发生偏移，也没有新的衍射峰出现。随着聚乙二醇添加量的增加，$CaSO_4$ 的衍射峰强于未添加造孔剂的 $CaSO_4$ 的衍射峰，在 33.04°、35.54°处 Fe_2O_3 的衍射峰也有明显提升，这是由于添加造孔剂后，给催化剂表面留下大量微孔结构，增加了尾矿的表面积，使得更多的活性物质暴露出来。聚乙二醇添加量为 2.5%时，在 26.56°的 SiO_2 衍射峰强度最低，表明该处的 SiO_2 晶体分布更加均匀，能够为催化剂提供良好的骨架支撑作用。因此，选择聚乙二醇作为造孔剂，不仅在焙烧后留下微孔结构，且没有和尾矿中的成分产生交联，没有改变尾矿的物相组成，能够改善催化剂表面的物相分布，使其分布更加均匀合理。

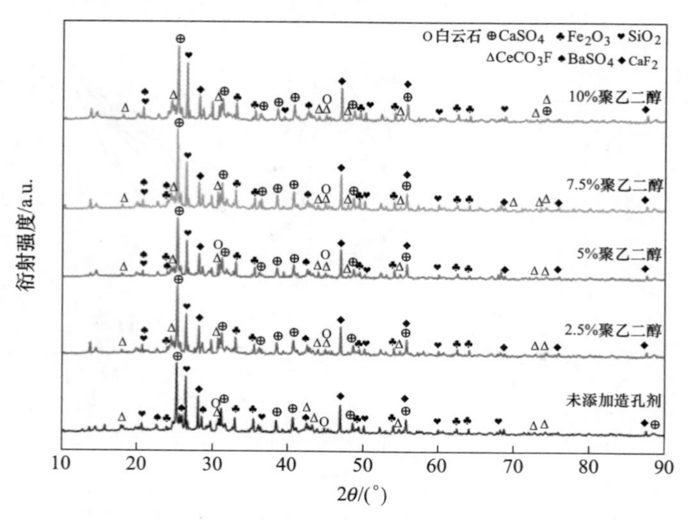

图 7-8　聚乙二醇不同添加量的催化剂物相组成

D　活性炭对催化剂成型及性能的影响

图 7-9 所示分别为添加活性炭后催化剂的脱硝效率和 N_2 选择性。由图 7-9 可知，添加 5%的活性炭对成型催化剂脱硝效率提升最明显，在 200～400℃区间均提升了 15%，发挥了造孔剂的作用，在 350℃时脱硝效率达到最高 66. 5%，虽然添加了 7. 5%活性炭的催化剂在 350℃时脱硝效率可到达 66. 3%，但低温度段的脱硝效率提升不明显，这是活性炭与催化剂中部分的硫酸发生反应，实际上没有发挥活性炭的作用。从 N_2 选择性曲线中看出，催化剂在添加活性炭后，有一定程度的降低。活性炭添加量越多，催化剂 N_2 选择性降低越明显，在 500℃时，添加活性炭前催化剂的 N_2 选择性为 89%，添加 10%活性炭后，催化剂的 N_2 选择性为 69%，降低了 20%。

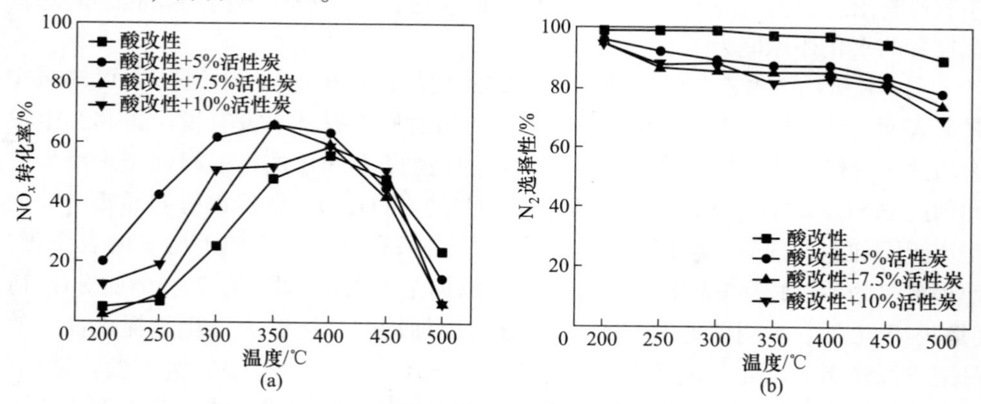

图 7-9　不同活性炭添加量的催化剂脱硝效率及 N_2 选择性

（a）脱硝效率；（b）N_2 选择性

表 7-8 为不同活性炭添加量催化剂的机械强度测试结果。由表 7-8 可知，催化剂添加了活性炭后，机械强度大幅度降低，催化剂未添加造孔剂时，机械强度为 7.5MPa，添加了 5%活性炭后催化剂机械强度仅有 0.88MPa，且随着活性炭添加量增加，机械强度持续降低。

表 7-8 不同活性炭添加量的催化剂机械强度

添加量	机械强度/MPa
未添加造孔剂	7.5
添加 5%活性炭	0.88
添加 7.5%活性炭	0.45
添加 10%活性炭	0.18

E 造孔剂种类的确定

选用了四种造孔剂，可在一定程度上提升成型催化剂脱硝效率，机械强度均可达到《蜂窝式烟气脱硝催化剂》（GB/T 31581—2015）要求的径向强度大于 0.4MPa。表 7-9 为四种造孔剂脱硝效率最优添加量的催化剂的比表面积及孔结构。

表 7-9 最优造孔剂添加量的比表面积及孔结构、脱硝效率

添加量	比表面积/$m^2 \cdot g^{-1}$	总孔体积/$m^3 \cdot g^{-1}$	孔直径/nm	最高脱硝效率/%
未添加造孔剂	1.22	0.0087	28.52	56
10%碳酸铵	0.45	0.0063	55.48	70
2.5%淀粉	3.14	0.0304	38.77	67.3
5%聚乙二醇	3.70	0.0308	33.30	74
5%活性炭	2.09	0.0138	26.47	66.5

综合脱硝效率和比表面积实验结果，添加 5%聚乙二醇的催化剂比表面积为 3.70m^2/g，总孔体积为 0.0308m^3/g，拥有最大的比表面积和孔体积，为催化反应提供更多的活性位点，同时具有合适孔直径，带来丰富的孔隙结构，因此脱硝硝率最高，在 350℃时使脱硝效率增加了 18%。虽然以碳酸铵作为造孔剂也可以将最高脱硝效率提升至 70%，但由于碳酸铵常温下发生分解，导致碳酸铵未能与催化剂粉料充分混合，利用率低，达到同等脱硝效率所需要的添加量过多，焙烧后容易造成孔隙结构分布不均的现象。综合考虑，添加量为 5%聚乙二醇最合适作为硫酸改性制备成型催化剂的造孔剂。

图 7-10 所示分别为碳酸铵、淀粉、聚乙二醇、活性炭最优添加量催化剂 N_2 吸脱附等温线和孔径分布图。由 N_2 吸脱附等温线可知，添加 4 种不同造孔剂催化剂的 N_2 吸脱附曲线均为Ⅳ型，均具有 H_2 型滞回环。说明催化剂具有一定的介

孔结构，而介孔结构能够为催化剂提供更多的内表面积和孔容，能够提升催化剂的脱硝效率。插图为催化剂的孔径分布图，峰值处对应的孔径依次为 38. 9nm、27. 5nm、13. 5nm、19. 4nm。由图 7-10（c）可知，添加了 5%聚乙二醇的催化剂具有最高的孔体积，有利于反应物、反应产物在催化剂表面吸附和脱附。添加了 10%碳酸铵的催化剂具有最宽的孔体积峰，孔体积大小分散均匀，这虽然有利于吸脱附，但由于大孔相对其他催化剂较多，导致催化剂的机械强度较低，因此，添加了 10%碳酸铵的催化剂具有较高的脱硝效率，但其机械强度最低。

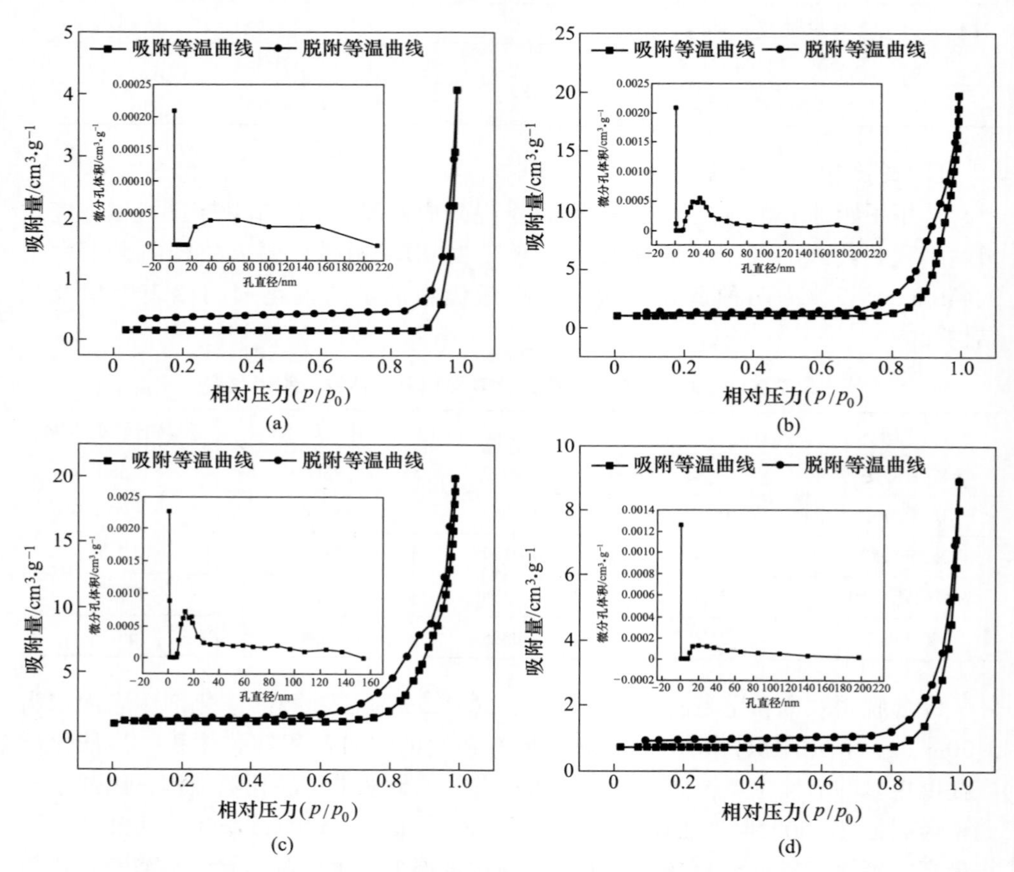

图 7-10　最优造孔剂添加量催化剂 N_2 吸脱附等温线和孔径分布

（a）10%碳酸铵；（b）2. 5%淀粉；（c）5%聚乙二醇；（d）5%活性炭

图 7-11 所示为不同造孔剂的催化剂物相组成图。由图 7-11 可知，添加不同造孔剂后，在尾矿表面的活性物质 Fe_2O_3 和 $Ce(CO_3)F$ 的衍射峰位置变化较小，且没有新的衍射峰出现。添加了 5%聚乙二醇的催化剂，在 25. 84°、26. 9°、28. 68°处几乎找不到 $BaSO_4$ 的衍射峰，说明 $BaSO_4$ 均匀分布于催化剂表面，在

26.56°的 SiO_2 衍射峰强度低于同一位置添加了淀粉及活性炭的催化剂，以聚乙二醇为造孔剂可以有效地分散催化剂的矿物组成，使其均匀分布，达到良好的造孔效果。因此，选用聚乙二醇作为硫酸改性催化剂的造孔剂较为合适。

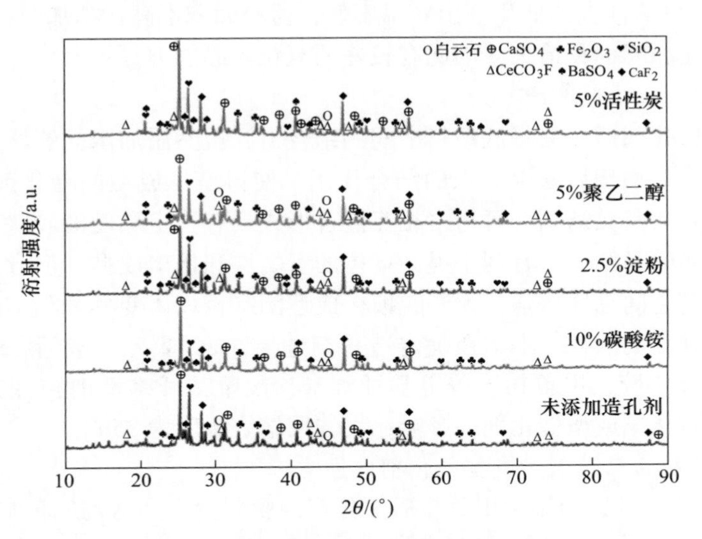

图 7-11 不同造孔剂的催化剂物相组成

图 7-12 所示为添加不同种类造孔剂后的催化剂氧化还原性能表征。由图 7-12可知，添加造孔剂后的催化剂均出现了两个还原峰。位于 536.1℃、641.1℃、649.3℃、662.3℃的还原峰对应于 Fe_3O_4 还原为 FeO 而产生的还原峰；

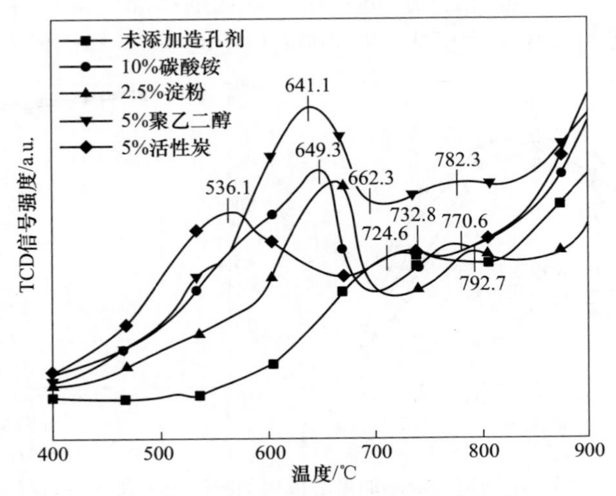

图 7-12 不同聚乙二醇添加量的催化剂氧化还原性能

位于 724.6℃、732.8℃、770.6℃、792.7℃ 处的还原峰归属于 Ce^{4+} 还原为 Ce^{3+} 而产生的还原峰。其中，添加造孔剂的催化剂可以找到铁氧化物的还原峰，Ce^{4+} 的还原峰面积也有一定程度的增加，说明添加造孔剂可以提高催化剂的氧化还原能力。添加 5%活性炭的催化剂出峰温度低，但峰面积不高；添加 5%聚乙二醇催化剂的两个还原峰面积最大，因此有较好的氧化还原能力。

7.2.2.2　黏结剂选择

添加了造孔剂后，会降低粉料之间的结合力，虽然添加水能够增加粉体之间的黏结性，但在焙烧后缺少了水的结合作用，使得挤压成型的催化剂变得松散，此时需要加入适量黏结剂，可与水相互混合形成具有一定黏度的胶状体，可以提高粉体颗粒间的黏结力，有利于提高坯体的可塑性和挤出成型，但含量过多易导致粉体与模具之间黏性增强，无法脱模，成型困难，坯体变形。黏结剂有无机黏结剂和有机黏结剂两种。本书在确定造孔剂选择 5%的聚乙二醇后，选用四种有机黏结剂（瓜尔胶、田菁粉、羧甲基纤维素、羧甲基纤维素钠）探究黏结剂种类和添加量对挤压成型催化剂的影响，仍选用焙烧温度为 350℃。

A　田菁粉为黏结剂对成型催化剂的影响

图 7-13 所示分别为添加田菁粉后催化剂的脱硝效率和 N_2 选择性。由图 7-13 可知，添加田菁粉在 400℃ 以内，可以小幅度地提升催化剂的脱硝效率，但在 400℃ 以上时，添加田菁粉的催化剂脱硝效率相比未添加黏结剂的催化剂脱硝效率有一定程度的降低。最优田菁粉添加量为 5%，在 350℃ 时脱硝效率为 83%，在低温度段也有一定程度的提升，且相比于未添加黏结剂，脱硝效率提升了将近 10%。一定添加量的黏结剂能够提升催化剂的脱硝效率，这是由于有机黏结剂在焙烧过程也能够分解，起到造孔剂的作用。催化剂添加田菁粉后，在 400℃ 以内 N_2 选择性基本没有发生太大变化，在 400℃ 以上时 N_2 选择性最多降低 10%。

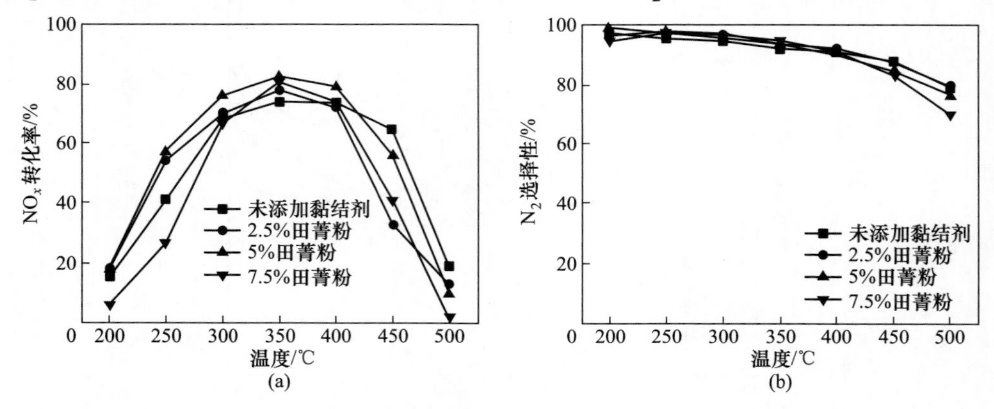

图 7-13　不同田菁粉添加量的催化剂脱硝效率及 N_2 选择性

（a）脱硝效率；（b）N_2 选择性

表 7-10 为添加田菁粉后催化剂的机械强度。添加 2.5%田菁粉的催化剂与未添加黏结剂的催化剂相比，机械强度几乎没有差别。田菁粉添加量由 0%增加到 7.5%，催化剂机械强度由 3.64MPa 下降至 1.25MPa，有明显的下降，因此以田菁粉作为黏结剂时，添加量不宜过多。

表 7-10 不同田菁粉添加量的催化剂机械强度

添加量	机械强度/MPa
未添加黏结剂	3.60
添加 2.5%田菁粉	3.64
添加 5%田菁粉	1.43
添加 7.5%田菁粉	1.25

B 羧甲基纤维素为黏结剂对成型催化剂的影响

图 7-14 所示为未添加黏结剂和添加了 2.5%、5%、7.5%羧甲基纤维素的成型催化剂脱硝效率和 N_2 选择性。由图 7-14 可知，羧甲基纤维素的添加量为 2.5%和 5%的脱硝效率曲线较为相似，均表现出较优异的脱硝效率，且高于未添加黏结剂的催化剂，添加羧甲基纤维素前后催化剂的 N_2 选择性基本没有明显变化；添加量为 2.5%时，中高温脱硝效率较高，添加量为 5%时，在 350℃时可达 86%，但随着羧甲基纤维素添加量达到 7.5%，催化剂脱硝效率大幅下降，在 350℃时仅有 39%，比添加量为 5%的催化剂低了 47%。因此选用羧甲基纤维素作为黏结剂时，添加量控制在 7.5%以内较为合适。

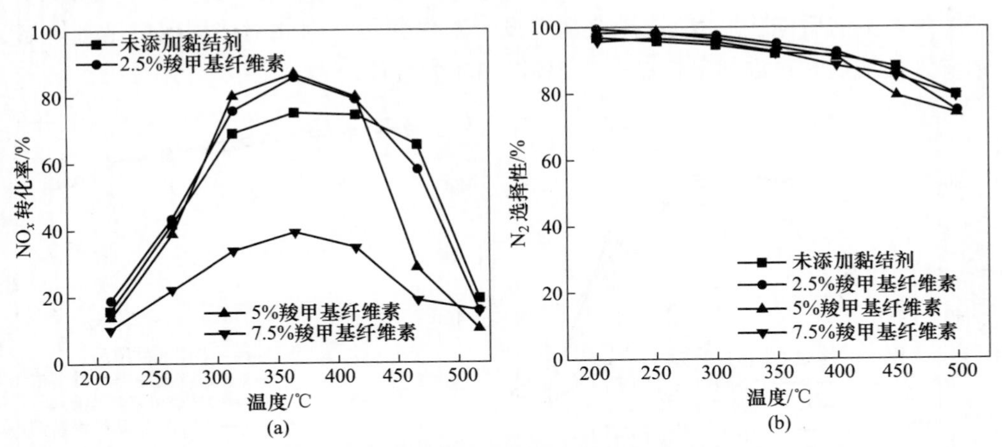

图 7-14 不同羧甲基纤维素添加量的催化剂脱硝效率及 N_2 选择性

(a) 脱硝效率；(b) N_2 选择性

表 7-11 为不同羧甲基纤维素添加量的成型催化剂的机械强度。当催化剂的

羧甲基纤维素添加量为 2.5%和 5%时，机械强度与未添加黏结剂的催化剂相近，均在 3.0MPa 以上。添加量达到 7.5%时，催化剂机械强度有明显的降低，仅有 1.93MPa。综合脱硝效率和机械强度考虑，羧甲基纤维素的添加量为 5%时较为适宜，对催化剂的机械强度影响较小，在 350℃时脱硝效率可达 86%，机械强度为 3.15MPa。

表 7-11　不同羧甲基纤维素添加量的催化剂机械强度

添加量	机械强度/MPa
未添加黏结剂	3.60
添加 2.5%羧甲基纤维素	3.30
添加 5%羧甲基纤维素	3.15
添加 7.5%羧甲基纤维素	1.93

C　羧甲基纤维素钠为黏结剂对成型催化剂的影响

图 7-15 所示为未添加黏结剂和添加了 2.5%、5%、7.5%羧甲基纤维素钠的成型催化剂脱硝效率和 N_2 选择性。由图 7-15 可知，羧甲基纤维素钠的添加量为 2.5%和 5%的脱硝效率从 200℃开始就有一定程度的提升，300～400℃内提升明显。其中，羧甲基纤维素钠的添加量为 2.5%，在 350℃时可达 84%。但羧甲基纤维素钠的添加量达到 7.5%，催化剂脱硝效率整体大幅下降，在 350℃时仅有 50%，相比于添加量为 2.5%的催化剂下降了 34%。在整个温度段内，添加羧甲基纤维素钠前后催化剂 N_2 选择性基本没有发生变化。因此当选用羧甲基纤维素钠作为黏结剂时，添加量控制在 7.5%以内较为合适。

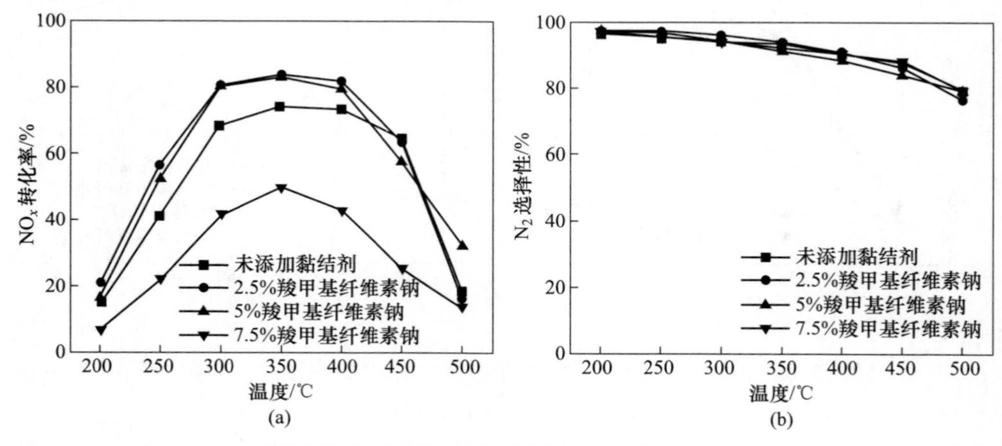

图 7-15　不同羧甲基纤维素钠添加量的催化剂脱硝效率及 N_2 选择性

（a）脱硝效率；（b）N_2 选择性

表 7-12 为不同羧甲基纤维素钠添加量的成型催化剂机械强度。羧甲基纤维素钠添加量从 0%增加至 7.5%时，催化剂机械强度由 3.60MPa 下降至 2.21MPa，下降程度不明显，说明羧甲基纤维素钠作为黏结剂不会对催化剂机械强度产生太大的影响。

表 7-12 不同羧甲基纤维素钠添加量的催化剂机械强度

添加量	机械强度/MPa
未添加黏结剂	3.60
添加 2.5%羧甲基纤维素钠	2.36
添加 5%羧甲基纤维素钠	2.45
添加 7.5%羧甲基纤维素钠	2.21

D 瓜尔胶为黏结剂对成型催化剂的影响

图 7-16 所示为未添加黏结剂和添加了 2.5%、5%、7.5%瓜尔胶的成型催化剂脱硝效率和 N_2 选择性。由图 7-16 可知，选择瓜尔胶为黏结剂，添加量为 2.5%、5%时，催化剂脱硝效率明显增加，继续将瓜尔胶的添加量增加至 7.5%时，催化剂的脱硝效率反而下降，相比未添加瓜尔胶的催化剂，脱硝效率最多下降了 20%。添加量为 2.5%时，在 350℃时可达 92%，且具有宽于其他黏结剂的温度窗口，在 300~450℃内，脱硝效率均保持在 80%以上，在中温度段具有良好的脱硝效率，在 200~450℃内 N_2 选择性优于未添加瓜尔胶和添加 5%、7.5%瓜尔胶的催化剂。这是由于瓜尔胶是一种天然的植物籽胶，热稳定性低，在 200℃时开始分解，当温度达到 310℃时可以完全分解产生气体，在挤压过程中起到黏结剂的作用，同时又可以起到造孔剂的作用。所以，瓜尔胶是一种性能较为优异的黏结剂，适用于硫酸活化稀土尾矿催化剂成型。

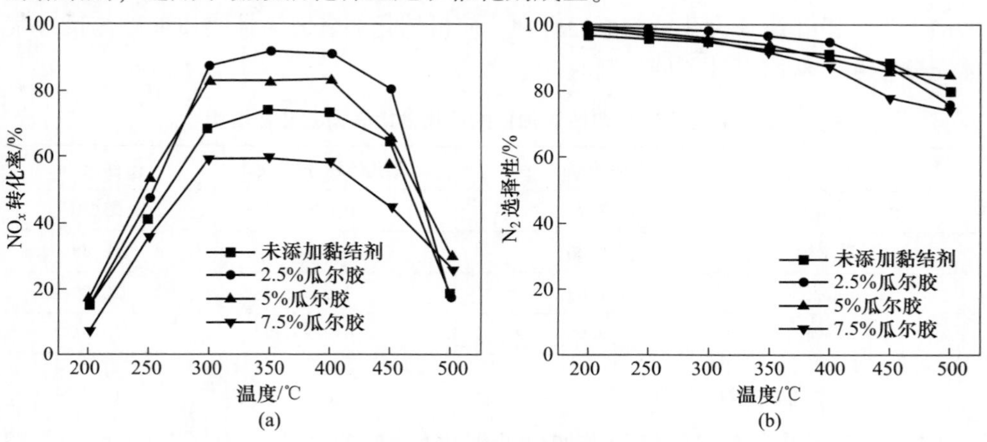

图 7-16 不同瓜尔胶添加量的催化剂脱硝效率及 N_2 选择性

（a）脱硝效率；（b）N_2 选择性

表 7-13 为不同瓜尔胶添加量的成型催化剂的机械强度。添加了 2. 5%瓜尔胶的催化剂有着最高的脱硝效率，同时机械强度也有 2. 68MPa。添加量从 0%增加至 7. 5%时，催化剂机械强度逐渐降低，当添加量为 7. 5%时，机械强度仅有 0. 84MPa，这是由于瓜尔胶的添加量过多，焙烧后留下较多的孔隙结构，导致机械强度降低。

表 7-13　不同瓜尔胶添加量的催化剂机械强度

添加量	机械强度/MPa
未添加黏结剂	3. 60
添加 2. 5%瓜尔胶	2. 68
添加 5%瓜尔胶	1. 82
添加 7. 5%瓜尔胶	0. 84

综合添加四种黏结剂成型催化剂的脱硝效率可知，添加瓜尔胶催化剂的性能最优，黏结剂添加量并不是越多越好，过多的黏结剂反而使催化剂的脱硝效率降低，添加量为 7. 5%的羧甲基纤维素、羧甲基纤维素钠、瓜尔胶，其脱硝效率大幅降低，羧甲基纤维素降低最为明显，在 350℃时，与添加量为 5%时相比，脱硝效率降低了 47%，因此对添加了瓜尔胶的催化剂进行了如下的表征。

a　比表面积及孔结构

不同瓜尔胶添加量的催化剂比表面积及孔结构见表 7-14。未添加黏结剂和添加量为 2. 5%、5%、7. 5%瓜尔胶的催化剂比表面积分别为 3. 70m^2/g、6. 06m^2/g、7. 07m^2/g、7. 65m^2/g，添加了黏结剂瓜尔胶后，比表面积有明显的提升。当添加量为 2. 5%时，比表面积由 3. 70m^2/g 增加到了 6. 06m^2/g，但孔直径从 33. 30nm 减小到了 18. 88nm，说明添加了 2. 5%瓜尔胶后，催化剂表面大孔减少，增加了许多微孔结构，孔结构更加合理，使得催化剂表面活性物质能够与反应气体充分接触，从而提升了催化剂脱硝效率。

表 7-14　不同瓜尔胶添加量的催化剂比表面积及孔结构

添加量	比表面积/$m^2 \cdot g^{-1}$	总孔体积/$m^3 \cdot g^{-1}$	孔直径/nm
未添加黏结剂	3. 70	0. 0308	33. 30
2. 5%瓜尔胶	6. 06	0. 0286	18. 88
5%瓜尔胶	7. 07	0. 0355	20. 09
7. 5%瓜尔胶	7. 65	0. 0395	20. 66

b　氧化还原能力

图 7-17 所示为不同瓜尔胶添加量的催化剂 H_2-TPR 图。由图 7-17 可知，四种不同添加量的催化剂均存在两个还原峰。未添加黏结剂的催化剂的还原峰出现

在 643.7℃和 780.6℃，添加了黏结剂瓜尔胶后，催化剂的还原峰面积减小，但均向低温偏移。研究表明，在 500~800℃之间的还原峰来源于 FeO_x 的还原；即位于 536.3℃、558.2℃、575.4℃、614.8℃、620.2℃、640.7℃、643.7℃、780.6℃的八个还原峰对应于 Fe_2O_3还原为 Fe_3O_4、Fe_3O_4 还原为 FeO 而产生的还原峰。结合脱硝效率分析，添加瓜尔胶后，出峰温度带来的有利影响要大于峰面积降低带来的不利影响。在瓜尔胶添加量为 2.5%时，可以观察到 558.2℃处出现一个明显尖峰，峰强度最强，因此当瓜尔胶添加量为 2.5%时，能够使催化剂的储氧容量增强，提升氧化还原能力。

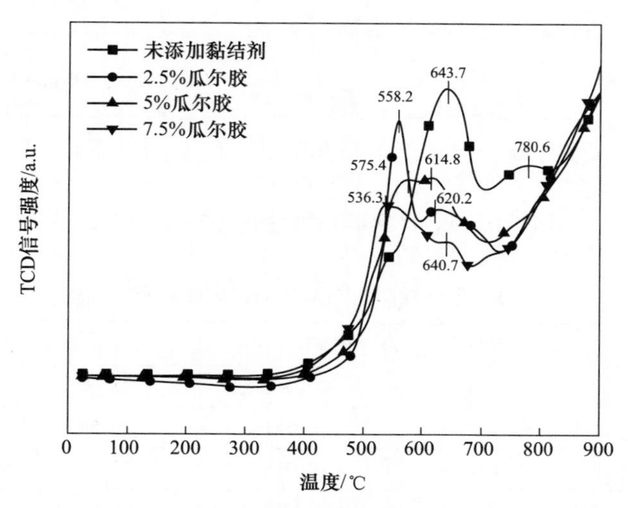

图 7-17 添加瓜尔胶的催化剂 H_2-TPR 曲线

c 物相组成分析

图 7-18 所示为瓜尔胶不同添加量的催化剂物相组成。添加了瓜尔胶后，催化剂多个衍射峰强度增加，在 25.48°处的 $CaSO_4$ 衍射峰和 26.5°处的 SiO_2 衍射峰均明显增加；瓜尔胶添加量为 2.5%、5%的催化剂在 20.72°处 $BaSO_4$ 衍射峰明显，是因为瓜尔胶在焙烧后发挥了造孔剂的作用，使得催化剂表面积增加，暴露出较多的矿物成分。

d 黏结剂种类的确定

为了探究添加了黏结剂对成型催化剂比表面积和孔径的影响，采用 N_2 吸脱附实验选取每种黏结剂最优添加量进行测定催化剂的比表面积和孔结构，结果见表 7-15。由表 7-15 可知，添加黏结剂后的催化剂，比表面积大部分有明显的提升，有利于催化反应。其中，2.5%瓜尔胶的催化剂有着最高的比表面积 6.06m^2/g，因此对应的脱硝效率可达 92%，显然在四种黏结剂中脱硝效果最好。

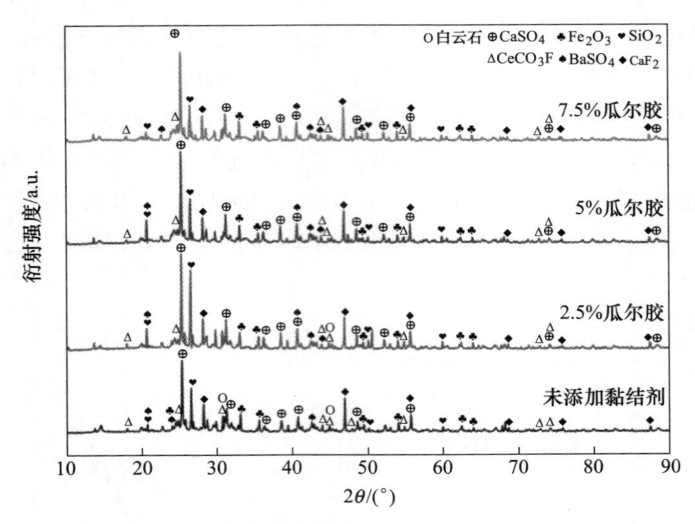

图 7-18　瓜尔胶不同添加量催化剂的物相组成

表 7-15　最优黏结剂添加量的比表面积及孔结构

样品	比表面积/$m^2 \cdot g^{-1}$	孔体积/$m^3 \cdot g^{-1}$	孔直径/nm	最优脱硝/%
未添加黏结剂	3.70	0.0308	33.30	74
5%田菁粉	5.83	0.0387	26.54	83
5%羧甲基纤维素	4.03	0.0258	25.61	86
2.5%羧甲基纤维素钠	3.66	0.0257	28.06	84
2.5%瓜尔胶	6.06	0.0286	18.88	92

图 7-19 所示分别为田菁粉、羧甲基纤维素、羧甲基纤维素钠、瓜尔胶最优添加量催化剂 N_2 吸脱附等温线及孔径分布图。由图 7-19 可知，添加四种不同造孔剂催化剂的 N_2 吸脱附曲线均为Ⅳ型，均具有 H_2 型滞回环，这说明添加了黏结剂后的催化剂仍具有一定的介孔结构。添加了 5%田菁粉的催化剂 N_2 吸脱附等温线的滞回环闭合点 P/P_0 相比于其他催化剂往右偏移，说明添加田菁粉后，催化剂部分孔隙结构发生坍塌，导致微孔含量减少，对催化剂的吸附脱附产生不利影响。

图 7-20 所示为添加四种不同黏结剂的催化剂 XRD 图。添加了 5%田菁粉的催化剂，虽有良好的黏结效果，但从 XRD 图中可以看到，添加了田菁粉的催化剂相比于添加其他黏结剂的催化剂，在 33.18°和 35.44°处的 Fe_2O_3 衍射峰强度降低，原因是催化剂经过焙烧后仍存在一定量的田菁粉，这部分田菁粉覆盖在催化剂表面，导致催化剂表面活性组分含量降低。

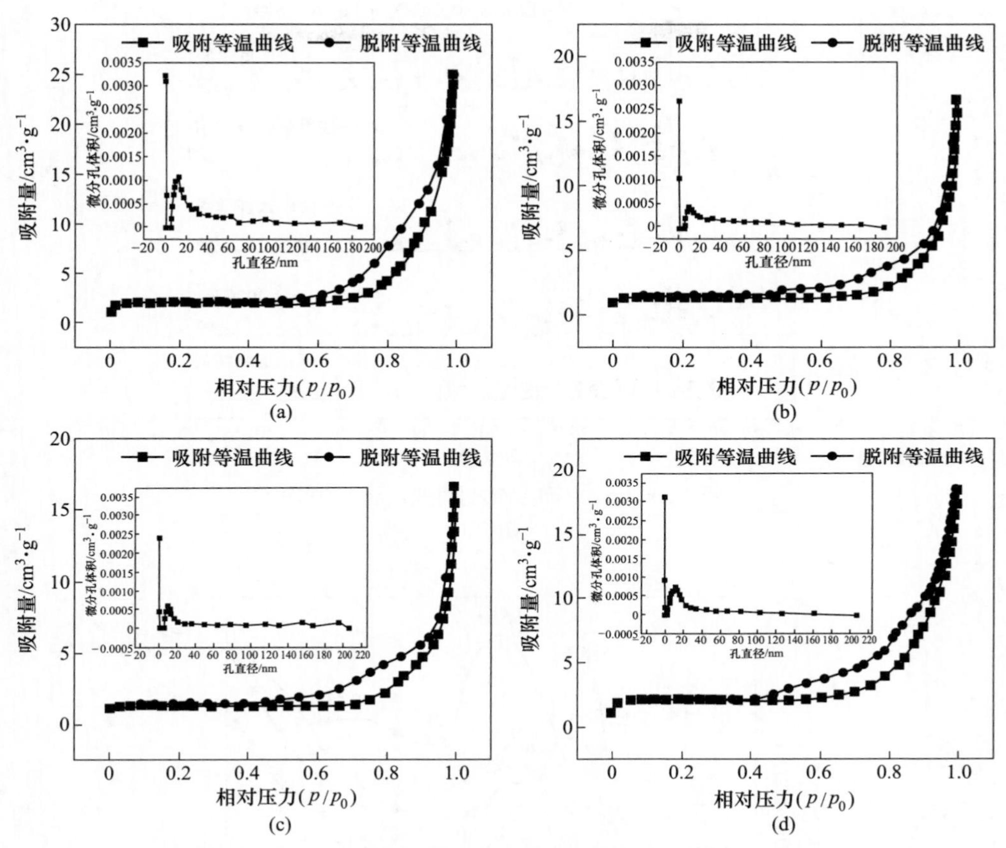

图 7-19 最优黏结剂添加量催化剂 N_2 吸脱附等温线和孔径分布

(a) 5%田菁粉；(b) 5%羧甲基纤维素；(c) 2.5%羧甲基纤维素钠；(d) 2.5%瓜尔胶

图 7-21 所示为添加了黏结剂后催化剂的 H_2-TPR 表征。根据现有的研究，在 490.5℃处的还原峰可归属于 Fe_2O_3 向 Fe_3O_4 的还原；在 500~700℃出现的还原峰可归属于 Fe_3O_4 向 FeO 的还原；高于 700℃的还原峰可归属于 FeO 向 Fe^0 的还原和 Ce^{4+} 的还原。添加了 5%羧甲基纤维素的催化剂在 490.5℃处出现一个 Fe_2O_3 的还原峰，出峰温度较低，峰面积较小，对催化剂低温氧化还原能力的提升较小。在四种黏结剂的出峰面积中，添加 2.5%瓜尔胶的催化剂两个出峰面积最大，起始出峰温度也低于其他催化剂的出峰温度，因此催化剂添加瓜尔胶的氧化还原能力比添加其他黏结剂的要好，具有较好的中低温催化活性。

e 添加黏结剂的催化剂成型实验现象

添加不同黏结剂的催化剂成型实验现象见表 7-16。

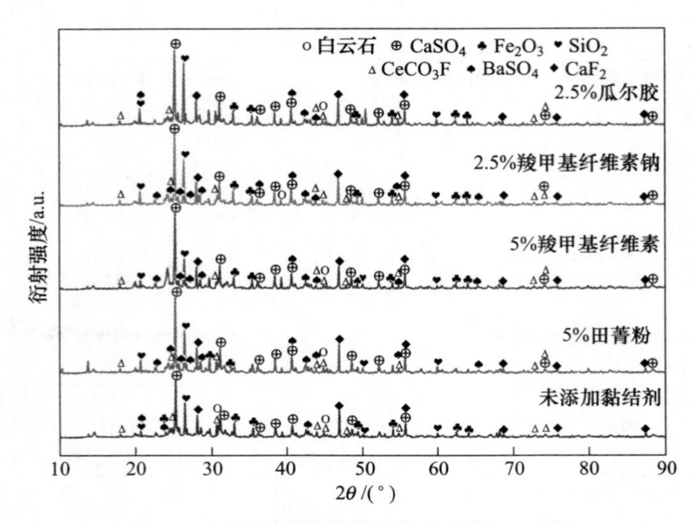

图 7-20　添加不同黏结剂的催化剂 XRD 图

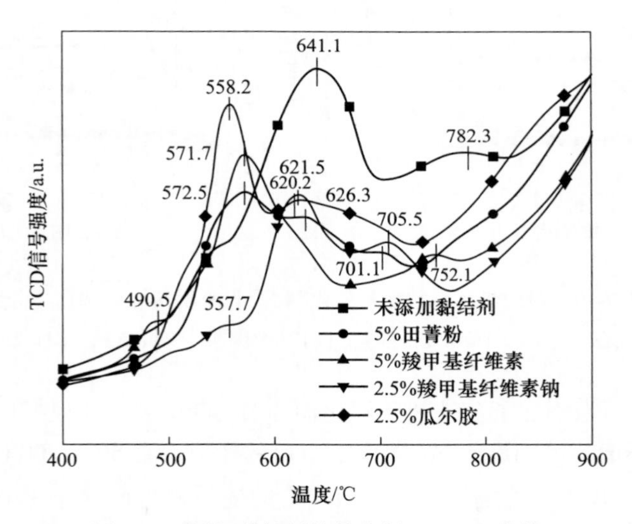

图 7-21　添加黏结剂的催化剂 H_2-TPR 曲线

表 7-16　不同黏结剂成型的实验结果

黏结剂种类	实验现象
瓜尔胶	添加量为 2.5%时，挤出顺畅，有一定的强度，当添加量大于 5%时，催化剂难以挤出，挤出催化剂经过焙烧后强度低，一触碰就会碎，表面不平整，起皮，有毛刺，催化剂粉末黏性增加不明显

续表 7-16

黏结剂种类	实验现象
田菁粉	添加量为 2.5%时，催化剂粉末具有一定的黏性；添加量为 5%时黏性明显提升，挤出顺畅且连续，成型催化剂表面光滑，形貌规整，有一定的强度，添加量高于 5%时，催化剂表面明显粗糙
羧甲基纤维素钠	可以挤出，但是成型催化剂表面有裂纹，相同添加量下黏结效果不如田菁粉，强度低
羧甲基纤维素	可以挤出，黏性不如羧甲基纤维素钠，添加量为 2.5%时，表面较为粗糙易变形

由表 7-16 可知，田菁粉对于酸改性催化剂的黏结效果最好，催化剂粉末黏性明显提升，挤出顺畅且连续，催化剂样品表面光滑，形貌规整，有一定的强度。但由于添加量过多，导致催化剂微孔堵塞，降低催化剂活性组分占比。添加相同含量的有机黏结剂，黏结效果依次为：田菁粉大于羧甲基纤维素钠大于瓜尔胶大于羧甲基纤维素。

7.3 蜂窝状催化剂成型及性能

根据上述的实验研究得到的成型配方比例混料，在 YW-56 型蜂窝陶瓷真空挤制成型机进行蜂窝状催化剂制备，并焙烧。脱硝效率测试时，从蜂窝体中截取一块小长方体（3~4 孔）进行测试，图 7-22 所示为蜂窝状催化剂的脱硝效率和 N_2 选择性，图 7-23 所示为蜂窝状催化剂。由图 7-22 知，条状与蜂窝状催化剂具有相似的脱硝效率曲线，均在 300~400℃区间内维持较高的脱硝效率；条状催化剂在 400℃时达到最高脱硝效率 95%，蜂窝状催化剂在 350℃时达到最高脱硝效率 81%。相同的配方，挤压出来的催化剂脱硝效率不同，这是由于在蜂窝状催化剂制备中，挤压成型机的压力大于条状催化剂成型机的压力，使得蜂窝状催化剂比表面积相对较小，孔隙结构不发达。虽制备出的蜂窝状催化剂脱硝效率降低，但已达到火电厂烟气脱硝技术标准中 SCR 烟气脱硝系统的脱硝效率应不小于 80%这一规定。同时，蜂窝状脱硝效率较高的温度段 300~400℃能够与火电厂烟气排放的温度相匹配，相比主流的钒钨钛系 SCR 催化剂更为环保、成本更低，具有很高的使用价值。此外，蜂窝状催化剂具有良好的 N_2 选择性，在 200~400℃区间内 N_2 选择性均能保持在 90%以上。

表 7-17 为本书制备的蜂窝催化剂与针对钒钨钛催化剂发行的《蜂窝式烟气脱硝催化剂》（GB/T 31581—2015）中规定的机械强度对比。硫酸活化蜂窝状催化剂的径向强度为 0.745MPa，高于国标中规定的最低值，轴向强度也接近标准值。

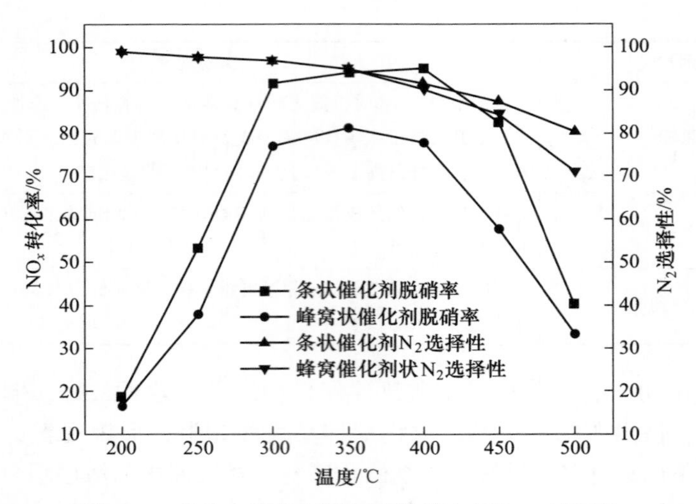

图 7-22　条状与蜂窝状催化剂脱硝效率及 N_2 选择性

图 7-23　蜂窝状催化剂

表 7-17　标准催化剂与蜂窝状催化剂机械强度　(MPa)

催化剂种类	径向强度	轴向强度
GB/T 31581—2015 标准中催化剂	0.4	2.0
本书介绍的硫酸活化蜂窝状催化剂	0.745	1.486

表 7-18 为条状与蜂窝状催化剂的比表面积及孔结构。条状催化剂的比表面积为 3.08m^2/g，明显大于蜂窝状催化剂的比表面积 2.35m^2/g。这是因为蜂窝状催化剂的挤压设备压力大于条状催化剂的挤压设备，导致蜂窝状催化剂内部紧实，缝隙较少，即比表面积较小，最终使得催化剂脱硝效率降低。

表 7-18 条状与蜂窝状催化剂的比表面积及孔结构

催化剂类型	比表面积/$m^2 \cdot g^{-1}$	孔体积/$m^3 \cdot g^{-1}$	孔直径/nm
条状催化剂	3.08	0.0189	24.55
蜂窝状催化剂	2.35	0.0233	28.63

图 7-24 所示为相同配方制备的条状催化剂和蜂窝状催化剂的 H_2-TPR。由图 7-24 可知，蜂窝状催化剂和条状催化剂均出现三个还原峰，温度由低到高依次为 Fe_2O_3的还原峰、Fe_3O_4 的还原峰、FeO 和 Ce^{4+}的还原峰。各个还原峰位置基本一致，峰强度、峰面积接近。因此，催化剂粉末挤压为条状或是蜂窝状，催化剂的氧化还原能力基本没有改变。

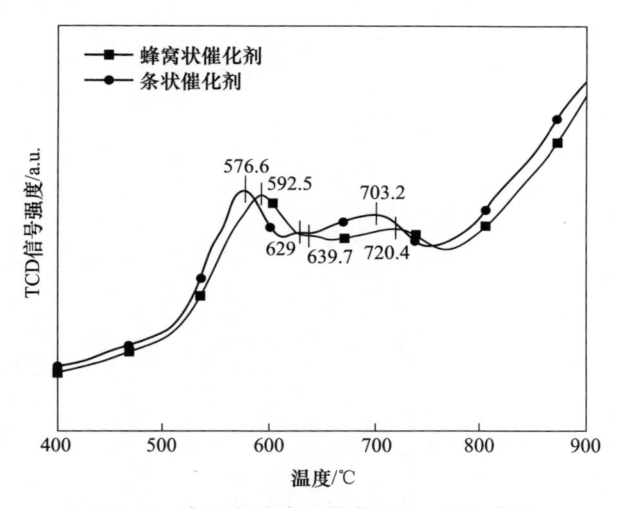

图 7-24 条状与蜂窝状催化剂 H_2-TPR 曲线

7.4 本 章 小 结

催化剂在添加了造孔剂、黏结剂后难免导致表面出现裂纹、毛刺、强度降低的问题，因此仍需要继续添加助剂以获得性能优异的整体式催化剂。

(1) 添加 10%甘油作为润滑剂后，可使催化剂挤压难度降低，表面光滑且裂缝减少，但不能解决催化剂强度较低的问题，需要添加强度剂。

(2) 当选用玻璃纤维作为强度剂添加后，催化剂强度明显提高且并没有对催化剂的比表面积产生较大的影响；同时，玻璃纤维添加量为 2.5%时，催化剂孔直径增大，这有助于降低了气态反应物的扩散和传质阻力，对脱硝效率的增加带来有利影响，使脱硝效率最高达到 95%。

（3）在制备催化剂时，通过改变水的添加量，发现将尾矿和水以 10g：2.5mL 的比例添加，再混合其余助剂后，能够挤压出裂纹较少，表面光滑，具有一定强度的条状催化剂。

（4）对催化剂胚体进行不同温度焙烧。发现焙烧温度越高，催化剂机械强度越低。350℃焙烧的催化剂有着良好的比表面积和较发达的孔结构，在这一温度下，催化剂表面的铁铈元素存在显著的协同作用，能够维持较高的脱硝效率。

（5）当确定了所有成型助剂后，将其用于制备蜂窝状催化剂，其脱硝效率可达 81%。制备成的蜂窝状催化剂与条状催化剂通过 BET 和 H_2-TPR 测试对比，发现变化不大，且该蜂窝状催化剂仍具有较好的机械强度。

8 总　　结

本书以稀土尾矿为原料，对其进行物理化学活化和元素改性，制备出了不同温度段具有良好脱硝性能的催化剂，并对催化剂进行了机理研究和成型制备，通过一系列表征进行机理分析得出以下结论：

（1）微波活化提高稀土尾矿催化剂在400~450℃的脱硝效率，在400℃时催化剂的脱硝效率为47%。微波焙烧产生的热应力破坏了稀土矿物间的包裹关系和嵌套关系，功率的增大使产生的热应力增强，暴露更多的活性位点提高脱硝效率。微波焙烧的最佳操作条件为焙烧温度200℃、焙烧时间20min、焙烧功率1100W。此条件下焙烧稀土尾矿，催化剂的温度窗口为400~450℃，在400℃时催化剂的脱硝效率最佳为47%。但是较高的焙烧温度和较长的焙烧时间会导致稀土尾矿的孔道坍塌，从而减少了气体与活性组分的接触，不利于提高催化剂的脱硝活性。

（2）机械力-硫酸联合活化在合适的参数下可使催化剂脱硝效率大幅提升，最优的联合活化参数为转子转速为300r/min的机械力和浓度为8mol/L的硫酸，催化剂在350~450℃的温度区间内脱硝效率和N_2选择性分别达到96%和80%以上。机械力可调控活性矿物组分的分布、粒度、孔结构和分散度，机械力活化后稀土尾矿晶粒尺寸变小，矿物分散度、表面酸性位数量和氧化还原性能均提高。

（3）与稀土尾矿催化剂相比，过渡金属Cu和Ni都可大幅度提升催化剂的比表面积。同时过渡金属与催化剂中的Fe原子发生了协同，在过渡金属Cu单独改性稀土尾矿催化剂中存在电子转移$Fe^{3+} + Cu^{+} \rightleftharpoons Fe^{2+} + Cu^{2+}$。而且在添加过渡金属Ni的催化剂中产生了新的物种$NiFe_2O_4$，催化剂表面发生了氧化还原反应：$Fe^{2+} + Ni^{3+} \rightleftharpoons Fe^{3+} + Ni^{2+}$，使两种金属的优点得到了协同发挥，增加了催化剂表面的活性位点，提高了催化剂的脱硝效率。其中，2.5%Cu-稀土尾矿催化剂在300℃左右的温度范围内最高可达75%，同时它的N_2选择性也是优于其他催化剂的。而且在150~400℃温度范围内，6%Ni-稀土尾矿催化剂的脱硝效率最高，最高达84%。

（4）稀土尾矿经7.5%Ce改性后，温度窗口拓宽为250~400℃，在350℃脱硝效率达80%。Ce的引入使得稀土尾矿中的Fe元素与CeO_x之间发生强电子相互作用，促进了Fe、Ce离子对的电子转移，增加了Ce^{3+}、Fe^{3+}和化学吸附氧浓度，构成新的电子传递体系。同时，稀土尾矿表面结构和酸量得到改善，暴露更多活性位点。将 W、Co 两种元素分别联合 Ce 元素制备催化剂可以改善 Ce 改性稀土尾矿催化剂的脱硝性能，在 Ce-Co 改性稀土尾矿催化剂中，最佳 Ce：Co 为 2：1，350℃脱硝效率达 90%以上，N_2 选择性在反应温度范围内也均大于 90%。Co 的加入使得稀土尾矿表面氧化还原反应更易进行，加速 Fe^{3+} 和 Ce^{4+} 将 Co^{2+} 氧化为 Co^{3+}，Co^{3+} 提供了大量 Brønsted 酸位点，使得催化剂表面 NH_3 吸附能力增强。

（5）锰元素改性为催化剂提供了丰富的酸位点和较好的氧化还原能力，提高了催化剂的活性；锰的添加量过高会导致锰元素堆积反而使活性降低；硫酸活化会产生 Fe^{3+} 和 Fe^{2+} 等离子，在焙烧后可能产生铁锰协同作用；硫酸浓度较高时生成较多的硫酸锰使得高价的 Mn 变少，这是导致催化剂低温活性较差但氮气选择性相对较好的原因之一。

（6）对于 Ce 元素改性的催化剂表面同时存在 B 酸吸附和 L 酸吸附，NO 则以气态吸附的 NO_2、单齿硝酸盐（M^{n+}—ONO_2）、桥式硝酸盐（$[2M^{n+}]=O_2NO$）、亚硝酸盐（M^{n+}—ONO）的形式参与 SCR 反应，在 200℃以上时，NO 主要以单齿硝酸盐的形式参与反应。对于 Mn 元素参与改性的催化剂，添加 Mn 后，稀土尾矿表面气态吸附的 NO_2 参与反应，促进“快速 SCR”反应，形成了 NH_2NO 及 NH_4NO_3 等重要中间产物，低温活性提高。

（7）此外，在 Mn^{4+} 活性中心形成配位 NH_3，Lewis 酸增加，配位态的 NH_3 与 NO 反应的同时，被 Mn^{4+} 过氧化为—NH，—NH 与 NO 反应产生 N_2O，降低 N_2 选择性。对于 Co 元素改性的催化剂添加 Co 后，250～400℃内硝酸盐种类、Brønsted 酸位点吸附强度及单齿硝酸盐稳定性进一步增加，在 Co 酸位点形成较多 NH_4^+ 和—NH_2，NH_4^+ 及 Co^{3+}—NH_2 能够优先与 NO 反应，增强了 E-R 机理。与 Ce-Mn 改性稀土尾矿催化剂相比，中间产物 NH_4NO_3 能够继续与 NO 反应生成 NO_2、N_2 和 H_2O，提高 N_2 选择性。

（8）稀土尾矿催化剂 SO_2 耐受性能良好，且 SO_2 可以提高催化剂的脱硝活性。

（9）以硫酸活化稀土尾矿催化剂粉末为原料，添加 10%甘油、2.5%玻璃纤维，尾矿和水以 10g：2.5mL 的比例添加，能够挤压出裂纹较少，表面光滑的坯体，并在 350℃温度下焙烧后，得到具有一定强度的蜂窝状催化剂。

参考文献

[1] 俞秀金，林建新．利用稀土尾矿制备高强度高活性氨合成催化剂［J］．稀土，2005（3）：47-51.

[2] 和春梅，杨晓杰，张嵩．稀土尾矿对水泥熟料性能的影响［J］．昆明冶金高等专科学校学报，2014，30（3）：14-17，23.

[3] 仉小猛，徐利华，刘明，等．利用稀土尾矿合成Ca-α-Sialon陶瓷粉体的工艺研究［J］．人工晶体学报，2008（4）：967-972.

[4] 袁定华．稀土尾矿在陶瓷坯釉中的应用［J］．陶瓷研究，1991（3）：121-127.

[5] 谢俊，程金树，季守林．烧结法稀土尾矿微晶玻璃装饰板的研究［J］．玻璃与搪瓷，2008（4）：9-12.

[6] Jiang B Q，Liu Y，Wu Z B. Low-temperature selective catalytic reduction of NO on MnO_x/TiO_2 prepared by different methods［J］. J Hazard Mater，2009，162（2-3）：1249-1254.

[7] Zhang Y，Zhao X，Xu H，et al. Novel ultrasonic-modified MnO_x/TiO_2 for low-temperature selective catalytic reduction（SCR）of NO with ammonia［J］. Journal of Colloid and Interface Science，2011，361（1）：212-218.

[8] Qi G S，Yang R T. Low-temperature selective catalytic reduction of NO with NH_3 over iron and manganese oxides supported on titania［J］. Applied Catalysis B-Environmental，2003，44（3）：217-225.

[9] Gao X，Jiang Y，Zhong Y，et al. The activity and characterization of CeO_2-TiO_2 catalysts prepared by the sol-gel method for selective catalytic reduction of NO with NH_3［J］. J Hazard Mater，2010，174（1-3）：734-739.

[10] Zhu L，Zeng Y，Zhang S，et al. Effects of synthesis methods on catalytic activities of CoO_x-TiO_2 for low-temperature NH_3-SCR of NO［J］. Journal of Environmental Sciences，2017，54：277-287.

[11] Chen L，Li J，Ge M，et al. Mechanism of selective catalytic reduction of NO_x with NH_3 over CeO_2-WO_3 Catalysts［J］. Chinese Journal of Catalysis，2011，32（5）：836-841.

[12] 熊志波．铁基SCR脱硝催化剂改性研究［D］．济南：山东大学，2013.

[13] 熊中朴．烟气中铈改性铁基催化剂SCR脱硝及抗砷性能研究［D］．济南：山东大学，2021.

[14] Han J，Meeprasert J，Maitarad P，et al. Investigation of the facet-dependent catalytic performance of Fe_2O_3/CeO_2 for the selective catalytic reduction of NO with NH_3［J］. Journal of Physical Chemistry C，2016，120（3）：1523-1533.

[15] Putluru S S R，Schill L，Jensen A D，et al. Mn/TiO_2 and Mn-Fe/TiO_2 catalysts synthesized by deposition precipitation-promising for selective catalytic reduction of NO with NH_3 at low temperatures［J］. Applied Catalysis B-Environmental，2015，165：628-635.

[16] Wu S，Yao X，Zhang L，et al. Improved low temperature NH_3-SCR performance of $FeMnTiO_x$ mixed oxide with CTAB-assisted synthesis［J］. Chemical Communications，2015，51（16）：

3470-3473.

[17] Li Y, Wan Y, Li Y, et al. Low-temperature selective catalytic reduction of NO with NH_3 over Mn_2O_3-doped Fe_2O_3 hexagonal microsheets [J]. Acs Applied Materials & Interfaces, 2016, 8 (8): 5224-5233.

[18] Zhang Y, Zheng Y, Wang X, et al. Preparation of Mn-FeO_x/CNTs catalysts by redox co-precipitation and application in low-temperature NO reduction with NH_3 [J]. Catalysis Communications, 2015, 62: 57-61.

[19] Li Y, Li Y, Wang P, et al. Low-temperature selective catalytic reduction of NO_x with NH_3 over $MnFeO_x$ nanorods [J]. Chemical Engineering Journal, 2017, 330: 213-222.

[20] 唐南，黄妍，李元元，等．水热法制备铁锰催化剂脱硝性能及抗水抗硫性能研究 [J]. 分子催化，2018，32 (3)：240-248.

[21] 刘纳，何峰，谢峻林，等．Fe 掺杂 Mn/TiO_2 低温脱硝催化剂的催化性能研究 [J]. 人工晶体学报，2017，46 (3)：490-494，500.

[22] Chen X, Wang P, Fang P, et al. Tuning the property of Mn-Ce composite oxides by titanate nanotubes to improve the activity, selectivity and SO_2/H_2O tolerance in middle temperature NH_3-SCR reaction [J]. Fuel Processing Technology, 2017, 167: 221-228.

[23] Yao X, Ma K, Zou W, et al. Influence of preparation methods on the physicochemical properties and catalytic performance of MnO_x-CeO_2 catalysts for NH_3-SCR at low temperature [J]. Chinese Journal of Catalysis, 2017, 38 (1): 146-159.

[24] Liu Z, Zhu J, Li J, et al. Novel Mn-Ce-Ti mixed-oxide catalyst for the selective catalytic reduction of NO_x with NH_3 [J]. Acs Applied Materials & Interfaces, 2014, 6 (16): 14500-14508.

[25] Xu W, Yu Y, Zhang C, et al. Selective catalytic reduction of NO by NH_3 over a Ce/TiO_2 catalyst [J]. Catalysis Communications, 2008, 9 (6): 1453-1457.

[26] Qi G S, Yang R T. Performance and kinetics study for low-temperature SCR of NO with NH_3 over MnO_x-CeO_2 catalyst [J]. Journal of Catalysis, 2003, 217 (2): 434-441.

[27] Qi G S, Yang R T, Chang R. MnO_x-CeO_2 mixed oxides prepared by co-precipitation for selective catalytic reduction of NO with NH_3 at low temperatures [J]. Applied Catalysis B: Environmental, 2004, 51 (2): 93-106.

[28] 闫东杰，李亚静，郭通，等．Mn-Ce/TiO_2 低温 SCR 催化剂成型过程添加剂的影响 [J]. 环境科学学报，2021，41 (2)：423-429.

[29] 满雪．MnO_x-CeO_2 复合催化剂低温 SCR 脱硝性能及成型制备研究 [D]. 西安：西北大学，2019.

[30] 郭静，李彩亭，路培，等．CeO_2 改性 MnO_x/Al_2O_3 的低温 SCR 法脱硝性能及机制研究 [J]. 环境科学，2011，32 (8)：2240-2246.

[31] Thirupathi B, Smirniotis P G. Nickel-doped Mn/TiO_2 as an efficient catalyst for the low-temperature SCR of NO with NH_3: catalytic evaluation and characterizations [J]. Journal of Catalysis, 2012, 288: 74-83.

[32] Wan Y, Zhao W, Tang Y, et al. Ni-Mn bi-metal oxide catalysts for the low temperature SCR removal of NO with NH_3 [J]. Applied Catalysis B-Environmental, 2014, 148: 114-122.

[33] Maitarad P, Han J, Zhang D, et al. Structure-activity relationships of NiO on CeO_2 nanorods for the selective catalytic reduction of NO with NH_3: experimental and DFT studies [J]. Journal of Physical Chemistry C, 2014, 118 (18): 9612-9620.

[34] 谢鹏. 钴/铈纳米复合材料的合成及其对催化脱除氮氧化物作用的研究 [D]. 武汉: 武汉工程大学, 2017.

[35] Li X, Li J, Peng Y, et al. Selective catalytic reduction of NO with NH_3 over novel iron-tungsten mixed oxide catalyst in a broad temperature range [J]. Catalysis Science & Technology, 2015, 5 (9): 4556-4564.

[36] Xu L, Shi C, Chen B, et al. Improvement of catalytic activity over Cu-Fe modified Al-rich Beta catalyst for the selective catalytic reduction of NO_x with NH_3 [J]. Microporous and Mesoporous Materials, 2016, 236: 211-217.

[37] 刘彩霞. 烟气脱硝铁基催化剂研究 [D]. 北京: 清华大学, 2013.

[38] Miessner H, Francke K-P, Rudolph R. Plasma-enhanced HC-SCR of NO_x in the presence of excess oxygen [J]. Applied Catalysis B: Environmental, 2002, 36 (1): 53-62.

[39] 邱露. Co 和 Ce 改性 Mn/TiO_2 催化剂的 NH_3-SCR 低温脱硝研究 [D]. 哈尔滨: 哈尔滨工业大学, 2016.

[40] Shang D, Zhong Q, Cai W. High performance of NO oxidation over Ce-Co-Ti catalyst: the interaction between Ce and Co [J]. Applied Surface Science, 2015, 325: 211-216.

[41] Kim G J, Lee S H, Nam K B, et al. A study on the structure of tungsten by the addition of ceria: effect of monomeric structure over $W/Ce/TiO_2$ catalyst on the SCR reaction [J]. Applied Surface Science, 2020, 507-515.

[42] 曹丽, 陈勇, 胡建锋, 等. 铈钨比对 CeO_2-WO_3/TiO_2 蜂窝催化剂的脱硝活性影响研究 [J]. 稀土, 2020, 41 (1): 11-17.

[43] Seo P W, Cho S P, Hong S H, et al. The influence of lattice oxygen in titania on selective catalytic reduction in the low temperature region [J]. Applied Catalysis A-General, 2010, 380 (1-2): 21-27.

[44] 范剑峰, 吴以凡, 贾宝荣, 等. 火电厂选择性催化还原脱硝技术的可行性研究 [J]. 化工时刊, 2005 (7): 64-67.

[45] Busca G, Lietti L, Ramis G, et al. Chemical and mechanistic aspects of the selective catalytic reduction of NO_x by ammonia over oxide catalysts: a review [J]. Applied Catalysis B: Environmental, 1998, 18 (1-2): 1-36.

[46] 赵海, 张德祥, 高晋生. 稀土掺杂铁锰脱硝催化剂的制备及其性能研究 [J]. 煤炭转化, 2011, 34 (4): 72-74, 78.

[47] 黄秀兵, 王鹏, 陶进长, 等. CeO_2 修饰 Mn-Fe-O 复合材料及其 NH_3-SCR 脱硝催化性能 [J]. 无机材料学报, 2020, 35 (5): 573-580.

[48] Xiong Z B, Ning X, Zhou F, et al. Environment-friendly magnetic Fe-Ce-W catalyst for the

selective catalytic reduction of NO_x with NH_3: influence of citric acid content on its activity-structure relationship [J]. Rsc Advances, 2018, 8 (39): 21915-21925.

[49] 朱少文，沈伯雄，池桂龙，等．铁钴共掺杂的Mn-Ce/TiO_2催化剂低温SCR脱硝 [J]．环境工程学报，2017，11 (6)：3633-3639.

[50] 张长亮．酸改性Mn-Co-Ce/TiO_2-SiO_2低温SCR催化剂抗硫性能及成型的研究 [D]．哈尔滨：哈尔滨工业大学，2015.

[51] 吴尚，郭志刚，李银生，等．低温脱硝脱汞Mn-Ce-Fe-Co-O_x催化剂理化特性研究 [J]．发电设备，2020，34 (4)：223-228.

[52] 任冬冬．中低温铁基SCR脱硝催化剂反应机理研究 [D]．南京：东南大学，2020.

[53] 李骞．热处理天然菱铁矿的NH_3-SCR研究 [D]．合肥：合肥工业大学，2018.

[54] 卢慧霞．菱/锰铁矿石低温SCR脱硝催化剂的制备及改性研究 [D]．南京：东南大学，2017.

[55] 梁辉．基于DRIFTS的铁基催化剂低温SCR脱硝反应机理研究 [D]．南京：东南大学，2019.

[56] 刘祥祥．菱铁矿SCR脱硝催化剂的改性及成型研究 [D]．南京：东南大学，2018.

[57] 王瑞．$LaMnO_3$/铁矿石催化剂的制备及低温SCR脱硝性能研究 [D]．南京：东南大学，2016.

[58] 王涛，徐凯杰，郭晶晶，等．天然锰矿负载CeO_2低温NH_3-SCR脱硝性能 [J]．合肥工业大学学报（自然科学版），2018，41 (6)：845-851.

[59] 赵毅，王涵，王添灏．同时脱硫脱硝固态反应剂研究进展 [J]．工业安全与环保，2016，42 (4)：17-19.

[60] 章贤臻，王世磊，李运姣，等．天然锰矿低温NH_3-SCR烟气脱硝实验研究 [J]．矿产保护与利用，2019，39 (3)：167-172.

[61] 徐永鹏，刘海波，陈冬，等．酸浸天然锰矿石低温氧化脱硝性能研究 [J]．合肥工业大学学报（自然科学版），2017，40 (8)：1133-1138，1143.

[62] 尹寿来．天然锰铁矿石催化剂低温NH_3-SCR脱硝性能研究 [D]．马鞍山：安徽工业大学，2019.

[63] 孟昭磊．稀土精矿负载Fe_2O_3矿物催化材料NH_3-SCR脱硝性能研究 [D]．包头：内蒙古科技大学，2020.

[64] 付金艳．γ-Al_2O_3球磨修饰稀土尾矿NH_3-SCR脱硝特性研究 [D]．包头：内蒙古科技大学，2020.

[65] 朱超．酸碱处理微波焙烧稀土尾矿/稀土精矿催化剂的NH_3-SCR特性研究 [D]．包头：内蒙古科技大学，2019.

[66] 钟华邦．地质素描——内蒙古白云鄂博矿 [J]．地质学刊，2012，36 (1)：106.

[67] 郭伟，付瑞英，赵仁鑫，等．内蒙古包头白云鄂博矿区及尾矿区周围土壤稀土污染现状和分布特征 [J]．环境科学，2013，34 (5)：1895-1900.

[68] 王建．稀土尾矿催化CO还原脱硝特性实验研究 [D]．包头：内蒙古科技大学，2020.

[69] 张建．稀土尾矿基催化剂的成型及性能检测 [D]．包头：内蒙古科技大学，2020.

[70] 侯丽敏，闫笑，乔超越，等．机械力-微波活化对稀土尾矿 NH_3-SCR 脱硝性能的影响［J］．化工进展，2021，40（10）：5818-5828.

[71] 侯丽敏，闫笑，乔超越，等．从工艺矿物学角度分析稀土尾矿作为 NH_3-SCR 催化剂的可行性［J］．中国稀土学报，2022，40（2）：216-224.

[72] 黄雅楠，王振峰，武文斐．稀土尾矿催化剂脱硝性能研究［J］．稀有金属，2020，44（9）：981-987.

[73] 白心蕊．白云鄂博稀土尾矿磁选—浮选—硫酸改性联合制备 NH_3-SCR 脱硝催化剂［D］．包头：内蒙古科技大学，2021.

[74] 姬俊梅．包头矿氧化矿浮选尾矿中回收铁和稀土的选矿工艺，CN103272685A［P/OL］.

[75] 赵瑞超．从稀土浮选尾矿中回收铁的磁选试验研究［D］．包头：内蒙古科技大学，2008.

[76] 贺宇龙．白云鄂博尾矿综合回收稀土、萤石、铌、钪选矿新工艺［D］．包头：内蒙古科技大学，2020.

[77] 朱德庆，董韬，李思唯，等．高锰铁矿高温快速还原—磁选分离工艺研究［J］．金属矿山，2020（12）：93-100.

[78] 杨开陆，杨大兵，王帅，等．白云鄂博低品位萤石浮选试验研究［J］．化工矿物与加工，2017，46（12）：29-32.

[79] 陈超，张国范，张福亚．湖南某石英型萤石矿选矿试验研究［J］．化工矿物与加工，2016，45（6）：20-23.

[80] 刘磊，岳铁兵，曹飞，等．河南某低品位方解石型萤石矿浮选试验研究［J］．非金属矿，2014，37（4）：59-62.

[81] 张秋林，张金辉，宁平，等．SO_4^{2-} 改性对 Ce、Ti 基催化剂 NH_3-SCR 脱硝性能的影响［J］．昆明理工大学学报（自然科学版），2014，39（6）：110-115.

[82] 王兰英．$SO_4{}^{2-}$酸化 CeO_2/ZrO_2 基催化剂 NH_3-SCR 脱硝性能研究［D］．昆明：昆明理工大学，2019.

[83] 刘珊珊，王强，张润铎．MnO_x和 Fe_2O_3的酸化及组合用于 NH_3-SCR 脱硝反应的研究［J］．中国科学：化学，2018，48（6）：620-629.

[84] 张杰．规整形貌 α-Fe_2O_3基催化剂的脱硝性能及机理研究［D］．泉州：华侨大学，2020.

[85] Gu T，Liu Y，Weng X，et al. The enhanced performance of ceria with surface sulfation for selective catalytic reduction of NO by NH_3［J］. Catalysis Communications，2010，12（4）：310-313.

[86] 何勇，童华，童志权，等．新型 $CuSO_4$-CeO_2/TS 催化剂低温 NH_3还原 NO 及抗中毒性能［J］．过程工程学报，2009，9（2）：360-367.

[87] 张强，刘璐，于梦云，等．氧化铝载体硫酸化对锰铈催化剂 SCR 脱硝性能的影响［J］．燃料化学学报，2019，47（9）：1137-1145.

[88] 李俊杰，牟洋，杨娟，等．负载型钒钛脱硝催化剂酸化处理与性能［J］．化工学报，2013，64（4）：1249-1255.

[89] 雷鹰．微波强化还原低品位钛精矿新工艺及理论研究［D］．昆明：昆明理工大学，2011.

[90] 王锰刚．高能球磨工艺对吸波材料电磁性能的影响［D］．南京：南京邮电大学，2017.

[91] 胡伟伟，段志强，谢江鹏，等. 萤石-硫酸反应热力学与动力学分析研究 [J]. 化学工程与装备，2020 (5)：50-51.

[92] Wei M, Yu Q, Mu T, et al. Preparation and characterization of waste ion-exchange resin-based activated carbon for CO_2 capture [J]. Adsorption-Journal of the International Adsorption Society, 2016, 22 (3): 385-396.

[93] Wei M, Yu Q, Xie H, et al. Kinetics studies of CO_2 adsorption and desorption on waste ion-exchange resin-based activated carbon [J]. International Journal of Hydrogen Energy, 2017, 42 (44): 27122-27129.

[94] Wang X, Shi Y, Li S, et al. Promotional synergistic effect of Cu and Nb doping on a novel Cu/Ti-Nb ternary oxide catalyst for the selective catalytic reduction of NO_x with NH_3 [J]. Applied Catalysis B: Environmental, 2018, 220: 234-250.

[95] Ma Z, Wu X, Si Z, et al. Impacts of niobia loading on active sites and surface acidity in NbO_x/CeO_2-ZrO_2 NH_3-SCR catalysts [J]. Applied Catalysis B: Environmental, 2015, 179: 380-394.

[96] Jihene A, Abdelhamid G, Carolina P, et al. Withdrawn: novel vanadium supported onto mixed molybdenum-titanium pillared clay catalysts for the low temperature SCR-NO by NH_3 [J]. Chemical Engineering Journal, 2017.

[97] Xu L, Li X S, Crocker M, et al. A study of the mechanism of low-temperature SCR of NO with NH_3 on MnO_x/CeO_2 [J]. Journal of Molecular Catalysis A: Chemical, 2013, 378: 82-90.

[98] 李秀凤. 固体超强酸 SO_4^{2-}/ZrO_2-CeO_2 的制备及在生物柴油中的应用 [D]. 昆明：昆明理工大学，2010.

[99] Kwon D W, Park K H, Hong S C. The influence on SCR activity of the atomic structure of V_2O_5/TiO_2 catalysts prepared by a mechanochemical method [J]. Applied Catalysis A: General, 2013, 451: 227-235.

[100] Waqif M, Bachelier J, Saur O, et al. Acidic properties and stability of sulfate-promoted metal oxides [J]. Journal of Molecular Catalysis, 1992, 72 (1): 127-138.

[101] 汪楷迪，刘少光，史文，等. Cu、Ni 元素对 $FeMnCeO_x$-WO_3/TiO_2 低温无毒催化剂活性及抗硫性的影响 [J]. 功能材料，2019，50 (4)：4080-4085，4092.

[102] Boningari T, Ettireddy P R, Somogyvari A, et al. Influence of elevated surface texture hydrated titania on Ce-doped Mn/TiO_2 catalysts for the low-temperature SCR of NO_x under oxygen-rich conditions [J]. Journal of Catalysis, 2015, 325: 145-155.

[103] Sarbak Z. Characterisation of thermal properties of oxide, reduced and sulphided forms of alumina supported Co (Ni)-Mo (W) catalysts prepared by co-precipitation [J]. Thermochimica Acta, 2001, 379 (1-2): 1-5.

[104] Chang H, Li J, Su W, et al. A novel mechanism for poisoning of metal oxide SCR catalysts: base-acid explanation correlated with redox properties [J]. Chemical Communications, 2014, 50 (70): 10031-10034.

[105] Liu F, He H, Ding Y, et al. Effect of manganese substitution on the structure and activity of

iron titanate catalyst for the selective catalytic reduction of NO with NH_3 [J]. Applied Catalysis B: Environmental, 2009, 93 (1-2): 194-204.

[106] Brunauer S, Deming L S, Deming W E, et al. On a theory of the van der Waals adsorption of gases [J]. Journal of the American Chemical Society, 1940, 62 (7): 1723-1732.

[107] 李远，沈岳松，曾心如，等. Ti-Ce-Zr-O_x复合脱硝催化剂的制备及其性能研究 [J]. 环境污染与防治，2011，33 (1)：12-16.

[108] 耿春香，柴倩倩，王陈珑. Mn-Fe-Ce/TiO_2 低温脱硝催化剂的制备条件优化及其表征 [J]. 化工进展，2014，33 (4)：921-924，965.

[109] 姚小江，马凯莉，邹伟欣，等. 制备方法对 MnO_x-CeO_2催化剂理化性质及低温 NH_3-SCR 脱硝性能的影响（英文）[J]. 催化学报，2017，38 (1)：146-159.

[110] 张学军，张庭基，宋忠贤，等. 硫酸盐物种对 Ce-Fe-O_x催化剂脱硝性能影响的研究 [J]. 燃料化学学报，2021，49 (6)：844-852.

[111] 孙辉. V_2O_5-WO_3/TiO_2 催化剂表面元素价态与脱硝活性及机制的关系 [D]. 哈尔滨：哈尔滨工程大学，2017.

[112] Zhang R, Yang W, Luo N, et al. Low-temperature NH_3-SCR of NO by lanthanum manganite perovskites: effect of A-/B-site substitution and TiO_2/CeO_2 support [J]. Applied Catalysis B: Environmental, 2014, 146: 94-104.

[113] 于国峰，顾月平，金瑞奔. Mn/TiO_2 和 Mn-Ce/TiO_2 低温脱硝催化剂的抗硫性研究 [J]. 环境科学学报，2013，33 (8)：2149-2157.

[114] Zhang X, Wang J, Song Z, et al. Promotion of surface acidity and surface species of doped Fe and SO_4^{2-} over CeO_2 catalytic for NH_3-SCR reaction [J]. Molecular Catalysis, 2019, 463: 1-7.

[115] Zhang Q, Zhang J, Song Z, et al. A novel and environmentally friendly SO_4^{2-}/CeO_2 catalyst for the selective catalytic reduction of NO with NH_3 [J]. Journal of Industrial and Engineering Chemistry, 2016, 34: 165-171.

[116] 近藤精一，石川达雄，安部郁夫，等. 吸附科学 [M]. 北京：化学工业出版社，2006.

[117] Ma Z, Weng D, Wu X, et al. Effects of WO_x modification on the activity, adsorption and redox properties of CeO_2 catalyst for NO_x reduction with ammonia [J]. Journal of Environmental Sciences, 2012, 24 (7): 1305-1316.

[118] 宋忠贤，张秋林，宁平，等. CeO_2/ZrO_2 物质的量比对 CeO_2-ZrO_2-WO_3催化剂在 NH_3选择性催化还原 NO 中的影响：氧化还原性能和表面酸性的探讨 [J]. 化学世界，2016，57 (1)：20-24，29.

[119] Peng Y, Li K, Li J. Identification of the active sites on CeO_2-WO_3 catalysts for SCR of NO_x with NH_3: an in situ IR and Raman spectroscopy study [J]. Applied Catalysis B: Environmental, 2013, 140: 483-492.

[120] Liu S, Wang H, Wei Y, et al. Core-shell structure effect on CeO_2 and TiO_2 supported WO_3 for the NH_3-SCR process [J]. Molecular Catalysis, 2020, 485: 110822-110833.

[121] 刘雄. 低温 NH_3-SCR 脱硝 MnO_x-CoO_x复合氧化物催化剂的研究 [D]. 重庆：重庆大

学，2014.

[122] Tang X F, Li Y G, Huang X M, et al. MnO_x-CeO_2 mixed oxide catalysts for complete oxidation of formaldehyde: effect of preparation method and calcination temperature [J]. Applied Catalysis B: Environmental, 2006, 62 (3-4): 265-273.

[123] 查贤斌，梁辉，归柯庭，等．铁矿石低温催化脱硝性能研究 [J]. 工程热物理学报，2015，36 (4)：811-815.

[124] 陆良樑，李伟，郭士义，等．碱土金属 Mg 和 Ca 中毒催化剂的再生研究 [J]. 上海电力学院学报，2016，32 (4)：344-348.

[125] 刘莹．铁基脱硝催化剂的制备及性能研究 [D]. 济南：济南大学，2014.

[126] Chen Z, Wang F, Li H, et al. Low-temperature selective catalytic reduction of NO_x with NH_3 over Fe-Mn mixed-oxide catalysts containing $Fe_3Mn_3O_8$ phase [J]. Industrial & Engineering Chemistry Research, 2012, 51 (1): 202-212.

[127] 钟标城，周广英，王文辉，等．Fe 掺杂对 MnO_x 催化剂结构性质及低温 SCR 反应机制的影响 [J]. 环境科学学报，2011，31 (10)：2091-2101.

[128] Zhang L, Zou W, Ma K, et al. Sulfated temperature effects on the catalytic activity of CeO_2 in NH_3-selective catalytic reduction conditions [J]. Journal of Physical Chemistry C, 2015, 119 (2): 1155-1163.

[129] Sun D, Liu Q, Liu Z, et al. Adsorption and oxidation of NH_3 over V_2O_5/AC surface [J]. Applied Catalysis B-Environmental, 2009, 92 (3-4): 462-467.

[130] Zhu L, Zhong Z, Yang H, et al. Comparison study of Cu-Fe-Ti and Co-Fe-Ti oxide catalysts for selective catalytic reduction of NO with NH_3 at low temperature [J]. Journal of Colloid and Interface Science, 2016, 478: 11-21.

[131] Wu Z, Jiang B, Liu Y, et al. DRIFT study of manganese/titania-based catalysts for low-temperature selective catalytic reduction of NO with NH_3 [J]. Environmental Science & Technology, 2007, 41 (16): 5812-5817.

[132] 廖永进，张亚平，余岳溪，等．$MnO_x/WO_3/TiO_2$ 低温选择性催化还原 NO_x 机理的原位红外研究 [J]. 化工学报，2016，67 (12)：5031-5039.

[133] Liu H, Fan Z, Sun C, et al. Improved activity and significant SO_2 tolerance of samarium modified CeO_2-TiO_2 catalyst for NO selective catalytic reduction with NH_3 [J]. Applied Catalysis B-Environmental, 2019, 244: 671-683.

[134] Imamura S, Shono M, Okamoto N, et al. Effect of cerium on the mobility of oxygen on manganese oxides [J]. Applied Catalysis A: General, 1996, 142 (2): 279-288.

[135] Pena D A, Uphade B S, Reddy E P, et al. Identification of surface species on titania-supported manganese, chromium, and copper oxide low-temperature SCR catalysts [J]. Journal of Physical Chemistry B, 2004, 108 (28): 9927-9936.

[136] Li L, Wu Y, Hou X, et al. Investigation of two-phase intergrowth and coexistence in Mn-Ce-Ti-O catalysts for the selective catalytic reduction of NO with NH_3: structure-activity relationship and reaction mechanism [J]. Industrial & Engineering Chemistry Research, 2019,

58 (2): 849-862.

[137] 曾盖. Cr-Ce-Co 催化剂中低温 NH_3选择性催化还原 NO_x的机理研究 [D]. 湘潭: 湘潭大学, 2016.

[138] 范淑蓉, 王秋波, 窦伯生, 等. 氨氧化 La-Ce-Co 氧化物催化剂氧的性能研究 [J]. 催化学报, 1991 (3): 199-205.

[139] Yao X, Zhao R, Chen L, et al. Selective catalytic reduction of NO_x by NH_3 over CeO_2 supported on TiO_2: comparison of anatase, brookite, and rutile [J]. Applied Catalysis B-Environmental, 2017, 208: 82-93.

[140] Guo R T, Sun P, Pan W G, et al. A highly effective $MnNdO_x$ catalyst for the selective catalytic reduction of NO_x with NH_3 [J]. Industrial & Engineering Chemistry Research, 2017, 56 (44): 12566-12577.

[141] Yang S, Wang C, Li J, et al. Low temperature selective catalytic reduction of NO with NH_3 over Mn-Fe spinel: performance, mechanism and kinetic study [J]. Applied Catalysis B-Environmental, 2011, 110: 71-80.

[142] Song L, Zhang R, Zang S, et al. Activity of selective catalytic reduction of NO over V_2O_5/TiO_2 catalysts preferentially exposed anatase {001} and {101} facets [J]. Catalysis Letters, 2017, 147 (4): 934-945.

[143] Liu Z, Yi Y, Li J, et al. A superior catalyst with dual redox cycles for the selective reduction of NO_x by ammonia [J]. Chemical Communications, 2013, 49 (70): 7726-7728.

[144] Liu S W, Guo R T, Sun X, et al. The deactivation effect of Cl on V/TiO_2 catalyst for NH_3-SCR process: a DRIFT study [J]. Journal of the Energy Institute, 2019, 92 (5): 1610-1617.

[145] Ma Z, Wu X, Harelind H, et al. NH_3-SCR reaction mechanisms of NbO_x/$Ce_{0.75}Zr_{0.25}O_2$ catalyst: DRIFTS and kinetics studies [J]. Journal of Molecular Catalysis A: Chemical, 2016, 423: 172-180.

[146] Liu K, Liu F, Xie L, et al. DRIFTS study of a Ce-W mixed oxide catalyst for the selective catalytic reduction of NO_x with NH_3 [J]. Catalysis Science & Technology, 2015, 5 (4): 2290-2299.

[147] Qi K, Xie J, Zhang Z, et al. Facile large-scale synthesis of Ce-Mn composites by redox-precipitation and its superior low-temperature performance for NO removal [J]. Powder Technology, 2018, 338: 774-782.

[148] 晁梦茜. Mn-Ce-O_x/TiO_2 催化剂的制备及其低温 NH_3-SCR 脱硝性能的研究 [D]. 上海: 上海应用技术大学, 2020.

[149] Liu Z, Millington P J, Bailie J E, et al. A comparative study of the role of the support on the behaviour of iron based ammonia SCR catalysts [J]. Microporous and Meso-porous Materials, 2007, 104 (1): 159-170.

[150] 施旗. Mn 基催化剂的制备及 NH_3-SCR 脱硝性能研究 [D]. 合肥: 合肥工业大学, 2019.

[151] Liu F, He H. Selective catalytic reduction of NO with NH_3 over manganese substituted iron titanate catalyst: reaction mechanism and H_2O/SO_2 inhibition mechanism study [J]. Catalysis Today, 2010, 153 (3-4): 70-76.

[152] Chen L, Li J, Ge M. DRIFT Study on cerium-tungsten/titiania catalyst for selective catalytic reduction of NO_x with NH_3 [J]. Environmental Science & Technology, 2010, 44 (24): 9590-9596.

[153] Gao F, Tang X, Yi H, et al. A review on selective catalytic Reduction of NO_x by NH_3 over Mn-based catalysts at low temperatures: catalysts, mechanisms, kinetics and DFT calculations [J]. Catalysts, 2017, 7 (7): 199-230.

[154] Kijlstra W S, Brands D S, Smit H I, et al. Mechanism of the selective catalytic reduction of NO by NH_3 over MnO_x/Al_2O_3 [J]. Reactivity of adsorbed NH_3 and NO complexes [J]. Journal of Catalysis, 1997, 171 (1): 219-230.

[155] 李俊华，郝吉明，傅立新，等．富氧条件下贵金属催化剂上丙烯选择性还原 NO 研究 [J]．高等学校化学学报，2003，24 (11)：2060-2064.

[156] 于艳科，陈进生，孟小然，等．SCR 脱硝催化剂的碱热联合失活 [J]．科学通报，2014，59 (26)：2567-2574.

[157] 张洪亮，龙红明，李家新，等．铁基催化剂用于氨选择性催化还原氮氧化物研究进展 [J]．无机化学学报，2019，35 (5)：753-768.

[158] 罗肖．V_2O_5-WO_3/TiO_2 催化剂快速脱除 NO_x 活性及抗 SO_2 的实验研究 [D]．北京：华北电力大学（北京），2016.

[159] 杨洋，胡准，米容立，等．Mn 负载量对 nMnO$_x$/TiO$_2$ 催化剂 NH_3-SCR 催化性能的影响 [J]．分子催化，2020，34 (4)：313-325.

[160] 周超，赵阳，徐佳，等．pH 值对浸渍法制备的铈钨钛脱硝催化剂的影响 [J]．稀土，2020，41 (5)：59-69.

[161] Zhu X, Wang Y, Huang Y, et al. Selective catalytic reduction of NO with NH_3 over Ce-W-Ti oxide catalysts prepared by solvent combustion method [J]. Applied Sciences-Basel, 2018, 8 (12): 2430-2439.

[162] 中本一雄．无机和配位化合物的红外和拉曼光谱（第四版）[M]．北京：化学工业出版社，1991.

[163] El-Hakam S A, Samra S E, El-Dafrawy S M, et al. Synthesis of sulfamic acid supported on Cr-MIL-101 as a heterogeneous acid catalyst and efficient adsorbent for methyl orange dye [J]. Rsc Advances, 2018, 8 (37): 20517-20533.

[164] 孙文博．Mn 基复合氧化物低温选择性催化还原 NO 性能及机理研究 [D]．大连：大连理工大学，2019.

[165] Sun J, Lu Y, Zhang L, et al. Comparative study of different doped metal cations on the reduction, acidity, and activity of $Fe_9M_1O_x$ ($M = Ti^{4+}$, $Ce^{4+/3+}$, Al^{3+}) catalysts for NH_3-SCR reaction [J]. Industrial & Engineering Chemistry Research, 2017, 56 (42): 12101-12110.

[166] Ramis G, Larrubia M A. An FT-IR study of the adsorption and oxidation of N-containing compounds over Fe_2O_3/Al_2O_3 SCR catalysts [J]. Journal of Molecular Catalysis A: Chemical, 2004, 215 (1-2): 161-167.

[167] Zhao X N, Hu H C, Zhang F J, et al. Magnetic $CoFe_2O_4$ nanoparticle immobilized N-propyl diethylenetriamine sulfamic acid as an efficient and recyclable catalyst for the synthesis of amides via the Ritter reaction [J]. Applied Catalysis A: Ceneral, 2014, 482: 258-265.

[168] Ramis G, Busca G, Lorenzelli V, et al. Fourier transform infrared study of the adsorption and coadsorption of nitric oxide, nitrogen dioxide and ammonia on TiO_2 anatase [J]. Applied catalysis, 1990, 64: 243-257.

[169] El-Yazeed W S A, Eladl M, Ahmed A I, et al. Sulfamic: acid incorporated tin oxide: acidity and activity relationship [J]. Journal of Alloys and Compounds, 2021: 858.

[170] Yang N Z, Guo R T, Wang Q S, et al. Deactivation of Mn/TiO_2 catalyst for NH_3-SCR reaction: effect of phosphorous [J]. Rsc Advances, 2016, 6 (14): 11226-11232.

[171] Chen L, Yao X, Cao J, et al. Effect of Ti^{4+} and Sn^{4+} co-incorporation on the catalytic performance of CeO_2-MnO_x catalyst for low temperature NH_3-SCR [J]. Applied Surface Science, 2019, 476: 283-292.

[172] Gao F, Tang X, Yi H, et al. Improvement of activity, selectivity and H_2O&SO_2-tolerance of micro-mesoporous $CrMn_2O_4$ spinel catalyst for low-temperature NH_3-SCR of NO_x [J]. Applied Surface Science, 2019, 466: 411-424.

[173] Qi G, Yang R T. Characterization and FTIR studies of MnO_x-CeO_2 catalyst for low-temperature selective catalytic reduction of NO with NH_3 [J]. The Journal of Physical Chemistry B, 2004, 108 (40): 15738-15747.

[174] 陈邱谆. 蜂窝状赤泥催化剂的成型制备及脱硝性能研究 [D]. 济南: 山东大学, 2021.

[175] 杨超. 蜂窝状粉煤灰催化剂的制备及其在 SCR 脱硝工艺中的应用 [D]. 西安: 西安科技大学, 2020.

[176] 施庆龙. 赤泥脱硝催化剂的活性、抗性优化及其成型应用研究 [D]. 济南: 山东大学, 2020.

[177] Forzatti P, Ballardini D, Sighicelli L. Preparation and characterization of extruded monolithic ceramic catalysts [J]. Catalysis Today, 1998, 41 (1-3): 87-94.

[178] 孙科, 刘伟, 王岳军, 等. Ce-Mn/TiO_2 低温 SCR 脱硝催化剂成型工艺中添加剂的影响实验研究 [J]. 环境污染与防治, 2013, 35 (11): 37-41.

[179] 李游. 整体式 SCR 蜂窝催化剂的制备工艺及性能评价 [D]. 上海: 华东理工大学, 2013.

[180] 张雄飞, 谢放华, 王伟, 等. 蜂窝状黏土基催化剂成型的研究 [J]. 广州化工, 2012, 40 (10): 80-82, 88.

[181] 金丽丽. 整体低温 SCR 脱硝催化剂制备技术及活性研究 [D]. 杭州: 浙江工业大学, 2013.

[182] Qiu Y, Liu B, Du J, et al. The monolithic cordierite supported V_2O_5-MoO_3/TiO_2 catalyst for

NH_3-SCR [J]. Chemical Engineering Journal, 2016, 294: 264-272.

[183] 展宗城，杨艳林，梁鹏，等. 一种稀土基中低温 SCR 催化剂及制备方法 [P]. 中国专利：CN112717967A，2020-12-29.

[184] 张景文. 一种 SCR 板式脱硝催化剂专用成型剂及其使用方法 [P]. 中国专利：CN102941127B，2014-08-06.

[185] 陈庆春，邓慧宇，马燕明. 聚乙二醇在新材料制备中的作用及其机理 [J]. 日用化学工业，2002 (5)：35-37，54.

[186] France L J, Yang Q, Li W, et al. Ceria modified $FeMnO_x$-Enhanced performance and sulphur resistance for low-temperature SCR of NO_x [J]. Applied Catalysis B: Environmental, 2017, 206: 203-215.

[187] Lu R, Zhang X, Ma C, et al. Fe-Beta catalysts prepared by heating wet ion exchange and their catalytic performances on N_2O catalytic decomposition and reduction [J]. Asia-Pacific Journal of Chemical Engineering, 2014, 9 (2): 159-166.

[188] 孙跃军，荀冬雪，赵越超. 聚乙二醇对氧化铝前驱体分散性的影响 [J]. 兵器材料科学与工程，2016，39 (4)：43-47.

[189] 王美鑫. $MnCeTiO_x$低温 NH_3-SCR 脱硝催化剂改性及性能研究 [D]. 太原：太原理工大学，2020.

[190] Ma L, Seo C Y, Nahata M, et al. Shape dependence and sulfate promotion of CeO_2 for selective catalytic reduction of NO_x with NH_3 [J]. Applied Catalysis B: Environmental, 2018, 232: 246-259.

[191] 重庆远达催化剂制造有限公司，南化集团研究院，江苏龙源催化剂有限公司，等. 蜂窝式烟气脱硝催化剂 [Z]. 中华人民共和国国家质量监督检验检疫总局；中国国家标准化管理委员会. 2015：20.

[192] 贺媛媛，刘清才，席文昌，等. WO_3添加方式对 V_2O_5/TiO_2 催化剂性能影响 [J]. 功能材料，2012，43 (16)：2231-2234.

[193] 金瑞奔. 负载型 Mn-Ce 系列低温 SCR 脱硝催化剂制备、反应机理及抗硫性能研究[D]. 杭州：浙江大学，2010.